Python

机器学习实战案例

赵卫东 董亮 ◎ 著

清華大學出版社
北京

内容简介

机器学习是人工智能的重要技术基础，涉及的内容十分广泛。本书基于Python语言，实现了10个典型的实战案例，其内容涵盖了机器学习的基础算法，主要包括统计学习基础、分类、贝叶斯网络、文本分析、图像处理等机器学习理论。此外，还介绍了机器学习的推荐技术应用。

本书深入浅出，以实际应用的项目作为案例，实践性强，注重提升读者的动手操作能力，适合作为高等院校本科生、研究生机器学习、数据分析、数据挖掘等课程的实验教材，也可作为对机器学习感兴趣的研究人员和工程技术人员的参考资料。

图书在版编目(CIP)数据

Python机器学习实战案例/赵卫东，董亮著. —北京：清华大学出版社，2019.12
ISBN 978-7-302-54189-9

Ⅰ. ①P…　Ⅱ. ①赵…②董…　Ⅲ. ①软件工具－程序设计②机器学习　Ⅳ. ①TP311.561②TP181

中国版本图书馆CIP数据核字(2019)第255965号

责任编辑：闫红梅
封面设计：刘　键
责任校对：梁　毅
责任印制：丛怀宇

出版发行：清华大学出版社
网　　址：http://www.tup.com.cn，http://www.wqbook.com
地　　址：北京清华大学学研大厦A座　　**邮　　编**：100084
社 总 机：010-62770175　　**邮　　购**：010-62786544
投稿与读者服务：010-62776969，c-service@tup.tsinghua.edu.cn
质量反馈：010-62772015，zhiliang@tup.tsinghua.edu.cn
课件下载：http://www.tup.com.cn，010-83470236
印 装 者：北京嘉实印刷有限公司
经　　销：全国新华书店
开　　本：185mm×260mm　　**印　　张**：12.75　　**字　　数**：312千字
版　　次：2019年12月第1版　　**印　　次**：2019年12月第1次印刷
印　　数：1～2000
定　　价：39.00元

产品编号：084483-01

前言

FOREWORD

当前，随着信息时代的快速发展，银行、投资、零售、互联网甚至传统的制造业都产生大量数据。各行各业开始逐步应用机器学习算法分析数据，以便在海量数据中总结出规律，辅助决策。这种发展趋势使得就业市场对数据科学、机器学习人才的需求不断增加，同时对人才的多元化、综合实践能力提出了要求。

随着数据分析相关行业的快速发展，数据分析在各个领域都得到了很多成功的应用，企业和政府部门都期望在各个业务方面的工作由数据分析能力强的人承担，更期望员工能够探索有效的数据分析方法，并根据实际数据场景分析结果做出决策，将分析和处理数据作为日常工作流程的一个环节，而不是将数据分析作为一项专业技能。同时，随着数据种类的繁多和数量的爆炸式增长，市场对毕业生的数据分析和处理能力提出了更高的要求，需要有数据分析技能的人才去预测行业前景，及时抓住发展机会，形成独有的竞争优势。高校的基本职能是培养人才，为了使学生更好地适应现代工作场所和终身发展，需要认真思考如何培养应用型人才，以适应当前的就业环境。机器学习相关专业以培养数据分析师、算法工程师、大数据工程师等数据分析、应用型人才为目标，这不仅要求学生理解算法本身，更需要学生具备跨学科的实践能力，将算法逻辑应用到实际生产、生活场景以解决现实问题。

企业对数据分析人才的数量和质量的高要求导致了大数据技术、人工智能人才的大缺口，而目前高校的机器学习教学偏向理论化，更多地注重算法本身，缺乏完善的实践教学体系和教学资源。学生的课堂学习只是面对多种专业理论知识的组合，缺少真实项目的实践过程，学生不能有效地将学习内容应用到实践过程中，这与应用型人才的培养目标存在一定的差距，毕业生不足以适应竞争激烈的就业市场。因此，高校需要更多地考虑就业环境与学生的真实需求，对传统的教学模式进行变革，掌握数据科学时代的新技术和新应用，在遵循教育规律的基础上，将实际项目实践与理论教学融为一体，逐步调整课程内容，培养学生自主思考与解决实际问题的能力，从而提高他们的竞争优势。

如何在教学过程中结合项目实践，已经成为各高校关注的话题。传统的机器学习教学在技能培养、数据与实际案例的选择上仍存在很大的提高空间，这与新时代机器学习人才发展的需求存在一定距离，有必要对人才培养与项目实践相结合进行探索，尝试新的满足社会发展需要的教学模式，为培养具有专业素质和创新能力的机器学习人才奠定坚实的基础。

在学生理解算法原理的基础上，可采用灵活的模块化教学方法来培养学生对实际应用场景的认知。结合案例程序展示其应用，然后结合教学进度提出一些问题，学生通过模仿实现一个类似的验证型实验项目，该项目作为实验项目的原型，学生可访问、分析其功能、代码并测试其效果。随后，以此为基础做扩展实践，学生可以模仿教师提供的案例，通过自主设计并实现一个相对完整的项目，深化并巩固所学的知识，锻炼整体考虑问题的能力，提高灵活应用知识的能力和创新能力。

由于企业面对的很多问题并不能直接交由机器处理，数据的筛选、特征提取以及算法的整合与取舍是需要技巧的。同时，企业实践项目真实灵活并且与当前研究热点紧密相关，在项目解决方案的探讨中学生会面临很多瓶颈，例如样本的不平衡、算法存在的某些缺陷等，这些瓶颈不能直接地从课堂或其他途径上获取到有效的解决方案，更多地需要学生自身总结经验，在现有的思路上进行调优，从而帮助学生掌握算法缺陷，自主发现一些原有教学中被忽略的难点。

企业实践项目不同于常规教学实验，在大多数传统教学方法中，学生按照已有步骤进行规范化的实验，往往可以获得满意的结果。本书正是基于以上的现实需求，结合作者最近几年与企业合作的实战项目，通过一定的抽象和简化，精选了十个比较实用的实训案例，可以作为高校机器学习课程的实验教材，也可以作为学习 Python 课程的实训教材。

学习本书之前，读者需要掌握基本的机器学习理论，附录有测试题，可以在学习前检验。

在本书的写作过程中，研究生蒲实、于召鑫和本科生高名扬在资料收集方面做了很多工作，特此表示感谢。

赵卫东

2019 年 6 月

目录

CONTENTS

第 1 章

集装箱危险品瞒报预测

随着经济全球化与国际贸易的快速增长,航运业发展之势非常迅猛。由于运输成本低以及货物运量大的优势,海运成为国际贸易货物运输的重要渠道,其中集装箱运输由于其便捷性、安全性和经济性的特点更是得到青睐。

1.1 业务背景分析

在所有集装箱海运货物之中,危险品的占比最高可达一成。危险货物的运输规范往往比普通货物的运输规范要更为严格。因为危险货物的运输经常会引发一些造成人员伤亡、货物损坏、船舶受损以及环境污染等严重后果的事故。而且经常有一些货主故意隐瞒危险品货物信息或因专业知识不够导致漏报、错报的情况出现,这就导致航运公司在不知情的情况下承载着运输危险货物的任务,这样就会导致航运公司在危险货物运输防范以及应急方面处于非常被动的局面。因此在集装箱危险品运输的问题上,航运公司如何能够化被动为主动是安全生产的一项重要任务。

为了提升工作效率,降低人工成本,提高客户体验,目前航运公司大多采用集装箱订舱系统来帮助航运公司规范订舱流程,然而目前的集装箱订舱系统在危险品风险控制方面暴露了很多不足,其中一些比较显著的问题是:

(1) 现有系统中,对于试图隐瞒危险货物的行为,主要通过销售以及客服人员审核识别,客服人员识别危险品瞒报订舱难度较大;

(2) 现有订舱系统积累了大量的历史数据,但是并没有充分挖掘数据中的价值,对历史数据的利用主要体现在报表统计方面,尚未使用数据挖掘;

(3) 识别危险品瞒报订舱以及纠正客户订舱错误信息的举措都会对订舱确认的响应速度造成较大影响,严重情况下甚至会导致客户流失。

在这样的背景下,如何高效、准确地找到危险品瞒报订舱,并通过进一步查验来缓解危险品瞒报风险就成为了航运公司的一个迫切的需求。

1.2 数据提取

由于航运业务是一个有着多年历史的业务领域，并且航运业务信息化建设也已经进行了很多年，所以航运公司积累了大量的订舱数据，而且订舱数据的维度也非常多。因此如何选择合理的数据采集范围以及关键的业务属性，对于后续数据挖掘工作至关重要。

首先确定采集订舱数据的范围。集装箱运输具有周期性、季节性的特点，以整年的数据为佳，而近年来危险品运输的规范性以及检测力度日益提高，危险品订舱数据也越来越准确，所以选取近一年的订舱数据。考虑到最近的订舱流程可能尚未完成，最终选取的数据范围，是以采集时间前一个月为结束点的一整年订舱数据。

确定好采集时间后，确定预测分析所需要使用的关键属性，经过实际可接触到的数据的筛选以及和业务专家的讨论，最终决定使用的关键属性如表 1.1 所示。表 1.1 包含关键属性名、字段含义以及选择该字段作为关键属性的理由。

表 1.1 关键属性表

关键属性名	字段含义	选择理由
CRE_MONTH	下单月份	集装箱运输具有周期性、季节性的特点，淡季与旺季的区分比较明显，所以将下单时间作为候选特征
AGMT_ID	合同协议号	航运公司与客户签订的协议编号，有协议的客户危险品瞒报、漏报及错报的概率较低
ISEBOOKING	电子订舱	是否使用的是电子订舱，订舱方式和瞒报与否是否有关系需要进一步分析与验证
OB_TRAFFIC_TERM	出口条款	集装箱运输起点类型，有到港、到门、到货运站等模式，危险品瞒报往往不会选取到门的方式
IB_TRAFFIC_TERM	进口条款	集装箱运输终点类型，有到港、到门、到货运站等模式，危险品瞒报往往不会选取到门的方式
TRADE_LANE	贸易区	订舱所归属的区域；不同的区域、港口对于危险品的要求与审查力度不同
OOCL_CMDTY_GRP_CDE	货物品名	与危险品信息紧密相关
BRIEF_DESC	货物简称	与危险品信息紧密相关
FULL_DESC	货物详细描述	与危险品信息紧密相关
SH_COOP_FREQ	发货人合作频率	发货人是货主，是负责危险品申报的主体，一般也是瞒报的责任方
FW_COOP_FREQ	货代公司合作频率	货代连接货主与航运公司，货代有确认货主申报信息准确的义务，专业的货代公司有助于控制危险品运输风险，同时也有部分货代公司存在违规操作，欺上瞒下赚取差价
CN_COOP_FREQ	收货人合作频率	收货人也是分析的重要对象，虽然瞒报责任一般不在收货方，但是有时危险品瞒报需要收货方的配合，所以也将其列为进一步分析的对象
SH_COOP_LVL	发货人合作等级	发货人是货主，是负责危险品申报的主体，一般也是瞒报的责任方

续表

关键属性名	字段含义	选择理由
FW_COOP_LVL	货代公司合作等级	专业、高级的货代公司有助于控制危险品运输风险，货代公司的合作等级越高，瞒报的可能性越低
CN_COOP_LVL	收货人合作等级	收货人的合作等级越高，其存在危险品瞒报的可能性越低

1.3 数据预处理

订舱样本数据采集完毕后不能直接使用，这是因为数据中存在大量的冗余属性、噪声、缺值记录和错误数据需要处理，不适合直接开展数据挖掘工作，因此需要进行数据预处理工作。

1.3.1 数据集成

危险品规则分析设计的数据来源于历史数据，而历史数据是存储在一系列结构复杂的关系表中的，为了进行后续的数据挖掘工作，首先需要根据订舱号这一订舱的唯一标识将这些表里的数据集成，将数据从业务分析友好视角转变成数据分析友好视角，便于后续的分析。

1.3.2 数据清洗

数据清洗主要是处理数据中的噪声、缺失值以及一些异常数据。这些问题数据可能是由程序漏洞、历史原因等导致的，这样的数据难以直接使用，会影响到训练的模型，所以要在数据分析工作开展前进行数据清洗。

1）处理缺失值

使用包含缺失值的数据进行数据挖掘会对训练得到的模型造成很坏的影响。所以要对缺失值做处理。利用 Python 中 Pandas 库的方法即可处理缺失值，同时可结合 MissingNo 库可视化展示数据中缺失值的密度，快速直观地了解数据的完整性，统计缺失值的代码如下：

```
def missingDataStat(data):
    total = data.isnull().sum().sort_values(ascending = False)
    percent = (data.isnull().sum()/data.isnull().count()).sort_values(...)
    missing_data = pd.concat([total,percent],axis = 1,keys = ['Total','Percent'])
    missing_data.head(20)
    #无效矩阵的数据密集显示
    msno.matrix(data)
```

本案例采集的订舱样本数据中存在缺失值的记录与比例以矩阵形式展示，如图 1.1 所示。从图中可以看出，样本数据中存在一定的缺失值记录。直接删除这些样本数据固然是最简单的处理方式，但是可能会丢失其中隐藏的知识点，对于预测结果造成较大偏差，甚至失去预测的意义,需要对不同的特征分别进行分析。

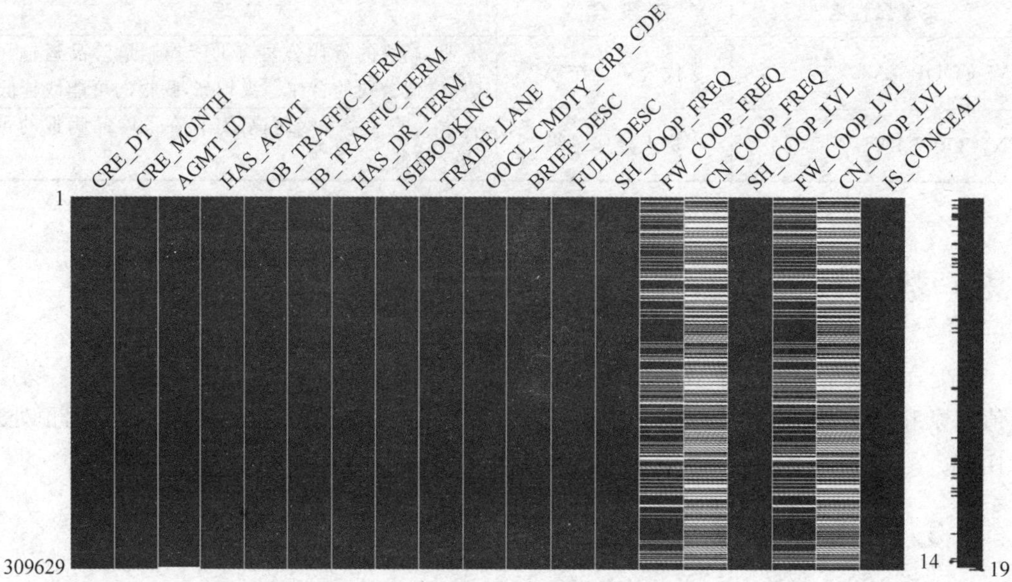

图 1.1　样本数据缺失记录分布

从图 1.1 中可以看出,缺失值主要集中在收货人以及货代公司的有关属性列,即 FW_COOP_FREQ(货代公司合作频率)、CN_COOP_FREQ(收货人合作频率)、FW_COOP_LVL(货代公司合作等级)、CN_COOP_LVL(收货人合作等级)这几列。订舱系统中,联系人信息是非常重要的特征,尤其是业务的主要参与者:发货人、收货人以及货代公司。发货人是必填项,理论上不应该存在缺失值,而在样本数据中存在个别缺失现象,经分析是程序漏洞导致,由于数据量比例极小,可直接删除。收货人与货代公司均存在一定比例的缺值,收货人空值在业务中代表订舱时尚未确定收货人,航运公司按发货人的指示交付货物;货代公司空值代表发货人直接订舱,未委托第三方。因此这里货代公司空值表示发货人自身充当货代公司角色,而收货人空值则代表暂时托运给发货人自己。

货物描述主要运用于分析货物智能分类的规则,存在少量的缺失值,在货物明细表中还有一项货物简称,可直接利用其填补缺失的货物描述。货物属性的缺失,可利用货物信息表中的冗余字段是否危险品、是否冷藏品以及是否大件货重新组合填充。另外,样本数据中还存在少量运输条款、下单方式、付费条款等特征缺失的记录,这些存在缺失的特征均为分类特征,一般可采用“默认值”“众值”等方式填补。经对比,本文采用 KNN 填充法,计算找到临近的 3 条记录,通过投票选出其中最多的类别用以填充缺失的值,此时填充效果较好,以 SH_COOP_FREQ、FW_COOP_FREQ、CN_COOP_FREQ 三列为例使用 KNN 填充的代码如下:

```
def missingData(data):
    #基于业务填补
    sub_data = data.loc[:,['SH_COOP_FREQ','FW_COOP_FREQ',"CN_COOP_FREQ"]]
    #KNN 填补
    return KNN(k = 3).fit_transform(data)
```

2）处理错误数据

错误数据主要指数据集成前后有矛盾的数据，对于这些错误数据，第一选择是通过分析得出正确的记录信息并自动修复，若无法修复则删除该样本，避免影响模型的输出。

错误数据处理还包括对异常值的处理。样本数据中存在一些不合常规的数据，如货物的重量和体积等，业务中每个集装箱都有限重，货物体积也受限于集装箱的尺寸，在订舱过程中由于单位以及录入错误等问题会导致少量数据不合常理，对于这类数据要做检测和处理。本案例使用箱图检测异常值，并通过可视化的方式展示数据的离散状态。在箱图中异常值是超出上下限的数据，通过箱型图可以直观地辨别数据中包含的异常值。所以，在对订舱货物按品名分类后，分别计算每一种货物对应属性的上下限，通过箱型图的定义划分异常值后，添加是否存在异常作为新特征用于后续分析。以箱图检测异常值代码如下：

```
data.head()
data.plot.box()
```

通过箱型图检测样本数据中的联系人信息以及下单月份后，发现联系人信息存在异常数据，对于危险品瞒报订舱，联系人合作频率高的往往是一些值得信任的客户，合作频率比较低的客户存在更高的风险会有危险品瞒报订舱情况，因此异常数据不能直接删除。而且这些异常值还是接下来的重点分析对象。数据中下单月份以及联系人信息的箱型图如图 1.2 所示。其中，横坐标分别对应下单月份（CRE_MONTH）、发货人合作频率（SH_COOP_FREQ）、货代公司合作频率（FW_COOP_FREQ）和收货人合作频率（CN_COOP_FREQ）等联系人。纵坐标表示下单月份和联系人的合作频率值。

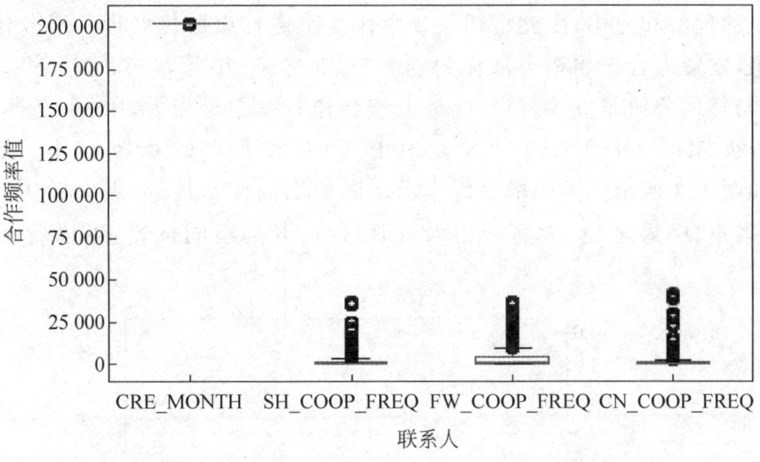

图 1.2　下单月份以及联系人信息的箱图

3）处理重复数据

重复数据主要是指同样的数据在数据库中被存储了多次，如货物信息在装箱后，若订舱含有多个箱子，则货物信息会被复制多份，装在对应的箱子中。此时直接使用会增加对应类别的样本数，使数据挖掘结果产生倾斜，所以预处理时删除多余记录，仅保留一条即可。

1.3.3 数据变换

对于危险品瞒报数据进行转换，得出新的瞒报标志 IS_CONCEAL。业务上认定瞒报的数据源主要有两部分：一部分为运输过程中被航运公司或海关检测出的订舱，此类订舱已被明确打上瞒报标志，另一部分为在审核订舱时发现是疑似危险品，客户又无法提供明确的非危证明而被拒绝的订舱，拒绝原因为疑似危险品，此类情况也认为是瞒报。

引入相关方合作频率，发货人、收货人以及货代公司的历史订舱量，代表着与航运公司的合作程度，一般来说，合作程度高的客户瞒报危险品的概率较低。为了避免合作时长对于历史订舱量的影响，改为使用客户合作频率作为衡量的标准，以(最近一年订舱总量/12)计算每月平均订舱量，分别得出 SH_COOP_FREQ、CN_COOP_FREQ 和 FW_COOP_FREQ。

进出口条款变换为是否含有到门条款 HAS_DR_TERM，条款分为到港、到门、到货运站等多种模式，但是对于瞒报预测，经业务专家分析，是否到门才有本质区别，所以将到港、到货运站等模式重新划分为非门条款。另外，下单方式变换为是否网上电子订舱 ISEBOOKING，并且根据是否存在协议号，引入新变量是否协议订舱 HAS_AGMT。

1.3.4 数据离散化

数据中部分属性为连续值，数据分布较为分散，对其进行离散化后，便于分析，并有助于模型的稳定，降低过拟合的风险。

发货人、收货人、货代公司合作频率，这些数据具有分布非常分散的特点，直接使用不利于后续对模型的理解和应用，因此将相关方合作频率进行离散化处理。离散化的方式是对数据进行分组，发货人合作频率离散化为新客户、小客户、中等客户、大客户以及 VIP 客户五类，收货人与货代公司非直接客户，业务上按合作频率细分为大、中、小三类，离散化后引入变量合作等级 SH_COOP_LVL、CN_COOP_LVL 和 FW_COOP_LVL。其中发货人的离散化结果如图 1.3 所示。图中横坐标表示不同类别的样本数量，纵坐标从下向上依次表示新客户、小客户、中等客户、大客户以及 VIP 客户五类不同标签，可以看到新客户数量最多。

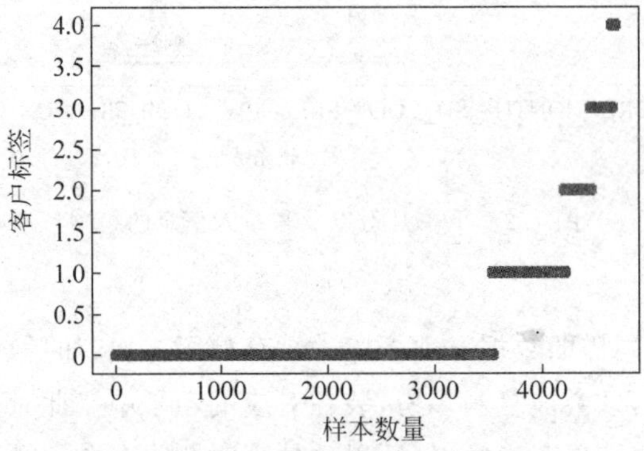

图 1.3 发货人合作程度聚类离散结果

联系人合作程度的离散化采用基于 K-means 算法的聚类离散法，获得聚类中心点的值后，通过 rolling_mean 函数平均移动，计算前后两个聚类中心的均值确定分类边界并切分数据，得到离散化后的新特征即联系人合作级别，代码如下：

```
def coopLvlDiscretization(data, fieldNme, newFieldNme, k):
    fieldData = data[fieldNme].copy()
    #K-Means 算法(k 为离散化后簇的数量)
    kmodel = KMeans(n_clusters = k)
    kmodel.fit(fieldData.values.reshape((len(fieldData),1)))
    kCenter = pd.DataFrame(kmodel.cluster_centers_,columns = list('a'))
    kCenter = kCenter.sort_values(by = 'a')
    #确定分类边界
    kBorder = kCenter.rolling(2).mean().iloc[1:]
    kBorder = [0] + list(kBorder.values[:,0]) + [fieldData.max()]
    #切分数据,实现离散化
    newFieldData = pd.cut(fieldData,kBorder,labels = range(k))
    #合并添加新列
    data = pd.concat([data,newFieldData.rename(newFieldNme)],axis = 1)
    return data
```

细粒度的订舱时间本身意义不大，由于航运业的淡旺季与月份有着紧密关系，所以将时间离散化为月份 CRE_MONTH 作为候选的特征之一。

1.3.5 特征重要性筛选

特征重要性筛选就是剔除与结果没有影响或影响不大的特征，有助于提高瞒报预测模型的构建速度，增强模型的泛化能力，减少过拟合问题，并提升对特征与特征值之间的理解。

本案例采用基于逻辑回归的稳定性选择方法实现对特征的筛选。稳定性选择方法能够有效帮助筛选重要特征，同时有助于增强对数据的理解。以六个特征：合同协议号、电子订舱、货物品名、发货人合作频率、货代公司合作频率、收货人合作频率为例（在图 1.4 中编号依次为 0,1,2,3,4,5），代码如下：

```
def featureSelection(data):
A1 = data[['AGMT_ID', 'ISEBOOKING', 'OOCL_CMDTY_GRP_CDE', 'SH_COOP_FREQ', 'FW_COOP_FREQ', 'CN_
COOP_FREQ']]
B1 = data[['IS_CONCEAL']]
X1 = A1.values
y1 = B1.values
X1[:, 0] = leAgmt.transform(X1[:, 0])
X1[:, 1] = leEB.transform(X1[:, 1])
X1[:, 2] = leGrp.transform(X1[:, 2])
X1[:, 3] = leSH.transform(X1[:, 3])
X1[:, 4] = leFW.transform(X1[:, 4])
X1[:, 5] = leCN.transform(X1[:, 5])
y1 = LabelEncoder().fit_transform(y1.ravel())
x_train, x_test, y_train, y_test = train_test_split(X1, y1, test_size = 0.3, random_state = 0)
xgboost = XGBClassifier()
xgboost.fit(x_train, y_train)
```

```
print(xgboost.feature_importances_)
plt.bar(range(len(xgboost.feature_importances_)), xgboost.feature_importances_)
plt.show()
```

通过基于 XGBoost 模型的稳定性选择方法分析后，分析各个特征的重要性，得到特征选择中各特征评分如图 1.4 所示，可以看出发货人合作频率的特征重要性评分最高，其重要度最高。

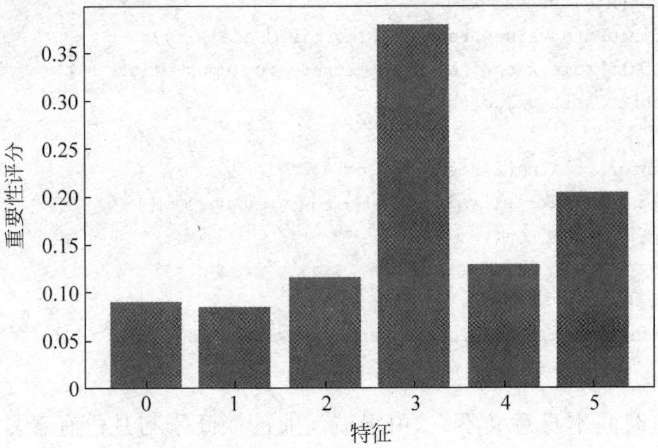

图 1.4　危险品瞒报特征重要性分析结果

1.3.6 数据平衡

危险品瞒报是小概率事件，本案例使用的原始数据中，瞒报记录有 2831 条，非瞒报记录有 341 982 条，占比约为 1∶121，属于严重的数据不平衡问题，这类数据会训练出准确率高但无实际意义的模型，因此需要处理数据不平衡问题。对于数据不平衡的问题，主要分为基于采样的方法和基于算法的方法。基于采样的方法，进一步可分为对于小类样本过采样以及对于大类样本欠采样。基于调整算法的方法有代价敏感方法和 SMOTE 算法等。本案例采用 SMOTE 算法，根据相邻样本数据合成新的样本，以补充小类数据的不足。

调用 Python 的 Imbalanced-learn 库来增加瞒报订舱量，设置瞒报订舱对比未瞒报订舱数据量为 1∶2，适当设置比例可以满足分类算法要求，避免过多地合成新样本数据，并设置随机种子使合成的新瞒报数据固定下来，避免变化的新样本对于模型结果产生干扰。为了避免合成的新样本影响瞒报订舱的预测效果，测试数据保留平衡前的分布，所以 SMOTE 算法仅针对训练集做平衡处理，实现代码如下：

```
def smoteData(data):
    #分为训练集和测试集 7：3
A,A2,B,B2 = train_test_split(data[[{feature_columns}]],data[[{label_columns}]],test_size =
0.3)
    X = A.values,y = B.values,X2 = A2.values,y2 = B2.values
    #数据平衡(训练集)
    over_samples = SMOTEENN()
    X,y = over_samples.fit_sample(X,y)
    train = pd.DataFrame(np.hstack((X,y.reshape(-1,1))),columns = data.columns)
```

```
test = pd.concat([A2,B2],axis = 1)
  return [train,test]
```

使用 SMOTE 算法做数据平衡处理前后订舱数据分布如图 1.5 所示。

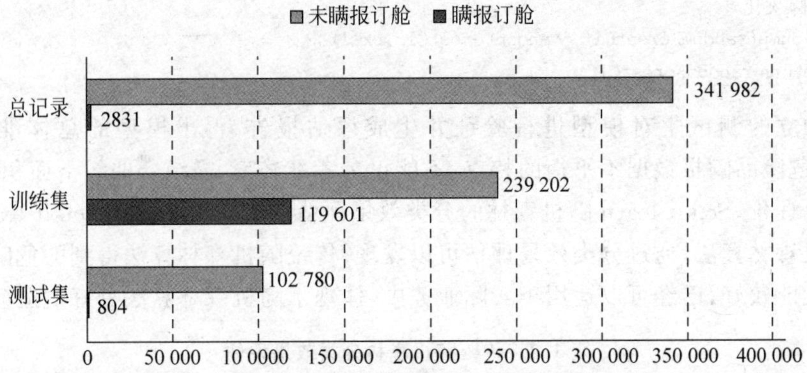

图 1.5　SMOTE 数据平衡前后的订舱瞒报分布

1.4 危险品瞒报预测建模

在完成数据预处理后，开始对危险品规则进行分析。本案例首先使用传统随机森林进行危险品瞒报预测的分析，将此瞒报预测的结果作为基准，之后在传统随机森林的基础上，增强单棵决策树分类强度与减少决策树之间相关性，并对比改进前后的分类效果。然后与多个常用分类算法调优的结果做比较，以证明随机森林是较适合危险品瞒报预测的算法。

瞒报订舱分析的数据源是订舱数据预处理之后的结果，在训练模型前需要先对数据源中的分类型变量进行编码处理，用 LabelEncoder 将分类信息转换为整型数值，对于无序的离散特征，如货物大类，其特征值是不含顺序的，需使用 OneHotEncoder 对其进行独热编码(One-Hot Encoding)。并将处理后的结果作为随机森林算法的输入，训练危险品瞒报预测模型。使用 Scikit-learn 提供的随机森林分类器 RandomForestClassifier 可十分方便地进行模型的构建，代码如下：

```
def dgCargoConcealClassifier(trainTestData):
     trainData = trainTestData[0],testData = trainTestData[1]
     xFeature = [{feature}], yFeature = [{label}]
     X = trainData[xFeature].values,y = trainData[yFeature].values
X2 = testData[xFeature].values,y2 = testData[yFeature].values
     #类别数据,需要进行标签编码
leAgmt = preprocessing.LabelEncoder()
leAgmt = leAgmt.fit(X[:, 0])
     X[:,0] = leAgmt.transform(X[:,0])
     #随机森林分类器
     randomForestClf = RandomForestClassifier()
     randomForestClf.fit(X,y)
     #模型在测试集上的预测
```

```
        pred = randomForestClf.predict(X2)
        #模型评估
        print(metrics.accuracy_score(y2,pred))
    print(metrics.classification_report(y2,pred))
    #模型持久化
    joblib.dump(randomForestClf,'randomForestClf.pkl')
        return randomForestClf
```

使用独立的测试集对模型进行验证并生成评估报告，得出模型的总体准确率达到87%，鉴于危险品瞒报数据不平衡的特点，不能仅参考准确率，需结合曲线下面积、混淆矩阵等指标综合评价，Scikit-learn 随机森林的分类效果评估如表 1.2 所示。Scikit-learn 提供的是传统随机森林算法，通过分类效果评估可以发现，传统随机森林算法得到的危险品瞒报预测模型的性能较好，已经可以运用于实际业务中，体现了随机森林算法良好的适应性。

表 1.2 传统随机森林分类效果评估

性能指标	分类效果	混淆矩阵	瞒报(预测)/个	未瞒报(预测)/个
总体准确率	87.45%	瞒报(实际)	89 961	12 819
曲线下面积	0.887	未瞒报(实际)	175	629

然而传统的随机森林在这个应用场景下还有改进空间，存在进一步提升算法性能的可能性，主要考虑通过增强单棵决策树的分类强度与减少决策树之间的相关性的方式来提升算法的性能，主要步骤包括：获取所有 Scikit-learn 构建的决策树，计算每棵树的 AUC 值，倒序排列，按 80%的比例选取 AUC 值较高的决策树，作为第一步筛选的结果，计算剩余决策树两两之间的相似度，构成相似度矩阵，运用 K-means 聚类得到半数的决策树组，分别取每个决策树组中的第一条，即 AUC 值最高的一棵构成新的决策树。代码如下：

```
auc_scores = []
for eachTree in trees:
    auc_scores.append(roc_auc_score(y,eachTree.predict_proba(X)[:,1]))
indices = np.argsort(auc_scores)[::-1]
border_auc_socre = auc_scores[indices[int(len(trees) * 0.8)]]
filterTrees = []
for f in range(len(trees)):
    if (auc_scores[f]> border_auc_socre):
        filterTrees.append(trees[f])
simMatrix = getTreeSimMatrix(filterTrees)
kmodel = KMeans(n_clusters = int(len(trees) * 0.4))
kmodel.fit(simMatrix)
existType,filterTrees2 = [],[]
for i in range(len(kmodel.labels_)):
    if (kmodel.labels_[i] not in existType):
        existType.append(kmodel.labels_[i])
        filterTrees2.append(filterTrees[i])
```

在上述步骤中，计算决策树相关性的具体步骤为：获取两棵决策树各自包含的规则集，以一棵决策树为基准,循环分析其所有的规则,分别计算与另一棵决策树包含规则的最大相似度,作为该规则的相似度,规则的相似度通过依次比较分支属性来计算,即等于匹配的分支属性数所占的比例,取所有规则相似度的平均值作为决策树的相似度。代码如下:

```
def calcTreeSimilarity(tree1,tree2):
    #获取树的规则集,每一条规则由一系列从根节点到叶节点的子规则构成
allRules1 = getTreeRules(tree1)
allRules2 = getTreeRules(tree2)
    #比较规则集,循环每一条规则,得到其与被比较树中规则的最大相似度并汇总
    sim = 0
    for i in range(len(allRules1)):
        subSim = 0
        rule1 = allRules1[i]
        for j in range(len(allRules2)):
            rule2 = allRules2[j]
            currSubSim = 0;
            #依次比较子规则,均为分类属性,比较是否相同即可
            for p in range(len(rule1)):
                if(len(rule2)> p and rule1[p] == rule2[p]):
                    currSubSim = currSubSim + 1
            #规则相似度为 "匹配的子规则数 / 总的子规则数"
            currSubSim = currSubSim / max(len(rule1),len(rule2))
            #取最大的相似度作为规则的相似度
            subSim = max(subSim,currSubSim)
if(subSim == 1):
                break;
        sim = sim + subSim
    return sim / len(allRules1)
```

由于添加了两项优化,所以改进后随机森林的构建速度比传统随机森林慢,尤其是计算决策树相似度需要有更多的时间消耗,但是这些时间成本主要发生在模型构建阶段,预测阶段并不会产生大的影响。在模型性能方面,改进后随机森林的分类能力较强,危险品瞒报预测的总体准确率提升到88%,曲线下面积达到了0.9,各指标均有一定程度的提高,证明通过提高决策树的分类强度并降低决策树之间的相关性确实能提高随机森林模型的性能,后续实现均采用改进后的随机森林分类器。

在对模型构建步骤优化后,模型仍然具有一定的提升空间,主要是因为模型中的参数还可以进一步调整,其中主要的可配参数有:要构建的模型数,即随机森林构建决策树的数量;单棵决策树特征最大数量,一般来说提高该值可以提高模型性能,但是会降低决策树的多样性,并且会降低构建速度,通常采用小于 $\log_2(M+1)$ 的最大整数,其中 M 为总特征数;决策树分支评价标准;叶子节点最少样本数;最大树深度;以及节点再划分最小样本数。后三个属性适用于调节单棵决策树的结构。

在进行参数调优时,可以将模型与参数视为一组变量,模型的性能是目标函数,而参数调优的过程就是优化目标函数的过程,这样就可以应用模型选择和参数优化的解决方案,本案例使用 Hyperopt 库来实现随机森林参数的优化,以曲线下面积 AUC 作为评估函数的衡量标准,选取随机森林主要的参数设定参数空间,使用 TPE 算法作为 Hyperopt 的搜索算法,计算得到每一种参数组合的损失函数值,从而输出最优的结果。代码如下:

```
best = 0
def getRandomForestBestParam(X,y,X2,y2):
space4rf = {
    'n_estimators':hp.choice('n_estimators',range(1,100)),
    'max_features':hp.choice('max_features',range(1,50)),
    'criterion':hp.choice('criterion',["gini","entropy"]),
    'max_depth':hp.choice('max_depth',range(1,50)),
    'min_samples_split':hp.choice('min_samples_split',range(2,20)),
    'min_samples_leaf':hp.choice('min_samples_leaf',range(1,20))
}
def hyperopt_train_test(params):
        X_ = X[:]
        if 'normalize' in params:
            if params['normalize'] == 1:
                X_ = normalize(X_)
                del params['normalize']

        if 'scale' in params:
            if params['scale'] == 1:
                X_ = scale(X_)
                del params['scale']
        clf = RandomForestClassifier( * * params)
        return cross_val_score(clf, X, y).mean()
#以模型 AUC 作为评估函数的衡量标准
  def f(params):
    global best
    acc = hyperopt_train_test(params)
    if acc > best:
            best = acc
            print('new best:'), best, params
            print(best)
            print(params)
    return {'loss': - acc, 'status': STATUS_OK}
#通过 Trials 捕获调优过程,并通过最小化函数寻找最优超参数
trials = Trials()
best = fmin(f,space4rf,algo = tpe.suggest,max_evals = 1500,trials = trials)
return best
```

通过 Trials 捕获每一次调优的状态信息,通过 Matplotlib 以可视化的方式展现调优的过程。参数调节效果对比如图 1.6 所示。

从图 1.6 可以分析得出,对于危险品订舱瞒报预测,参数中构建决策树的数量、决策树最大特征数以及决策树最大深度等对于随机森林模型性能的影响较大。得到的最优超参数分别如下:构建决策树的数量为 43,再增加决策树的数量模型性能趋于平稳;决策树特征最大数量为 6,代表决策树每一次分裂最多考虑 6 项特征;决策树划分评价标准采用基尼系数 Gini,此时单棵决策树模型为 CART 模型;决策树最大深度为 26,决定了树的规模;另外叶子节点最少样本数和节点再划分最小样本数等参数对于性能影响不大,与默认值吻合。

将 Hyperopt 得出的最优超参数替代 RandomForestClassifier 分类器的默认参数,重新进行模型的训练并通过测试集验证。通过 Matplotlib 将混淆矩阵以及 ROC 曲线可视化,

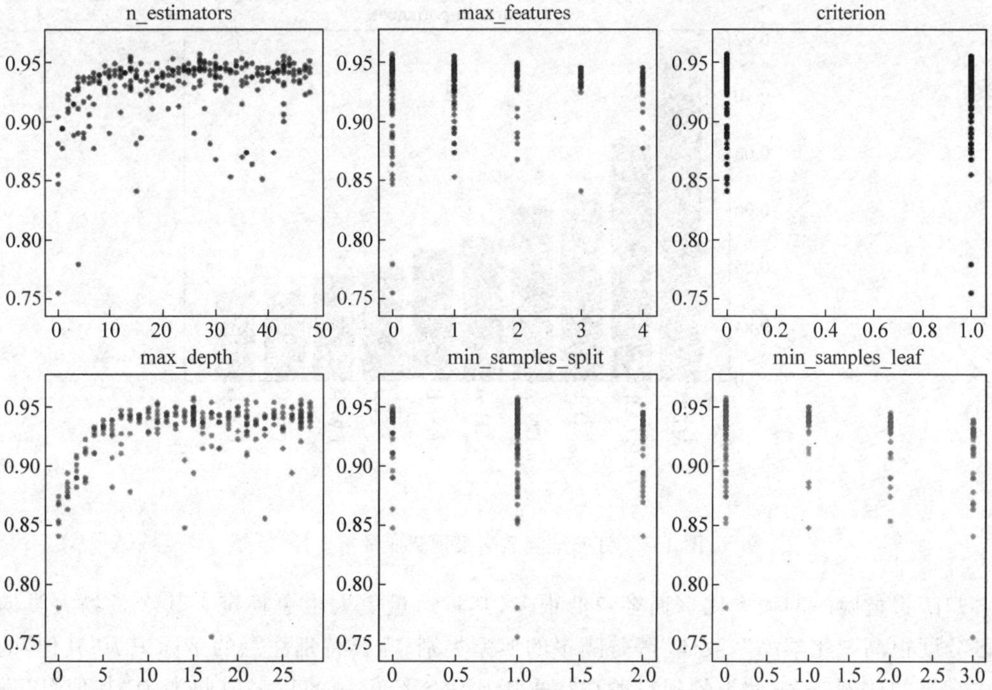

图 1.6 随机森林参数调节效果对比图

可直观地评估模型的整体表现，具体的效果评估如图 1.7 所示。可以确认参数优化后模型的总体表现有了一定的提升。

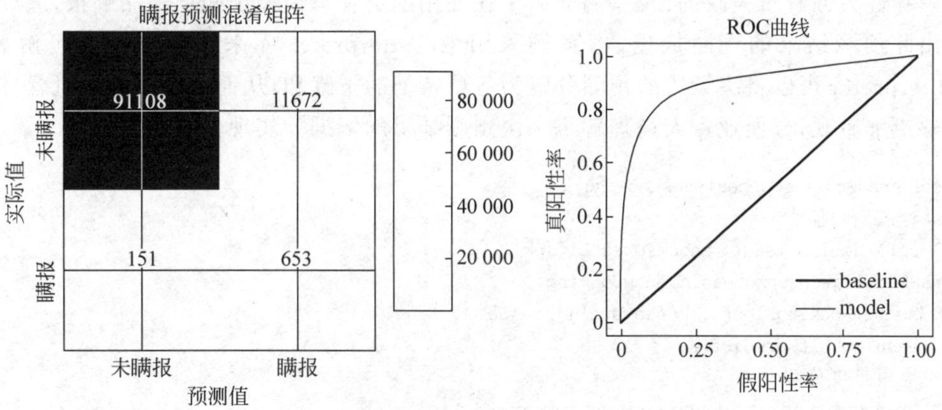

图 1.7 随机森林参数优化后的分类效果评估

参数优化后随机森林算法对于危险品瞒报预测的总体准确率达到了 88.58%，瞒报类订舱的召回率为 81.22%，曲线下面积 AUC 为 0.914，模型的性能较好，在危险品瞒报订舱预测业务中具有较高的应用价值。

随机森林算法还具有与 XGBoost 模型相似的功能，那就是可以通过比较不同特征对于性能的影响得到不同特征的重要性，瞒报订舱重要性排名前 10 的特征可视化展示后如图 1.8 所示。

从特征重要性看，最能区分是否瞒报危险品的特征为是否协议下单，与船公司签订协议

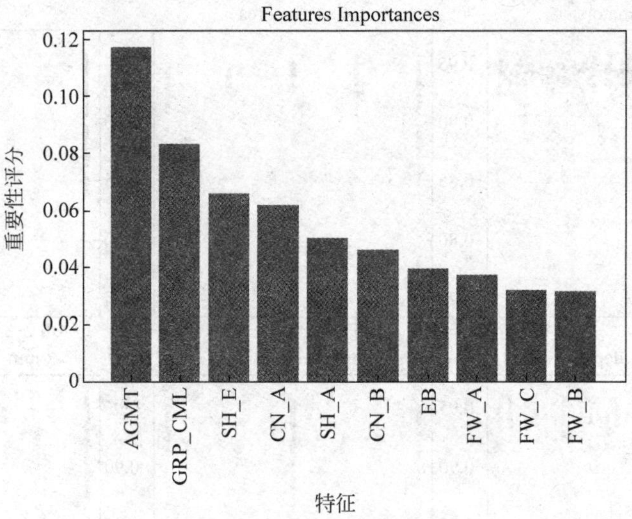

图 1.8 订舱危险品瞒报预测变量重要性

的客户瞒报危险品的概率比普通客户低很多,其货运量更大也更稳定。其次货物大类属性的区分度很高,"化学品""液体"等是瞒报的典型类别,需要特别注意的是标识为"其他"的货类占瞒报的比例较大,此类瞒报订舱往往采用比较笼统模糊的货名或归类为"其他"以逃避检测。另外,发货人、收货人以及货代公司和航运公司的合作频率也是非常重要的特征,合作频率越高,各方之间越了解,发生瞒报的概率也越低。

随机森林算法也存在一定的劣势,那就是由于随机性的引入,所以随机森林模型是一个在可解释性方面有所欠缺的模型,因此为了在使用随机森林模型预测危险品瞒报订舱时,同时给出此预测结果的判断依据,本案例采用 treeinterpreter 库来增强模型的可解释性,treeinterpreter 可以将决策树的预测分解为各项特征的贡献和,从而使得理解随机森林预测值能够更加直观,方便业务人员理解每一次预测结果的依据。实现代码如下:

```
def predBookingConceal(newBooking):
#预测新订舱
  clf = joblib.load('randomForestClf.pkl')
newBooking = preprocessing(newBooking)
  X = newBooking.loc[:, [{feature}]].values
  result = clf.predict(X)
  #贡献度分解
  prediction, bias, contributions = ti.predict(clf, X)
  print("预测值:", prediction)
  print("偏差值:", bias)
  print("特征贡献:")
  for c, feature in zip(contributions[0], featureList):
print(feature, c)
```

将每一次危险品瞒报订舱预测的特征贡献通过 treeinterpreter 分解后,在测试集上进行测试可以得到各个特征的贡献,其中偏差项是以训练集的均值作为基准值,预测值是偏差项和特征贡献值的和,当预测属于瞒报物品的概率达到某一个阈值的时候便可以认定该例属于疑似瞒报案例。

1.5 模型评估

随机森林算法泛化能力强，可有效避免过拟合问题，善于处理高维度数据，非常适合危险品订舱瞒报预测的业务特点，同时实现简单且支持并行化，有利于运用到实际生产中，在瞒报预测分析时得到了较好的分类效果。而在面对分类问题时，常用的还有决策树、神经网络、逻辑回归以及贝叶斯网络等算法，这些算法在面对不同特点、规模和领域的数据时各有所长。为了确定随机森林是最适合的算法，分别对以上算法的预测准确性做一次全面的评估。

决策树分类器提供的参数与随机森林类似，只是限制了构建树的数量为一棵。决策树分支评价标准采用 Gini 系数，最大深度为 22，叶子节点最少样本数为 10，节点再划分最小样本数为 5，分裂时不限制特征最大数量，此时决策树模型效果最优。

神经网络运用多层感知分类器构建模型，主要参数有激活函数、权重优化方法、隐藏层神经元数目、正则化项参数。激活函数设置为校正非线性 ReLU 函数，权重优化方法保留默认的基于随机梯度优化器 Adam，增加隐藏层为两层，神经元数目分别为 100 和 50，适当减小正则化项参数至 0.000 01，此时神经网络模型性能较好。

逻辑回归模型参数包括优化算法选择参数、正则化选择参数、分类方式选择参数以及类型权重参数。通过 Hyperopt 对比，发现优化算法选择参数以及正则化选择参数对危险品瞒报预测基本无影响，由于危险品订舱瞒报预测属于二分类，分类方式选择参数也并无区别，通过设置类型权重参数，将瞒报类比重设置为 0.6，此时模型综合效果最佳。

贝叶斯网络主要的参数有算法类型、类型权重参数以及最大父级数量。算法类型采用精确类型算法，保证性能的同时，对比最短路径算法训练速度有明显提升，其他参数保留默认值，得到较优的模型性能。其中各个模型训练、预测以及模型评分的代码如下：

```
#决策树
decisionTreeClf = DecisionTreeClassifier()
decisionTreeClf.fit(X, y)
predTree = decisionTreeClf.predict(X2)
y2_scoreTree = decisionTreeClf.predict_proba(X2)[:, 1]
#神经网络
mlp = MLPClassifier()
mlp.fit(X, y)
predMlp = mlp.predict(X2)
y2_scoreMlp = mlp.predict_proba(X2)[:, 1]
#逻辑回归
lr = LogisticRegressionCV()
lr.fit(X, y)
predLogic = lr.predict(X2)
y2_scoreLogic = lr.predict_proba(X2)[:, 1]
#传统随机森林
oldRandomForestClf = RandomForestClassifier(n_estimators=50)
oldRandomForestClf.fit(X, y)
```

```
predOldRf = oldRandomForestClf.predict(X2)
y2_scoreOldRf = oldRandomForestClf.predict_proba(X2)[:, 1]
#本案例中设计的随机森林算法
randomForestClf = RandomForestClassifier(n_estimators = 50, improve = True)
randomForestClf.fit(X, y)
pred = randomForestClf.predict(X2)
y2_score = randomForestClf.predict_proba(X2)[:, 1]
nbClf = MultinomialNB(alpha = 0.01)
nbClf.fit(X,y)
predBys = nbClf.predict(X2)
y2_scoreBys = nbClf.predict_proba(X2)[:,1]
fpr, tpr, threshold = metrics.roc_curve(y2, y2_score)
evaluate_model(pred, y2_score, y2, predLogic, y2_scoreOldRf, y2_scoreLogic, predMlp, y2_
scoreMlp, predTree, y2_scoreTree, predBys, y2_scoreBys)
```

评估模型的代码如下：

```
def evaluate_model(predictions, probs, test_labels, predLogic, y2_scoreOldRf, y2_scoreLogic,
predMlp, y2_scoreMlp, predTree, y2_scoreTree, predBys, y2_scoreBys):
    """Compare machine learning model to baseline performance.
    Computes statistics and shows ROC curve."""

    baseline = {}
    baseline['recall'] = recall_score(test_labels, [1 for _ in range(len(test_labels))])
    baseline['precision'] = precision_score(test_labels, [1 for _ in range(len(test_
labels))])
    baseline['roc'] = 0.5

    results = {}
    results['recall'] = recall_score(test_labels, predictions)
    results['precision'] = precision_score(test_labels, predictions)
    results['roc'] = roc_auc_score(test_labels, probs)

    resultsLogic = {}
    resultsLogic['recall'] = recall_score(test_labels, predLogic)
    resultsLogic['precision'] = precision_score(test_labels, predLogic)
    resultsLogic['roc'] = roc_auc_score(test_labels, y2_scoreLogic)

#     for metric in ['recall', 'precision', 'roc']:
#         print(f'{metric.capitalize()} Baseline: {round(baseline[metric], 2)} Test: {round
(results[metric], 2)} Train: {round(train_results[metric], 2)}')

    # Calculate false positive rates and true positive rates
    base_fpr, base_tpr, _ = roc_curve(test_labels, [1 for _ in range(len(test_labels))])
    model_fpr, model_tpr, _ = roc_curve(test_labels, probs)
    old_rf_fpr, old_rf_tpr, _ = roc_curve(test_labels, y2_scoreOldRf)
```

```
logic_fpr, logic_tpr, _ = roc_curve(test_labels, y2_scoreLogic)
mlp_fpr, mlp_tpr, _ = roc_curve(test_labels, y2_scoreMlp)
tree_fpr, tree_tpr, _ = roc_curve(test_labels, y2_scoreTree)
bys_fpr, bys_tpr, _ = roc_curve(test_labels, y2_scoreBys)

plt.figure(figsize = (8, 6))
plt.rcParams['font.sans - serif'] = ['SimSuncss']      # 用来正常显示中文标签
plt.rcParams['font.size'] = 12

# Plot both curves
plt.plot(base_fpr, base_tpr, 'b', label = 'baseline')
plt.plot(model_fpr, model_tpr, 'r', label = '改进随机森林')
plt.plot(old_rf_fpr, old_rf_tpr, 'k', label = '传统随机森林')
plt.plot(logic_fpr, logic_tpr, 'y', label = '逻辑回归')
plt.plot(mlp_fpr, mlp_tpr, 'm', label = '神经网络')
plt.plot(tree_fpr, tree_tpr, 'g', label = '决策树')
plt.plot(bys_fpr, bys_tpr, 'c', label = '贝叶斯网络')
plt.legend();
plt.xlabel('假阳性率'); plt.ylabel('真阳性率'); plt.title('ROC 曲线');
```

各模型经过参数调优后，对基于各模型的最优结果进行效果评估，由于此前随机森林改进前后性能的对比基于默认参数，此处同样对传统随机森林算法进行调优并对比，比较结果如图 1.9 所示。

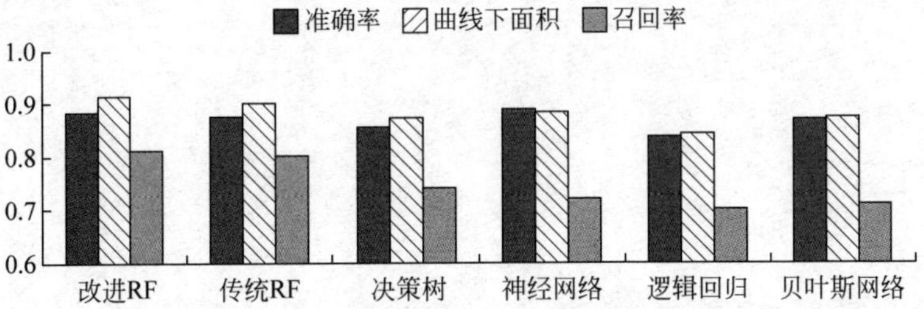

图 1.9 不同模型的危险品瞒报预测比较

从实验结果分析，准确度方面神经网络最高，达到 89%，改进随机森林以 88.6%次之，几类模型均有较高的准确度；曲线下面积以及召回率方面随机森林优势比较明显，改进后进一步提高，各模型的 ROC 曲线如图 1.10 所示，从上到下依次为改进随机森林、传统随机森林、神经网络、贝叶斯网络、决策树和逻辑回归。

针对危险品瞒报数据不平衡的特点，在模型评估时，不能仅仅考考准确率一个指标，应结合曲线下面积、召回率等综合评价，着重关注对于瞒报订舱的预测正确率，实际业务中宁可错分普通订舱为瞒报订舱，也不能漏过真实的瞒报订舱。根据实验结果对比，改进随机森林总体表现最好，所以最终确定选择改进随机森林作为危险品瞒报预测的方法。

本章主要介绍了集装箱危险品瞒报预测，首先采集最近一年内已完成的船舱订单数据，进行数据集成和清洗，对缺失值清理及业务填补，对错误值和重复数据进行清理。然后使用随机森林算法进行危险品瞒报预测的分析，将此瞒报预测的结果作为基准，进行增强单棵决

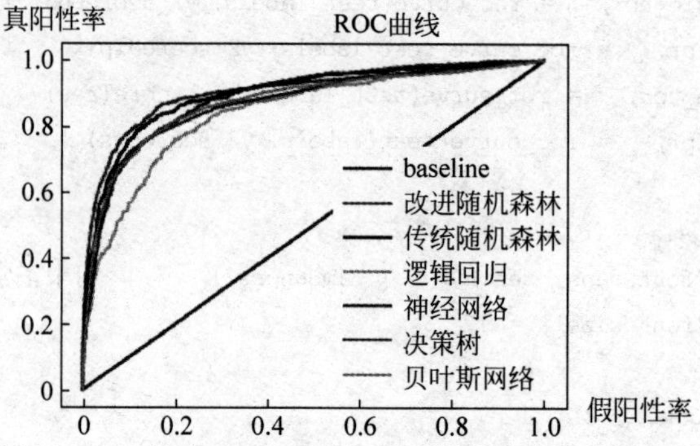

图 1.10 不同模型的危险品瞒报预测 ROC 曲线图

策树分类强度与减少决策树之间相关性,并对比改进前后的分类效果。最后与多个常用分类算法调优的结果做比较,最终发现随机森林是较适合危险品瞒报预测的算法。

第 2 章

保险产品推荐

保险是居民生活中非常重要的一部分，当前保险市场发展迅速，多种多样的保险产品层出不穷。保险公司和客户存在双向信任问题，对客户而言，由于互联网环境或是第三方机构的销售方式存在夸大宣传的问题，用户对保险产品存在信任危机，对保险条件和过程存在很多疑问，需要详细了解可信的过程才愿意达成保险产品购买；同时目前我国保险产品多达上万种，每一种保险产品的保障范围和免责条款都相对较为复杂，用户在选择保险产品时往往存在很多困难。另一方面，保险公司或是第三方机构可能对用户的具体情况不够了解，特别是保险关键因素如健康状况、家庭背景等，难以提供精准的保险产品推荐，同时，用户是否购买存在着较大的不确定性，购买意愿较难推测。因此，保险产品的多样性、客户特征的复杂性以及需求差异使得保险推荐存在相当大的不确定性，如何精准识别用户、降低销售风险、提升推荐成功率，成为当前一个非常热门的应用话题。

2.1 业务背景分析

保险产品推荐需要考虑保险产品本身的分类特点和用户多维度的特征，因此机器学习技术可以应用于该场景中。通过对用户本身属性和过往保险购买记录分析客户特点，可以对广大用户进行个人信息的有效筛选，从购买保险的用户群体中提取共同的特征，进而针对这些特征规律提高投放精准性。这对于保险公司有极大的商业价值，同时可以最大程度地减少病毒式广告，提升用户使用感受，因此业务重要性不言而喻。

本案例是针对移动房车险的预测。实验中保险公司提供了以家庭为单位的历史数据，包括家庭的各类特征属性和历史投保记录。保险公司希望通过对历史数据的分析，建立移动房车险的预测模型。

2.2 数据探索

数据分为训练数据和测试数据两部分，分别在 data. xlsx 和 eval. xlsx 中，其中训练数据 5822 条，测试数据 4000 条。每一条数据有 86 个字段，1～43 字段为用户基本属性，包括财产、宗教、家庭情况、教育程度、职位、收入水平等；44～85 字段为用户历史保险购买情况，第 86 个字段为目标预测字段，取值为 0 和 1，表示用户是否购买该房车险。因此本实验是一个典型的二分类问题。

纵览数据，可以发现本例的所有数据都已经数值化，但不同变量中数值的意义有区别，具体可分为实际取值、范围取值、类别取值、百分比取值四种，如表 2.1 所示。

表 2.1 字段取值说明

数值类型	字段说明
实际取值	家庭房产数量：1～10 平均房产数量：1～6 ……
范围取值	年龄：1～6(1 表示 20～30、2 表示 31～40…、6 表示 71～80) 金额(欧元)：0～9(0 表示 0、1 表示 1～49、2 表示 50～99、…、9 表示超过 20 000) ……
类别取值	客户主类别：1～10(代表功成享受、退休信教、保守家庭……) 客户子类别：1～64(代表高收入、单身青年、中产阶级、丁克……) ……
百分比取值	0～9 取值(0 表示 0，1 表示 1～10%……9 表示 100%)

接下来使用 Python 分析数据的质量。数据的质量直接决定模型的优劣，若数据质量很高，则模型无须非常精准亦能达到较好的预测效果；相反，若数据的质量太差，无论经过多少优化或调整，数据都难以达到期望的效果。在现实项目中，数据常常有各种各样的问题需要进行预处理。

首先对数据的整体情况进行分析，使用下列代码读取数据，调用 pandas 的 describe 方法查看数据：

```
import pandas as pd
data = pd.read_excel('data/data.xlsx')
print(data.shape)
print(data.describe())
```

控制台部分输出如图 2.1 所示。可见训练集和测试集的数据量分别为 5822 条和 4000 条，属性维度为 86，符合前文的已知描述，一些统计值例如均值、极值暂时没有发现更多问题。

将训练集和测试集合并，以方便后续的数据探索和预处理，代码如下：

```
train['source'] = 'train'
test['source'] = 'test'
data = pd.concat([train, test], ignore_index = True, sort = False)
```

```
(5822, 86) (4000, 86)
          客户次类别        房产数       每房人数       平均年龄      客户主类别  \
count  5822.000000  5822.000000  5822.000000  5822.000000  5822.000000
mean     24.253349     1.110615     2.678805     2.991240     5.773617
std      12.846706     0.405842     0.789835     0.814589     2.856760
min       1.000000     1.000000     1.000000     1.000000     1.000000
25%      10.000000     1.000000     2.000000     2.000000     3.000000
50%      30.000000     1.000000     3.000000     3.000000     7.000000
75%      35.000000     1.000000     3.000000     3.000000     8.000000
max      41.000000    10.000000     5.000000     6.000000    10.000000
          客户次类别       房产数       每房人数       平均年龄      客户主类别  \
count  4000.000000  4000.00000  4000.000000  4000.000000  4000.000000
mean     24.253000     1.10600     2.675750     3.004000     5.787000
std      13.022822     0.42108     0.767306     0.790025     2.899609
min       1.000000     1.00000     1.000000     1.000000     1.000000
25%      10.000000     1.00000     2.000000     3.000000     3.000000
50%      30.000000     1.00000     3.000000     3.000000     7.000000
75%      35.000000     1.00000     3.000000     3.000000     8.000000
max      41.000000    10.00000     6.000000     6.000000    10.000000
```

图 2.1　数据整体描述

数据可能有空白值或缺失值，数据缺失将影响数据分析的特征处理，使得模型出现误差，因此对缺失值进行统计，并将缺失值前 10 位的特征打印，代码如下：

```
nan_count = data.isnull().sum().sort_values(ascending = False)
nan_ratio = nan_count / len(data)
nan_data = pd.concat([nan_count, nan_ratio], axis = 1, keys = ['count', 'ratio'])
print(nan_data.head(10))
```

查看控制台输出，如图 2.2 所示。可见数据均完整无缺。

接下来统计每个特征对应的类别数目，代码如下：

```
count = data.apply(lambda x: len(x.unique())).sort_values(ascending = False)
print(count.head(10))
```

查看控制台输出如图 2.3 所示。可见除客户次类别有多达 40 种取值外，其他特征的取值都不高于 10 种，因此不需要对特征的取值进行分箱等操作。

```
          count  ratio
source        0    0.0
一辆车         0    0.0
非熟练劳工      0    0.0
社会阶层A      0    0.0
社会阶层B1     0    0.0
社会阶层B2     0    0.0
社会阶层C      0    0.0
社会阶层D      0    0.0
租房子         0    0.0
房主          0    0.0
```

图 2.2　数据缺失值查看

```
客户次类别     40
其他关系占比    10
社会阶层D     10
收入低于30    10
有子女       10
租房子       10
高等教育      10
投保寿险      10
房主        10
高管        10
dtype: int64
```

图 2.3　特征类别数目

由于数据均为数值型，因此统计数据的分布情况。偏度是统计数据分布偏斜方向和程度的度量，是统计数据分布非对称程度的数字化特征。下列代码使用 Pandas 统计数据的训练集的偏度，并将偏度前 30 位的打印出来：

```
train = data.loc[data['source'] == "train"]
test = data.loc[data['source'] == "test"]
```

```
train.drop(['source'], axis = 1, inplace = True)
skewness = train.iloc[:, : - 1].apply(lambda x: x.skew())
skewness = skewness.sort_values(ascending = False)
print(skewness.head(10))
```

偏度统计输出如图 2.4 所示，可见偏度结果值较大；修改输出为偏度绝对值大于 0.5 的特征，发现有 65 个特征的绝对值大于 0.5，说明大部分数据是偏态分布，但是注意到绝大多数特征的取值类型都不高于 10 种，因此数据的分布并没有偏度显示的那么差。

```
投保冲浪险        60.643858
投保冲浪险数量      44.030286
投保卡车险数量      33.861678
投保农机险数量      29.458616
投保卡车险        26.926855
投保农机险        19.228598
投保身残险数量      18.719503
投保个人意外险      18.631563
投保货车险数量      16.735105
投保财产险        16.654733
投保身残险        16.001588
投保船险         15.919394
投保船险数量       14.626767
第三方商业险数量     14.337519
投保个人意外险数量    13.598054
dtype: float64
```

图 2.4　偏度统计输出

上面的数据质量分析仅从数据本身的角度加以探索，并未涉及业务层面，在实际数据分析过程中，还需要利用业务知识查看数据的合法性和准确性，以及是否含有异常值。接下来通过箱图根据不同因变量对目标变量的区分度进行可视化。下列代码显示了购买力水平与移动房车险数量之间的关系：

```
plot_data = train[['购买力水平', '移动房车险数量']]
plot = plot_data.boxplot(column = '购买力水平', by = '移动房车险数量')
plot.set_xlabel('移动房车险数量')
plot.set_ylabel('购买力水平')
plt.show()
```

图 2.5 展示了购买力水平对移动房车险数量的箱图，类似地，图 2.6～图 2.15 分别展示了无车、高等教育、中等教育、初等教育、投保火险、已婚占比、私人社保、公共社保、农场主、高管等因变量对移动房车险数量的区分度影响。经过比较，可以发现购买移动房车险的家庭相对未购买移动房车险的家庭，有下列的一些特征：

- 购买力水平较高，平均收入较高；
- 平均教育水平较高；
- 投保火险的比例略高；
- 家庭成员中已婚的比例较高；
- 私人社保投保比例较高；
- 公共社保的投保比例较低；
- 农场主这类人群极少投移动房车险；
- 高管层次的人群比例较高。

从上述特点中可以得到初步的结论，投保移动房车险的家庭其经济实力明显较强，教育程度较高，社会地位较高，保险意识和理念较强，基本上为中产阶级及以上的人群，所以这个险种的目标人群可以初步进行定位。但是该结论仅仅是从部分数据的角度得出，还需要应用分析模型进行详细分析，对结构进行量化，形成可操作和部署的模型。

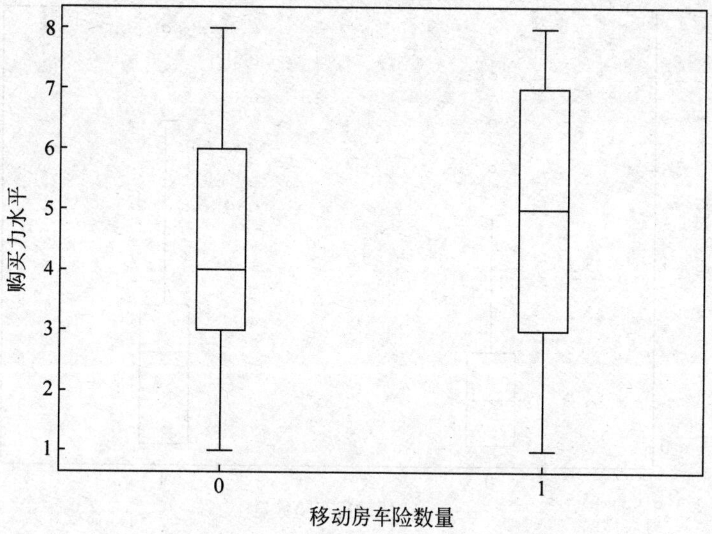

图 2.5　购买力水平对移动房车险数量的影响

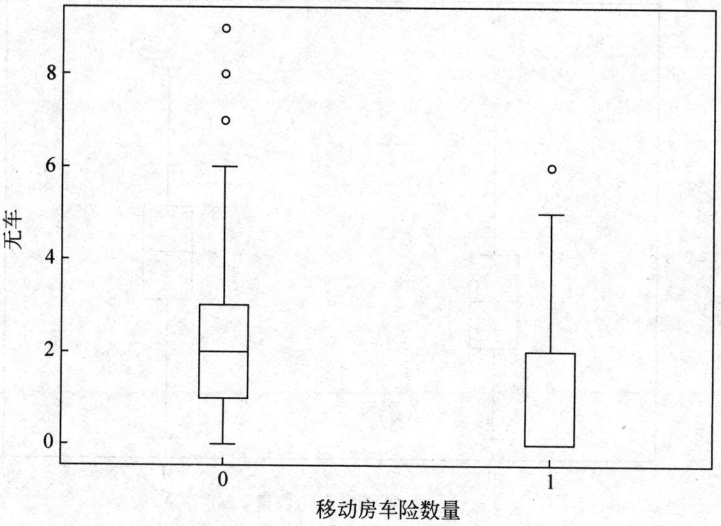

图 2.6　无车对移动房车险数量的影响

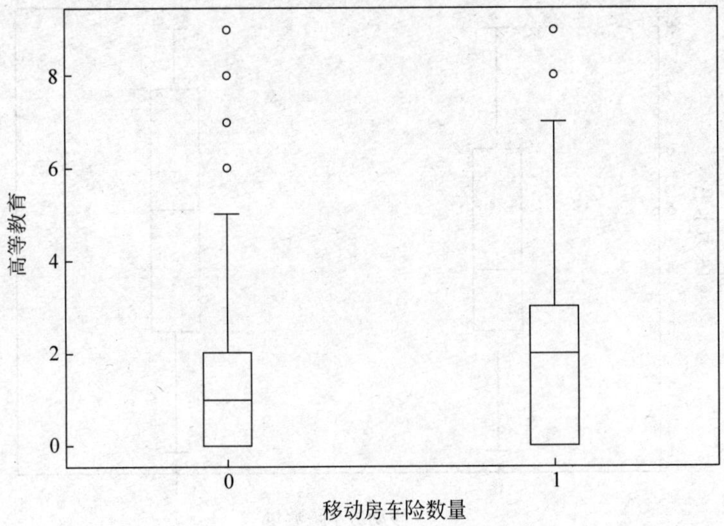

图 2.7　高等教育对移动房车险数量的影响

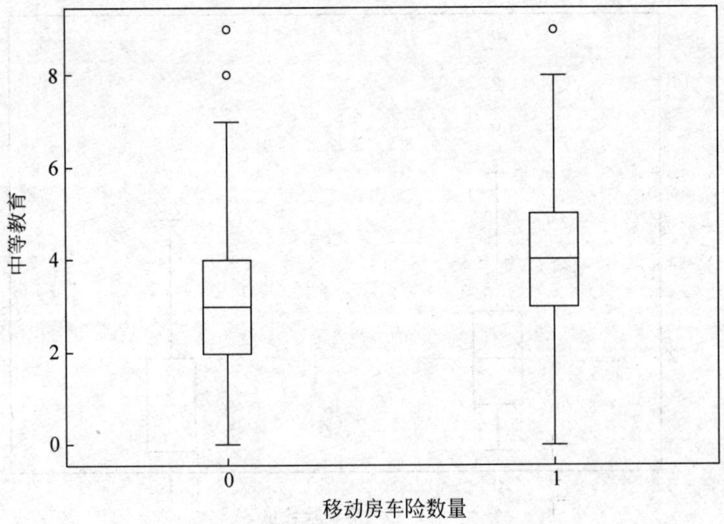

图 2.8　中等教育对移动房车险数量的影响

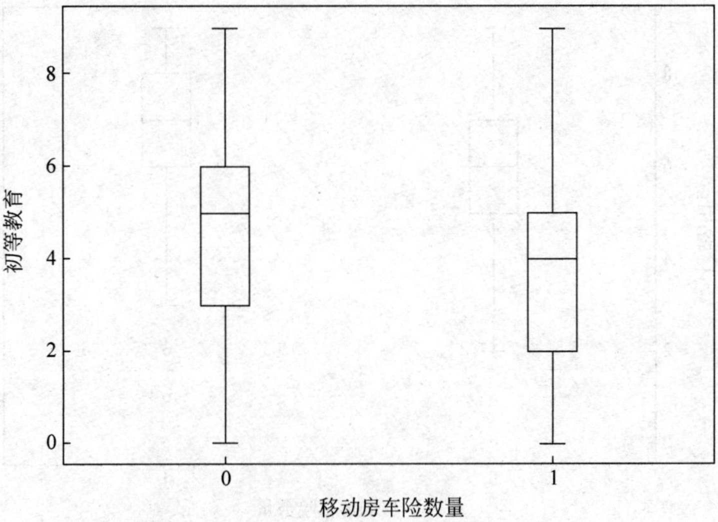

图 2.9 初等教育对移动房车险数量的影响

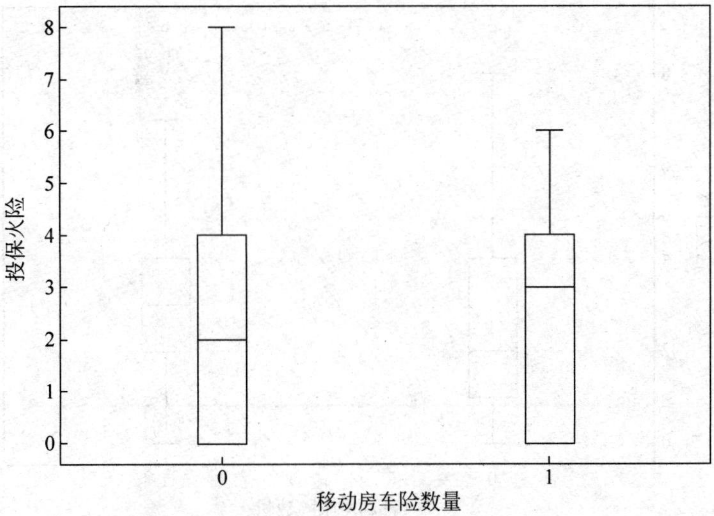

图 2.10 投保火险对移动房车险数量的影响

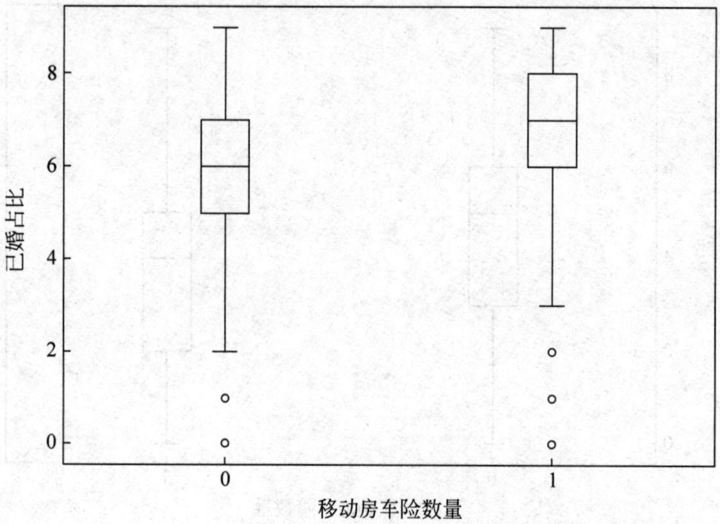

图 2.11　已婚占比对移动房车险数量的影响

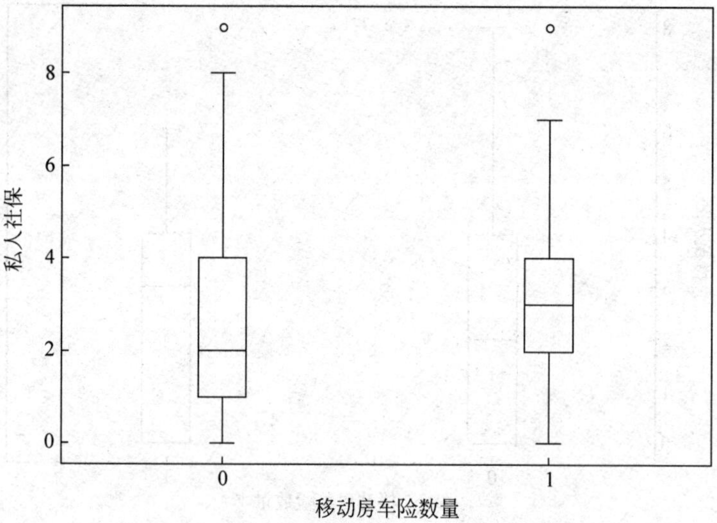

图 2.12　私人社保对移动房车险数量的影响

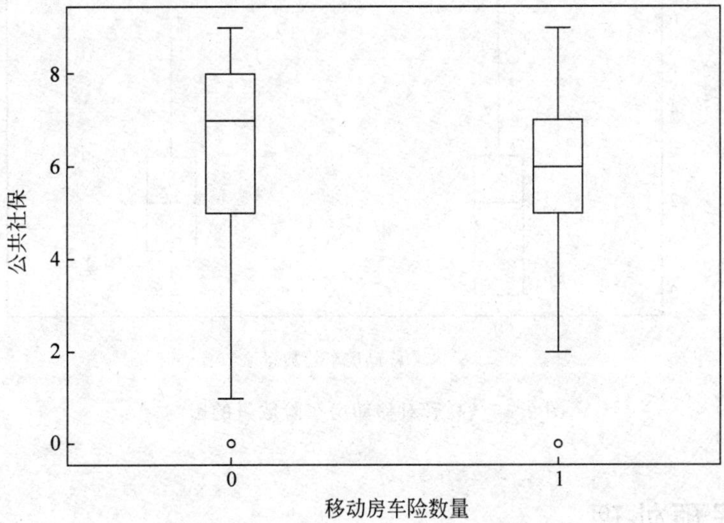

图 2.13　公共社保对移动房车险数量的影响

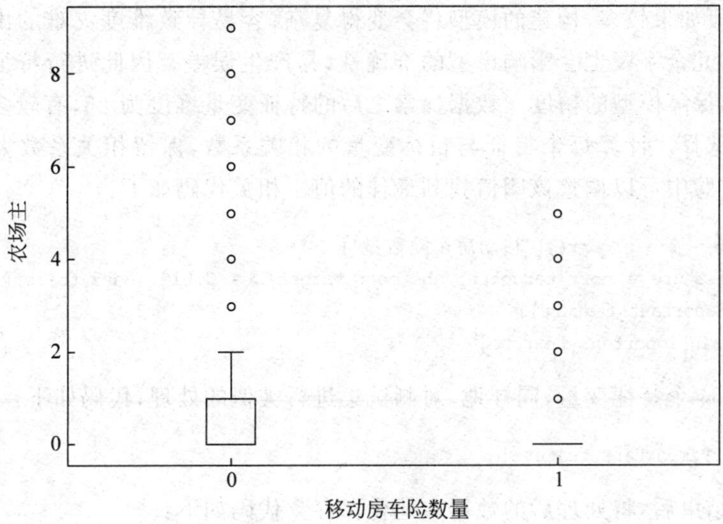

图 2.14　农场主对移动房车险数量的影响

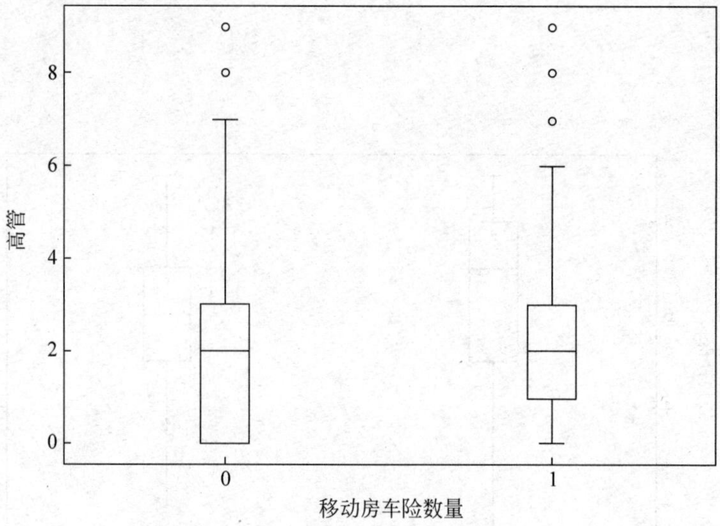

图 2.15 高管对移动房车险数量的影响

2.3 数据预处理

在上节的数据探索中，可以发现本实验的数据没有缺失值、数据分布尚可，但是有一个明显的潜在问题是数据的维度较大。因此本节预处理将使用特征选择降低数据的维度，然后视模型的结果再做进一步的预处理。

数据的字段如果较多，构建的模型将会变得复杂，容易导致维度灾难的出现，使得模型训练时间增加，冗余字段也会影响模型的准确性，易产生误差。因此进行特征选择后，能降低数据的维度，保障模型的精度。数据探索之后的特征变量维度为 85，有较多的变量，因此考虑进行特征选择。计算每个特征与目标变量的相关系数，保留相关系数大于 0.01 的特征，在后续的实验中可以调整该阈值找到最佳的值。相关代码如下：

```
corr_target = train.corr()['移动房车险数量']
important_feature = corr_target[np.abs(corr_target) >= 0.01].index.tolist()
print(len(important_feature))
train = train[important_feature]
```

过滤后有 64 个特征变量，同样地，对测试集进行类似的处理，代码如下：

```
test = test[important_feature]
```

在预处理结束后，将处理后的数据本地化保存。代码如下：

```
train.to_csv('train_preprocess.csv', encoding = 'utf_8_sig')
test.to_csv('test_preprocess.csv', encoding = 'utf_8_sig')
```

预处理后的文件为 train_preprocess.csv 与 test_preprocess.csv。

2.4 分类模型构建

这是一个典型的二分类问题，因此有非常多的算法可使用，例如决策树、随机森林、神经网络、逻辑回归等。实验首先使用 sklearn 构建最基础的决策树模型。需要注意的是 sklearn 的决策树默认使用基尼系数来选择划分属性，即默认的决策树实现为 CART 决策树。数据集的基尼系数反映了数据集中任意两个样本分类不一致的概率。因此基尼系数越小，数据集的纯度越高。使用 sklearn 构建 CART 决策树的代码如下：

```
import pandas as pd
import numpy as np
from sklearn import tree
def load_data(path):
    data = pd.read_csv(path, encoding='utf-8')
    x, y = data.iloc[:, :-1], data.iloc[:, -1]
    return x, y
def build_model(x, y):
    classifier = tree.DecisionTreeClassifier()
    classifier.fit(x, y)
    return classifier
if __name__ == '__main__':
    train_x, train_y = load_data('data/train_preprocess.csv')
    classifier = build_model(train_x, train_y)
```

对于构建的模型，使用测试集数据进行评价，实验使用准确率（Accuracy）、精确率（Precision）、召回率（Recall）、F1 值（F1-Measure）和 ROC 曲线下面积（AUC）评价模型。同时使用 5-折交叉验证进行测试。测试部分代码如下：

```
import pandas as pd
import numpy as np
from sklearn import tree
from sklearn import metrics
from sklearn.model_selection import cross_validate
def load_data(path):
    data = pd.read_csv(path, encoding='utf-8')
    x, y = data.iloc[:, :-1], data.iloc[:, -1]
    return x, y
def build_model(x, y):
    classifier = tree.DecisionTreeClassifier()
    classifier.fit(x, y)
    return classifier
def test_model(classifier):
    test_x, test_y = load_data('data/test_preprocess.csv')
    scores = cross_validate(classifier, test_x, test_y, cv=5, scoring=('accuracy', '
    precision', 'recall', 'f1', 'roc_auc'))
    return scores

if __name__ == '__main__':
    train_x, train_y = load_data('data/train_preprocess.csv')
```

```
classifier = build_model(train_x, train_y)
scores = test_model(classifier)
print('Accuracy %.4f' % (np.mean(scores['test_accuracy'])))
print('Precision %.4f' % (np.mean(scores['test_precision'])))
print('Recall %.4f' % (np.mean(scores['test_recall'])))
print('F1 %.4f' % (np.mean(scores['test_f1'])))
print('AUC %.4f' % (np.mean(scores['test_roc_auc'])))
```

查看控制台输入如图 2.16 所示。可见模型的准确率很高，但是精度和召回率都较低。因此模型虽然有非常高的精度，但是基本没有使用价值。

```
Accuracy 0.7910
Precision 0.0870
Recall 0.2647
F1 0.1310
AUC 0.5445
```

图 2.16 CART 决策树模型测试结果

修改分类模型为 ID3 决策树、逻辑回归，重复上述实验，结果如表 2.2 所示。

表 2.2 ID3 决策树、逻辑回归模型测试结果

模 型	评 价 指 标	测 试 值
ID3 决策树	Accuracy	0.8330
	Precision	0.1267
	Recall	0.3067
	F1	0.1794
	AUC	0.5865
逻辑回归	Accuracy	0.9405
	Precision	0.0000
	Recall	0.0000
	F1	0.0000
	AUC	0.5000

从表 2.2 可以看出不同模型均存在前述的精度和召回率低的情况，可能是实验的数据出现了问题。再次分析实验的数据，发现样本集存在严重的不平衡问题，导致模型严重过拟合。因此需要平衡数据集。

2.5 平衡数据集

现实中目标变量在样本中很可能一开始就出现了失真的情况，常常出现一些类别样本占比低于 5%，这种问题在信用卡诈骗、疾病检测、垃圾邮件或骚扰电话预警等场景中频繁出现。如果不对不平衡的数据加以处理，模型常常会直接返回占比高的值，导致模型过拟合，测试集上效果非常差。因此要得到可靠的分析结果，需要根据样本数据的特点正确平衡数据。数据挖掘中的平衡可以视为统计学中的加权，为了使分类样本比例更加合理，可对占比较少的类别进行过采样，对占比较大的类别进行欠采样，然后将采集的样本混合，使得样本集达到平衡。本实验也采用这种方式处理不平衡问题。

首先查看不平衡的数据集中目标变量的分布，代码如下：

```
print(train['移动房车险数量'].value_counts())
```

查看控制台输出，如图 2.17 所示。可见样本显著不平衡，投保数低于总数的 6%。因此使用重采样方式调整样本比例，将投保数上采样到原来的两倍，未投保数下采样到原来的 20%。代码如下：

```
0    5474
1     348
Name: 移动房车险数量, dtype: int64
```

图 2.17 目标变量分布

```
from sklearn.utils import resample, shuffle
train_up = train[train['移动房车险数量'] == 1]
train_down = train[train['移动房车险数量'] == 0]
train_up = resample(train_up, n_samples = 696, random_state = 0)
train_down = resample(train_down, n_samples = 1095, random_state = 0)
train = shuffle(pd.concat([train_up, train_down]))
```

重新进行三个模型实验，得到表 2.3 所示的结果。可见三种模型的效果都有明显的提升，特别是召回率。模型有了一定的应用价值。

表 2.3 平衡数据集后 CART、ID3 决策树、逻辑回归模型测试结果

模 型	评价指标	测试值
CART 决策树	Accuracy	0.7432
	Precision	0.0970
	Recall	0.3992
	F1	0.1561
	AUC	0.5821
ID3 决策树	Accuracy	0.7462
	Precision	0.1040
	Recall	0.4286
	F1	0.1674
	AUC	0.5975
逻辑回归	Accuracy	0.7678
	Precision	0.1265
	Recall	0.4916
	F1	0.2012
	AUC	0.6384

2.6 算法调参

平衡数据集后模型已经有了较好的结果，但是我们尚未对模型进行调整，并不确定当前的参数是否是较佳的参数。机器学习中参数对模型的影响巨大，调参也是费时费力的事情，本章将尝试对 ID3 决策树和逻辑回归模型的参数进行调整。

对于 ID3 决策树，首先调整决策树的最大深度，依次为 5、10、15、20，输出如表 2.4 所示。可见随着最大深度的增加，精度先降后升，召回率先升后降，AUC 变化不大，综合来看在最大深度为 10 左右有最好的表现。

表 2.4 ID3 决策树最大深度调参

模 型	评价指标	测试值
ID3 决策树最大深度=5	Accuracy	0.8285
	Recall	0.3866
	AUC	0.6215
ID3 决策树最大深度=10	Accuracy	0.7115
	Recall	0.5000
	AUC	0.6124
ID3 决策树最大深度=15	Accuracy	0.7472
	Recall	0.4286
	AUC	0.5980
ID3 决策树最大深度=15	Accuracy	0.7615
	Recall	0.3908
	AUC	0.5879

随机调整切分时考虑的特征数、内部节点分裂时最少样本数、叶节点最少样本数等参数,实验表现如表 2.5 所示。可见实验结果没有特别大的变化。读者可以考虑修改更多参数查看结果。

表 2.5 ID3 决策树最大深度调参

模 型	评价指标	测试值
ID3 决策树最大深度=10 切分时考虑的特征数=20	Accuracy	0.7718
	Recall	0.4454
	AUC	0.6189
ID3 决策树最大深度=10 内部节点分裂时最少样本数=50	Accuracy	0.6472
	Recall	0.5588
	AUC	0.6058
ID3 决策树最大深度=10 叶节点最少样本数=50	Accuracy	0.7210
	Recall	0.4958
	AUC	0.6155

对于逻辑回归模型,修改参数惩罚性进行实验,分别设置为 L1 惩罚(正则化)与 L2 惩罚。实验结果如表 2.6 所示。可见在有 L2 惩罚项时有更低的召回率,而 F1 与 AUC 值相差不大。

表 2.6 逻辑回归模型调参结果

模 型	评价指标	测试值
逻辑回归 L1 惩罚	Accuracy	0.8037
	Precision	0.1299
	Recall	0.4034
	F1	0.1965
	AUC	0.6162
逻辑回归 L2 惩罚	Accuracy	0.8235
	Precision	0.1355
	Recall	0.3655
	F1	0.1977
	AUC	0.6090

2.7 模型比较

除了决策树和逻辑回归，很多模型都可以解决二分类问题。sklearn 中提供了一些开箱即用的分类模型，本实验将尝试这些模型。模型包括了多层感知机、高斯朴素贝叶斯、支持向量机、随机森林和 AdaBoost 等。

多层感知机是经典的神经网络，在 sklearn 的默认实现中，有一个包含 100 个神经元的隐层，使用 Relu 作为隐层的激活函数，优化器为 Adam，初始学习率设定为 0.001，并且迭代次数为 200 次。调用代码如下：

```
from sklearn.neural_network import MLPClassifier
def build_model(x, y):
    classifier = MLPClassifier()
    classifier.fit(x, y)
    return classifier
```

在本实验的测试中，发现多层感知机的测试结果很不稳定，多次测试后选择较好的一组值如表 2.7 所示，可见模型的 AUC 值有明显的提升。调整多层感知机的各项参数进行多次实验，结果没有明显的提升。

表 2.7　多层感知机测试结果

模　型	评价指标	测试值
多层感知机 隐层＝1×100 优化器：Adam 激活函数：ReLU 初始学习率＝0.001 迭代次数＝200	Accuracy	0.5130
	Precision	0.0909
	Recall	0.7983
	F1	0.1632
	AUC	0.6466

调整模型为 K-近邻(KNN)分类器，KNN 模型最重要的参数为 K 的选择，K 值太小容易过拟合，太大容易欠拟合，因此需要多次调参确定最佳的 K 值。相关的代码如下：

```
from sklearn.neighbors import KNeighborsClassifier
def build_model(x, y):
    classifier = KNeighborsClassifier(5)
    classifier.fit(x, y)
    return classifier
```

但在本实验的调参过程中发现，实验的数据集在 KNN 分类算法下非常容易出现过拟合的情况，调整 K 值从 1～30，发现召回率的变化范围集中于两个极端，即 0 或 1 左右。当召回率为 0 时，说明模型对于测试数据直接预测为 0，即不投保；当召回率为 1 时，模型对测试数据直接预测为 1，即投保。无论哪种情况，在实际业务中都是不可取的。

调整模型为高斯朴素贝叶斯分类器，朴素贝叶斯分类通常有高斯、多项式和伯努利三种模型，其中多项式模型常用于文本分类，伯努利模型要求各类特征的取值均为布尔类型，而高斯模型假设一个特征的所有属于某个类别的样本符合高斯分布。本实验使用高斯朴素贝

叶斯分类器,代码如下:

```
from sklearn.naive_bayes import GaussianNB
def build_model(x, y):
    classifier = MultinomialNB()
    classifier.fit(x, y)
    return classifier
```

高斯朴素贝叶斯分类训练时间非常快,实验结果如表 2.8 所示,可见模型相比常规的决策树模型效果更好。

表 2.8 高斯朴素贝叶斯测试结果

模　型	评价指标	测试值
高斯朴素贝叶斯	Accuracy	0.7458
	Precision	0.1101
	Recall	0.4622
	F1	0.1778
	AUC	0.6129

上述模型都是"个体学习器",顾名思义,都是用一个分类算法从训练数据中训练出的分类模型。集成学习是一种通过构建多个学习器来一起完成分类任务的方法,通常会比单个学习器有更好的泛化能力。本实验将使用 AdaBoosting 和随机森林进行尝试。

AdaBoosting 分类器首先在训练集上拟合出一个分类器,然后在同一训练集上拟合分类器的其他副本,重点是后续每一个分类器都将赋予比先前分类器分类错误的样本更高的权重,如此,最终的分类器是每个基分类器的加权组合。实验选择 ID3 决策树作为基分类器,使用 AdaBoosting 作为集成分类器,代码如下:

```
from sklearn.ensemble import AdaBoostClassifier
def build_model(x, y):
    classifier = tree.DecisionTreeClassifier(criterion = 'entropy', max_depth = 10)
    classifier = AdaBoostClassifier(
        base_estimator = classifier, n_estimators = 100)
    classifier.fit(x, y)
    return classifier
```

测试结果如表 2.9 所示。可见由于集成模型强化了分类错误的样本的权重,使得模型的精度相比基学习器有提升,但是相应的召回率有所降低。可见集成模型的选择也与业务目标和训练数据息息相关,在本实验中选择基学习器更好。

表 2.9 AdaBoosting 测试结果

模　型	评价指标	测试值
AdaBoosting	Accuracy	0.8285
	Precision	0.1387
	Recall	0.3613
	F1	0.2005
	AUC	0.6097

随机森林与 AdaBoosting 有不同的集成方法。随机森林使用自助采样法(Bootstrap Sampling)随机从训练集中采样出训练数据拟合一个分类模型,重复该操作建立多个分类器,使用简单的投票法获得集成模型的最终分类结果。随机森林实现简单,计算方便,有非常广的用途。随机森林的实现代码如下,基分类器仍然选择 ID3 决策树。

```
from sklearn.ensemble import RandomForestClassifier
def build_model(x, y):
    classifier = RandomForestClassifier(
        criterion = 'entropy', max_depth = 10, n_estimators = 100)
    classifier.fit(x, y)
    return classifier
```

测试结果如表 2.10 所示。可见随机森林与 AdaBoosting 算法类似,模型的精度有所提升,但是召回率有所下降,这可能是因为投票法会选择出现较多的预测分类,而基分类器更倾向于选择不投保移动房车险。

表 2.10 随机森林测试结果

模 型	评价指标	测试值
随机森林	Accuracy	0.8205
	Precision	0.1429
	Recall	0.4034
	F1	0.2110
	AUC	0.6251

本实验针对保险产品推荐这一实际业务问题,通过数据探索、数据预处理、构建分类模型、平衡数据集、算法调优和选择等几个部分进行了分析。在数据探索阶段,着重分析了数据各类特征字段的取值、分布以及可视化,展示了变量的分布情况。数据探索不仅能对样本有直观的认识,还可以大致推断特征字段与目标字段之间的关系,指导预处理和模型构建。预处理可以解决数据的一些问题,使得数据质量更高。在构建初步的模型后,本实验发现了数据不平衡这一显著的问题,因此进行了后续的平衡数据集操作。实际上,如果一开始就清楚目标变量具有很严重的不平衡问题,在预处理阶段就可以进行平衡操作。

本章节的保险产品推荐是一个二分类问题,因此有相当多的模型可供选择,例如决策树、逻辑回归、神经网络、朴素贝叶斯、AdaBoosting 和随机森林等。在实际业务环境中,需要根据业务问题选择合适的模型,并进行调参。模型并非越复杂越好,参数的调整对模型的结果也有非常大的影响,需要数据分析人员耐心实践。

根据本实验逻辑回归模型的相关性系数,用户特征社会阶层、租房子特征对购买移动房车险的负向影响较显著,公共社保、私人保险、投保人寿险数量、投保火险数量对购买移动房车险的正向影响显著。这与描述性统计结果基本一致,对保险公司推荐移动房车险有一定的参考价值。

第 3 章

图书类目自动标引系统

21 世纪以来，随着信息资源量的不断增长，世界各地的图书馆普遍使用大量数字资源进行数字化建设，如何对数字资源进行加工整理成为数字化图书馆建设的重要方向之一。为了使数字资源像纸质文献一样能够被快速根据类别进行检索，数字资源也需要进行标引。

无论是纸质资源还是数字资源，其分类都不是与生俱来的，图书文献的标引人员需要经过培训，即使是经验丰富的图书标引人员也要根据纸质资源或数字资源的主要内容，参照《中图分类法》的分类规则进行分类标引。目前数字资源在图书馆馆藏资源中所占的比例已经越来越大，数字资源的标引工作也变得越来越重要，如何在数字资源种类和规模都在迅速增长的情况下仍然兼顾标引的质量和速度，是任何一个数字化图书馆都不可忽视的重要项目。

3.1 业务背景分析

目前对于图书馆收录的数字资源，大部分图书馆仍然在采取人工分类的方式对数字资源进行标引，这种方法需要经验非常丰富的标引人员耗费大量时间才能完成。因此数字资源的自动标引方法不仅可以节省人力和财力，而且还能够大大提高数字资源标引的速度，缩短资源上架周期，被读者更好地利用，有利于知识的传播。而目前图书馆所能够使用的数字资源自动标引系统均较为陈旧，其算法依赖词表和知识库的构建，且并未使用近年来机器学习和自然语言处理领域的最新成果。这些系统的标引准确率低下，且对于部分数字资源需要人工参与进行协助分类或者检验，并不能从真正意义上解放人力资源，达不到自动标引的要求。而近年来快速发展的基于机器学习和自然语言处理的算法，并没有在数字资源标引系统上有效应用。

3.2 数据提取

这里将使用某市图书馆提供的 F 经济大类馆藏数字资源作为语料素材。数字资源的文献标题、期刊或会议名称、作者、单位、时间、文献摘要和作者给出的关键词组成了全部数字资源的索引数据库部分，而数字资源的全文则以二进制大文件的形式单独进行存储。

由于多数字段空值比例较高，从中选择部分字段作为机器标引的输入特征，经过筛选，选择标题、出版社、关键词、摘要作为后续分类标引的依据，如图 3.1 所示。

	title	publisher	pubcode	keywords	category	abstract
0	论清末湖北地方政府军政外债的影响	沈阳工程学院学报:社科版	46272	/清后期/财政史/湖北/外债	F812.952	清末,湖北地方政府为弥补财政亏空举借了各种用途的军政外债共10笔,这些外债对债权方和湖北地区...
1	中心城区区域经济发展模式的选择与分析	沈阳工程学院学报:社科版	46272	/城市经济/经济发展/中国	F299.2	随着经济持续发展,各大城市中心城区的经济发展模式日渐成熟,由于中心城区发展的特殊性和广泛的示...
2	中国股市高投机性的制度机理研究	沈阳工程学院学报:社科版	46272	/股票市场/制度/中国	F832.5	投机性是市场所具有的天然属性.然而,中国股市投资者的过度投机行为在市场波动中所反映出来的极端...
3	西部农村减缓贫困的进展	中国农村观察	4276	/地方农业经济/中国	F327	本文在对改革初期中国西部农村贫困特点回顾的基础上，综述了改革开放以来西部地区的反贫困措施。经...
4	交易成本与中国农村的基础设施治理结构选择:以灌溉、电力、公路和饮用水设施为例	中国农村观察	4276	/农业建设/农业经济发展/中国	F323	本文运用交易成本理论指出，农村基础设施治理的最优化是其有效供给的充分条件，不同规模设施的最优...

图 3.1　待标引文献数据示例

图书馆提供的初始数据库文件为 Access 数据库，文件类型为 mdb，一共有 74 万的样本数量。首先安装 Access 数据驱动以及 pyobdc 工具包，连接 Access 数据库并将数据导出为 csv 文件。在 Windows 系统上运行以下代码。

```
import pyodbc
print([x for x in pyodbc.drivers() if x.startswith('Microsoft Access Driver')])
```

如果看到一个空列表，那么正在运行 64 位 Python，并且需要安装 64 位版本的 ACE 驱动程序。如果只看到['Microsoft Access Driver (*.mdb)']并且需要使用.accdb 文件，那么需要安装 32 位版本的 ACE 驱动程序。

数据提取部分的代码见 extract.py，其中没有抽取原本数据库中全部的字段，只使用了对于分类最重要的几个字段，即正文地址、target 、title 、abstract、keyword。

```
import pyodbc
import csv

path = 'D:\\PycharmProjects\\data\\'
cnxn = pyodbc.connect(r'DRIVER={Microsoft Access Driver (*.mdb, *.accd b)};DBQ=' + path
 + 'F大类08到18年数据.mdb')
crsr = cnxn.cursor()
for table_info in crsr.tables(tableType='TABLE'):
    print(table_info.table_name)

rows = crsr.execute("SELECT Fulltext_store_path, attribute_string_14, attribute_string_1, a
ttribute_string_13, attribute_text_1 FROM F数据")

csv_writer = csv.writer(open('F08_18.csv', 'w', newline='', encoding='utf8'))
```

```
for row in rows:
    list = []
    for item in row:
        if item != None:
            list.append(item)
        else:
            list.append('')
    csv_writer.writerow(list)
```

其中，首先读取所有表的名称，然后再执行 SQL 游标查询(crsr. execute)，逐行读取并将其写到文本文件中(csv. writer)。

如果是苹果操作系统，需要通过 Homebrew 安装 unixodbc，安装方法为 brew install unixodbc，然后安装 mdbtools(brew install mdbtools)，使用命令"mdb-export F 大类 08 到 18 年数据. mdb 'F08-18 数据'> output_file. csv"即可导出为 csv 格式。

3.3 数据预处理

对数据进行分析后发现约有 5%的文献关键词缺失，约有 20%的文献摘要缺失，仅有约 30%的文献存在正文部分。

对数据中的文献标题、摘要使用 jieba 分词进行分词，并删去对分类显然没有帮助的词性。对数据中作者给出的关键词不做处理。使用 jieba 分词的示例方法如下：

```
import jieba
import jieba.posseg as pseg
abstract = getAbstract()                              #文献摘要
words = pseg.cut(abstract)
for word, flag in words:
    print('%s %s' % (word, flag))
```

对于分词后的词语，在停用词表中进行搜索，删去纯数字以及在停用词表中的词。停用词是指在信息检索中，为节省存储空间和提高搜索效率，在处理自然语言数据之前或之后会自动过滤掉某些字或词，这些字或词被称为停用词。对中文文本分类任务来说大部分是助词、副词、介词、连接词，本身无实际含义。预处理部分的代码见 pre. py，经预处理后得到 F08_18_pre. csv。

然后对数据中的文献正文部分，使用中文维基语料库训练 N-Gram 模型，训练语言模型的代码如下：

```
import pickle
file = open('ngram_char.txt', 'r', encoding = 'utf8')
dict1 = {}
dict2 = {}
num = 0
for line in file:num += 1
    if num % 10000 == 0:
    print(num)
words = line.strip().split(' ')
```

```
for i in range(len(words)):
    word = words[i]
    if word not in dict1:
        continue
    dict1[word] += 1
for i in range(1, len(words)):
    word1 = words[i-1]
    word2 = words[i]
    if (word1, word2) not in dict2:
        dict2[(word1, word2)] = 1
        continue
    dict2[(word1, word2)] += 1
picklestring1 = pickle.dump(dict1, open('ngram1.pkl', 'wb'), pickle.HIGH EST_PROTOCOL)
picklestring2 = pickle.dump(dict2, open('ngram2.pkl', 'wb'), pickle.HIGH EST_PROTOCOL)
dict1[word] = 1
```

使用语言模型过滤后,尝试提取其中对分类有帮助的词。使用语言模型过滤的代码如下:

```
def is_sentence(s):
    global charList, dict1, dict2
    p = 0
    words_cut = jieba.cut(s)
    words = ['<b>']
    for item in words_cut:
        if item not in charList and item != '「':
           words.append(item)
           words.append('<e>')
    for i in range(1, len(words) - 1):
        if (words[i-1], words[i]) not in dict2:
            num1 = 1
        else:
            num1 = dict2[(words[i-1], words[i])] + 1
    if words[i] not in dict1:
        num2 = len(dict2)
    else:
        num2 = dict1[words[i]] + len(dict2)
    p = p + math.log(num1 / num2, 10)
    print(''.join(words), '', s, '', p)
    # 设置阈值
    if p > - 6 * len(words):
        return True
    else:
        return False
```

然后使用过滤后的正文部分提取关键词,实现过程包括以下几步:

(1) 利用提供的关键词构建关键词表,在文献正文中进行搜索,取出出现次数大于阈值的词,加入到数据集中。关键代码如下:

```
keywords = ''
for keyword in keyword_dict.keys():
```

```
        c = content.count(keyword)
        # 设置阈值
        if c > 5:
            keywords += '' + keyword
```

(2) 使用 TF-IDF 算法从文献正文提取关键词，加入到数据集中。使用 jieba 的 TF-IDF 的关键词提取方法如下：

```
import jieba
import jieba.analyse
sentence = getText()                            #文献全文部分
keywords = jieba.analyse.extract_tags(text, withWeight = True)
for item in keywords:
    print(item[0],item[1])
```

最后将所有数据打乱顺序后分为训练集、验证集和测试集，其中训练集占 90%，验证集和测试集各占 5%。

对 F 大类下的二级分类数量进行可视化，结果如图 3.2 所示。

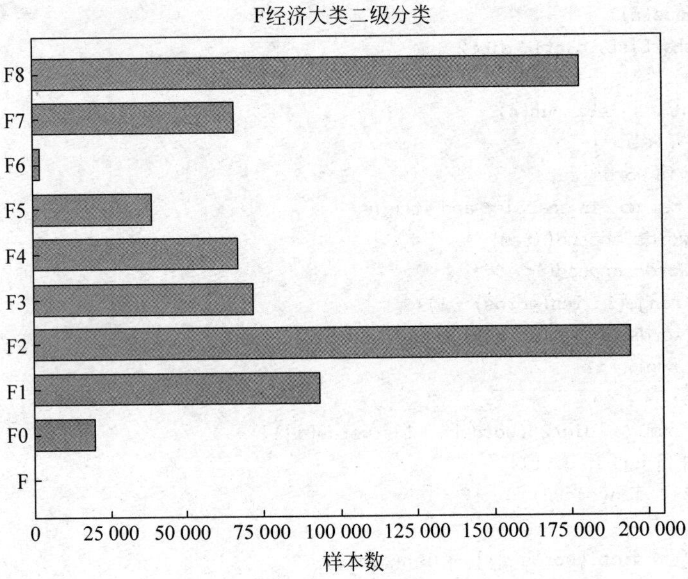

图 3.2　F 大类中二级类目样本数量

给定的数据存在样本不平衡问题，例如在 F 大类二级分类中出现的 F8 财政、经济类有 17 万多条数据，而出现最少的 F6 邮电经济仅有两千多条数据。为了增加出现较少类别数据的数据量，同时增加噪声防止过拟合并提升泛化能力。对出现次数较多类别的数据进行随机的欠采样，且在对某条数据进行欠采样时，随机删去该条数据的部分词语。这种随机删除训练集中词的方法相当于从数据源头采集了更多的数据，也可以防止过拟合。

然后，考虑使用词向量进行消歧，使用 gensim 训练词向量的方法如下：

```
import os
from gensim.models import word2vec
```

```
print("word2vec 模型训练中...")
# 加载文件
sentence = word2vec.Text8Corpus('wiki_segmented.txt')
# 训练模型
model = word2vec.Word2Vec(sentence, size=400, window=5, min_count=5, work ers=4, sg=1)
# 保存模型
model.save('models/wiki.zh.text.model')
model.wv.save_word2vec_format('models/wiki.zh.text.vector', binary=False)
print("Word2vec 模型已存储完毕")
```

将文献的标题、作者给出的关键词、摘要三部分分别使用 TF-IDF 提取特征后，再使用贝叶斯分类进行训练和测试，准确率如表 3.1 所示。

表 3.1 不同数据来源准确率

数据来源	Acc(准确率)
标题	0.71%
关键词	0.76%
摘要	0.70%

从表 3.1 中可以看到，准确率从高到低为作者给出的关键词、标题、摘要，可见不同部分数据的质量也有所不同。

3.4 基于贝叶斯分类的文献标引

文本分类是自然语言处理最重要也是最基础的应用之一。20 世纪 90 年代以来，随着信息资源量的不断增长，可用于训练的语料库越来越多，为基于统计方法的分类算法提供了大量的数据。基于统计学习的算法如贝叶斯分类逐渐成为文本分类的主要算法。

贝叶斯理论的基本思想最早由英国著名数学家 Thomas Bayes 于 1764 年提出，直至 20 世纪，信息论和统计决策理论的发展推动了贝叶斯理论的进一步发展。贝叶斯方法用概率表示不确定性，概率规则表示推理或学习，随机变量的概率分布表示推理或学习的最终结果。贝叶斯理论现已被应用到人工智能的众多领域，针对很多领域的核心的分类问题，大量卓有成效的算法都是基于贝叶斯理论设计。这里要解决的问题即为典型的文本分类问题，考虑使用贝叶斯分类解决该问题。

这里使用的机器学习库为 Scikit-learn。Scikit-learn 是一个功能强大的通用机器学习库，封装了大量常用的机器学习算法，包括各种特征工程以及分类算法，非常适合像该项目一样需要对数据进行大量处理的项目。这里使用的 TF-IDF 特征提取、卡方检验以及贝叶斯分类都可以利用该机器学习库较为容易地实现。

使用 TF-IDF 提取特征后，使用贝叶斯分类器进行分类，二级分类准确率仅为 76%，全部代码见 bayes1.py。

```
def train(train_data, train_target):
    # TfidfVectorizer 中默认的 token_pattern 不包括单个字的词
    # 但考虑到中文中单个字对分类也有帮助，需要对其进行修改
```

```
    tfidf = TfidfVectorizer(token_pattern=r"(?u)\b\w+\b")
    tfidf_train = tfidf.fit_transform(train_data)

    mnb = MultinomialNB(alpha=1.0)
    l = tfidf_train.shape[0]
    #因数据量过大,需要使用 partial_fit 进行增量学习
    for i in range(0, l, 100000):
        data = tfidf_train[i:min(i + 100000, l)]
        label = train_target[i:min(i + 100000, l)]
        mnb.partial_fit(data, label, classes=classes)

        return tfidf, mnb

    def pre(tfidf, mnb, test_data, test_target):
        tfidf_test = tfidf.transform(test_data)
        predict = mnb.predict(tfidf_test)
        count = 0
        for left, right in zip(predict, test_target):
            if left == right:
                count += 1
        return count / len(test_target)
```

具体的分类指标如表 3.2 所示。

表 3.2　不同样本数的精确率、召回率、F1 分值对比 1

类　别	Precision（精确率）	Recall（召回率）	F1-Score（F1 分值）	Support（样本数）
F	0	0	0	14
F0	0.96	0.14	0.24	961
F1	0.69	0.71	0.7	4296
F2	0.66	0.89	0.76	8959
F3	0.88	0.8	0.84	3338
F4	0.91	0.53	0.67	3011
F5	0.97	0.65	0.78	1805
F6	0	0	0	123
F7	0.86	0.57	0.68	2942
F8	0.82	0.9	0.86	8233
avg/total	0.79	0.76	0.75	33 682

其中 Precision 为分类的精确率，Recall 为分类的召回率，F1-Score 为 Precision 和 Recall 的调和平均数，Support 为样本数。在两个样本数最少的分类 F 与 F6 上的精确率和召回率均为 0，说明并没有测试集上的样本被标引为 F 或 F6。在样本数较少的分类 F0 与 F5 上虽然精确率很高，但召回率极低，说明标引为这两个分类的样本大部分是分类正确的，但还有很多属于它们的样本划分到了别的分类。二级分类精确率甚至低于 80%，远远没有达到该项目的预期，可能需要补充更多的数据或者使用更好的算法。下面从训练过程、特征降维以及权重调节三个角度提出三种不同的算法，用于提高类别标引的精确率。

3.4.1 增量训练

增量训练指的是机器学习方法不仅可以保留之前已经学习过的知识,也可以从新的样本中学习新的知识,这种训练方法的学习是可以逐步进行的。增量学习不仅可以及时利用新的数据,也可以避免因数据过大导致 MemoryError 的错误。

对于贝叶斯分类器的初次训练,训练数据使用的是训练集中各部分数据拼接经过 TF-IDF 特征提取器后获得的特征向量。在初步训练结束后,将训练数据的特征向量在训练好的贝叶斯分类器上进行预测,若预测结果与实际结果不一致,则将该条数据加入到新的训练集中,之后将所有训练集中预测失败的数据作为新的训练数据进行增量训练,以上过程重复多次。该算法的思想是增加难以预测的训练集样本的权重,其实现的核心代码如下:

```
for item in range(0, iterNum):                                          # 迭代次数
    print(item, pre(tfidf, mnb, test_data, test_target))                #在验证集上预测
    tfidf_train = tfidf.transform(train_data)
    predict_target = mnb.predict(tfidf_train)                           #在训练集上预测
    for i in range(0, l, 100000):                                       #增量训练
        data = tfidf_train[i:min(i + 100000, l)]
        label = train_target[i:min(i + 100000, l)]
        predict = predict_target[i:min(i + 100000, l)]
        num = 0
        weight = []
        for a, b in zip(predict, label):
            if a != b:                              #若预测错误则将其加入到训练集中重新训练
                weight.append(1)
            else:                                   #若预测正确则将其权重设置为 0 不进行训练
                weight.append(0)
            num += 1
        mnb.partial_fit(data, label, sample_weight = weight, classes = classes)
    print('res', pre(tfidf, mnb, test_data, test_target))
```

经过上述过程之后,将迭代次数分别在训练集和验证集上的准确率变化趋势可视化出来,结果如图 3.3 所示。

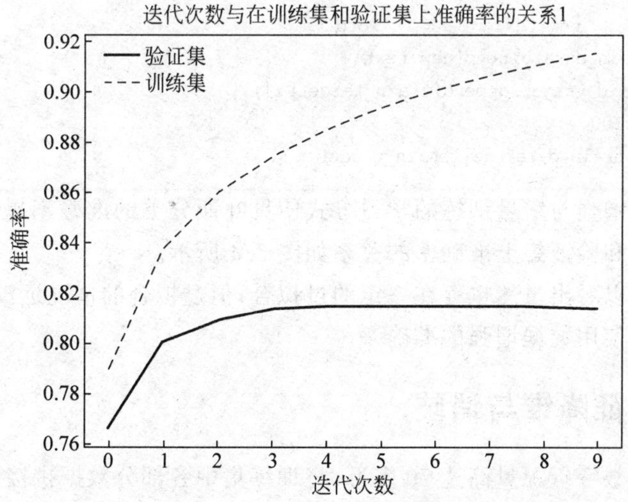

图 3.3 迭代次数分别在训练集和验证集上的准确率

从图 3.3 中每次迭代贝叶斯分类器在训练集和验证集上的准确率可以看出，在训练集上的准确率在每轮增量训练时均在上升，而在验证集上的准确率在前几轮增量训练时同步上升，而在后面的迭代时不再上升，反而在第 8 次迭代后略有下降。在验证集上的准确率在第一次增量训练时大大提升至接近 80%，在第 5 到 6 次增量训练时达到最大值。但如图所示显然这种方法会出现过拟合的情况，随着增量训练的轮数增加，在训练集上的准确率高于在验证集上的准确率，而在验证集上的准确率也会随之下降。

考虑将数据增强方法用于增量学习的每次迭代中，每次迭代都根据原训练数据获取不同的新的训练数据，若某条数据所属分类出现次数较少，则将该条数据随机删去部分词得到的新数据加入到新的训练数据中，该过程可能随机进行多次；若某条数据所属分类出现次数较多，则可能将该条数据随机删去部分词得到的新数据加入到新的训练数据中，也可能将其直接删除，实现代码如下：

```
#根据原训练集生成新的训练集,thr 为每个词保留的概率
def chuli(train_data, train_target, thr):
#某些样本较少的数据可能生成多条数据,某些样本较多的数据可能不生成数据
    gcy = {'F': 100, 'F0': 100, 'F1': 100, 'F2': 100, 'F3': 100, 'F4': 100,
'F5': 100, 'F6': 100, 'F7': 100, 'F8': 50}

    new_train_data = []
    new_train_target = []

    for i in range(len(train_data)):
      text = train_data[i]
      new_text = ''
      rand = random.randint(1, 100)
      k = gcy[train_target[i]]
      #判断是否生成或是否多次生成某条数据
      while rand <= k:
          for word in text.split():
          #对某个词语有 thr 的概率将其保留
              if random.randint(1, 100) <= thr:
                  new_text += '' + word
        new_train_data.append(new_text)
        new_train_target.append(train_target[i])
        k - = 100
    return new_train_data, new_train_target
```

通过这种数据增强与增量训练的学习方式使贝叶斯分类的准确率提升至 82%左右，迭代次数与在训练集和验证集上准确率的关系如图 3.4 所示。

从图 3.4 中可以看出虽然也存在一定的过拟合，但过拟合的情况远没有之前那么明显。且准确率远高于不使用数据增强的准确率。

3.4.2 特征降维与消歧

图书馆提供的数字资源量高达 70 多万，将训练集中各部分数据拼接后词语的种类即特征维度高达 40 多万，需要进行特征降维。数据降维既可以去除一些与分类关系不大的无关

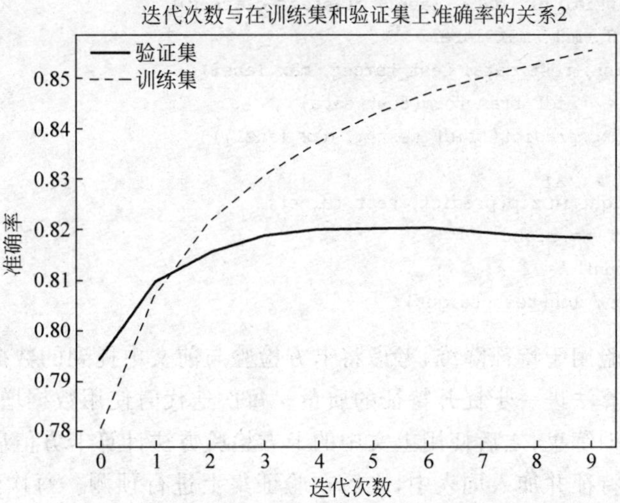

图 3.4 迭代次数与训练集和验证集上准确率的关系

特征，以便获取更有价值的信息，也可以大大减低算法的复杂度。

将卡方检验用于特征降维，对于所有数据使用 TF-IDF 特征提取方法提取出的特征，使用卡方检验的方法检验每个特征与分类的相关性，根据卡方值排序后的结果保留排名靠前的词加入到词表中，将词表中的词作为保留的特征。该方法对分类准确率有一定程度的提升。实现代码如下：

```
def train(train_data, train_target):
    tfidf = TfidfVectorizer(token_pattern = r"(?u)\b\w + \b")
    tfidf_train = tfidf.fit_transform(train_data)

    #建立新词表
    words_set = set()
    dict = {}
    for item in tfidf.vocabulary_:
        dict_2[tfidf.vocabulary_[item]] = item

    selectKBest = SelectKBest(chi2, k = 1)           # 选择 k 个最佳特征
    selectKBest.fit_transform(tfidf_train, train_target)
    max_score = np.argsort(selectKBest.scores_)[:: - 1]
     #得到新词表
     for i in range(maxNum):
         words_set.add(dict_2[max_score[i]])
     max_label = []
     for item in new_words_set:
         max_label.append(tfidf.vocabulary_[item])
     new_tfidf_train = tfidf_train[:, max_label]
     mnb = MultinomialNB(alpha = 1.0)
     l = tfidf_train.shape[0]
     for i in range(0, l, 100000):
         data = new_tfidf_train[i:min(i + 100000, l)]
         label = train_target[i:min(i + 100000, l)]
```

```
        mnb.partial_fit(data, label, classes = classes)
    return tfidf, mnb, max_label
def pre(tfidf, mnb, test_data, test_target, max_label):
    tfidf_test = tfidf.transform(test_data)
    predict = mnb.predict(tfidf_test[:, max_label])
    count = 0
    for left, right in zip(predict, test_target):
        if left == right:
            count += 1
    return count / len(test_target)
```

对于将卡方检验用于特征降维，考虑将卡方检验与前文中提到的数据增强方法相结合，设计了一种更好的算法进一步提升特征的质量。每次迭代时使用数据增强方法利用原训练集构建新的不同的训练集，之后使用上文中的卡方检验方法计算卡方值后排序，提取与分类关系较大的部分的特征并加入词表中，之后在验证集上进行预测。每次迭代用于训练的新的训练集各不相同，因此提取出的排名靠前的词也并不相同，每次迭代后若在验证集上进行预测的准确率有提升则保留该词表，否则删去本次迭代中加入的词并重新构造训练集进行训练。

算法开始时词表最初为空集，最大准确率为 0，其中每次迭代时根据原训练集 traindata 构建新的训练集，并获取卡方值靠前的词，之后与原词表合并。若在验证集上使用合并后词表进行预测的准确率有提升则更新词表和准确率，若准确率若干次均为上升则停止迭代。

当每次选取卡方值前 36 000 个词时，词表和准确率的变化如图 3.5 所示。

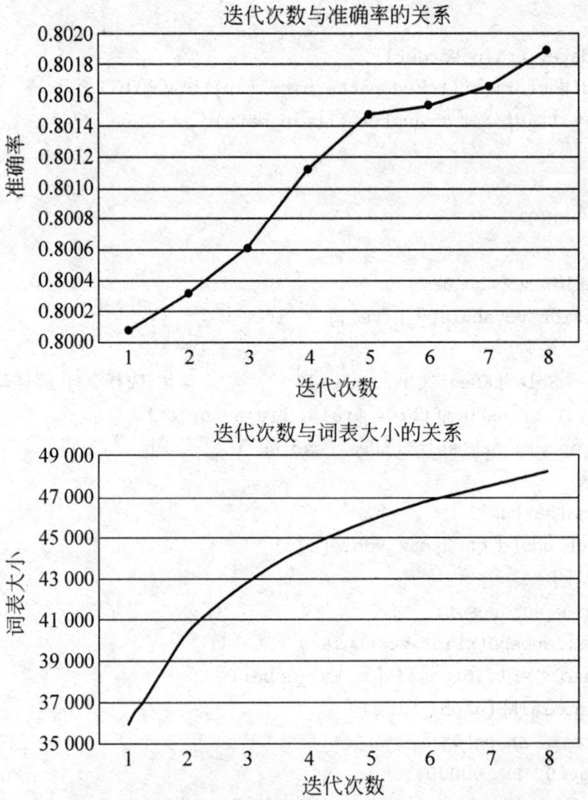

图 3.5 词表和准确率随迭代次数变化情况

获取最终词表后，考虑使用训练好的词向量进行消歧，对于某条数据中的某个词，若与其距离小于阈值的词在最终的词表中，则将词表中的词加入到该条数据中。

该算法效果使准确率略微提升，具体的分类指标如表3.3所示。

表3.3　不同样本数的准确率、召回率、F1分值对比2

类　别	Precision（精确率）	Recall（召回率）	F1-Score（F1分值）	Support（样本数）
F	0	0	0	14
F0	0.65	0.57	0.6	961
F1	0.69	0.82	0.75	4296
F2	0.85	0.78	0.81	8959
F3	0.84	0.89	0.86	3338
F4	0.79	0.83	0.81	3011
F5	0.92	0.93	0.92	1805
F6	0.86	0.68	0.76	123
F7	0.77	0.8	0.78	2942
F8	0.9	0.85	0.87	8233
avg/total	0.82	0.82	0.82	33682

从表3.3中可以看出大部分类别的召回率均有小幅增长。

3.4.3　权重调节

在Scikit-learn中的TfidfVectorizer提供了多种权重调节方法，通过设置min_df与max_df参数可以过滤掉在训练集中出现比率低于或高于该值的词语。虽然此方法在初期很有效，但在特征降维之后没有必要对此参数进行调整。

清华同方自动标引系统与ST_index自动标引系统都考虑到了给予不同部分的数据不同的权重。从数据预处理过程中也可以看出单独使用某部分数据进行训练，关键词和标题得到的准确率远高于摘要部分。最初尝试调节不同部分数据的词频，该方法虽然有一定的效果但调节起来费事费力，这种方式只是简单地将不同部分所占的权重进行调整，需要设计更优的算法对其权重进行调整取代这种手动调节权重的方法。

考虑到不同部分的数据中词语的分布不同，在不做特征降维之前拼接后特征数高达40多万，文章的标题、摘要和通过TF-IDF算法提取的关键词特征数高达20多万，但作者给出的关键词特征数仅为4万左右。各部分数据特征间有大量不重合的地方，不能简单地将这些词语进行拼接。

使用不同的TF-IDF特征提取器和贝叶斯分类器，分别对标题、人工提取的关键词、摘要、正文搜索得到的关键词、正文使用TF-IDF算法提取得到的关键词以及这些词语拼接后的结果进行训练，之后对在验证集上得到的属于不同分类的概率使用不同的权重相加，得到最后的结果。

将词语拼接部分的初始权重设置为1，其他权重设置为0，可以保证得到的结果不会比原来的结果即简单拼接的结果差。每次迭代随机增减每部分的权重，若得到的结果好于最好的结果则修改权重。若一次迭代中得到的结果均比最好的结果差，则减小每次增减权重的值，直至使该值小于阈值。权重调整的框架代码如下。

```
def pre(tfidfs, mnbs, max_labels, test_data, test_target):
    probas = []
    #tfidfs,mnbs,max_labels为在不同部分数据上不同的特征提取器,分类器和词表
    for i in range(data_num):
      proba = pre_part(tfidfs[i], mnbs[i], max_labels[i], test_data[i])
      probas.append(proba)

    accs = get_partly_acc(probas, test_data, test_target)
    for item in accs:
      print(item)
    if mode == 'train':
      #训练模式,使用验证集获取w
      w = get_w(probas, test_data, test_target)
      print(w)
      return 0
    if mode == 'test':
      #测试模式,使用在验证集上获取的w在测试集上进行测试
      w = [1.25, 1.5, 0.31640625, 0.453125, 0.40625, 0.71875]
    return get_acc_use_w(probas, test_data, test_target, w)
```

其中，函数的参数 tfidfs 是 TfidfVectorizer 的对象数组；参数 mnbs 是 MultinomialNB 对象数组；参数 max_labels 是 TF-IDF 的词表（tfidf. vocabulary_）。pre_part 方法是将词表在分类器上进行验证，多组数据的验证结果存于 probas 对象中。函数 get_partly_acc 主要用于计算各组数据（test_data）的准确率。pre_part 函数的具体实现过程如下。

```
def pre_part(tfidf, mnb, max_label, test_data):
    tfidf_test = tfidf.transform(test_data)
    #predict = mnb.predict(tfidf_test)                    # 在测试集上预测结果
    if max_label is not None:
        proba = mnb.predict_proba(tfidf_test[:, max_label])
    else:
        proba = mnb.predict_proba(tfidf_test)
    return proba
```

使用 TF-IDF 算法可以快速找到在验证集准确率的局部最大值，且可以保证结果不会差于使用将所有部分词语拼接得到的结果。

对于初始权重，当拼接部分权重为 1，其他部分权重为 0 时在验证集上得到的准确率即为不使用该权重调节算法时得到的准确率。将该准确率记为暂时的最大准确率，对于每次迭代调用 getRandomPlace()获取一个将 6 个不同位置打乱的列表，如将原位置[0,1,2,3,4,5]打乱为[3,5,1,0,2,4]，按这个顺序对这 6 个位置对应的数据进行权重调整，权重增减的值为 num。若增减权重后准确率提升则调整权重，若对于这 6 个位置增减权重准确率均未提高则将 num 减半。当 num 小于阈值时退出迭代。

当使用验证集得到对应不同部分数据不同的权重后，将该权重应用在测试集上，大大提升了在测试集上的准确率，具体的分类指标如表 3.4 所示。

表 3.4 权重调节之后各项指标对比结果

类 别	Precision（精确率）	Recall（召回率）	F1-Score（F1 分值）	Support（样本数）
F	0	0	0	14
F0	0.83	0.54	0.65	961
F1	0.77	0.84	0.8	4296
F2	0.83	0.87	0.85	8959
F3	0.89	0.88	0.89	3338
F4	0.89	0.82	0.85	3011
F5	0.95	0.92	0.93	1805
F6	0.95	0.58	0.72	123
F7	0.84	0.83	0.84	2942
F8	0.91	0.91	0.91	8233
avg/total	0.86	0.86	0.86	33 682

从表 3.4 中可以看到，经过权重调节，模型对二级分类的平均精确率、召回率和 F1 分值均有提升，达到 86%。

3.5 性能评估与结论

使用训练集进行训练后在测试集上预测准确率提升至 86%。综合以上结果，该基于朴素贝叶斯的智能标引系统流程如下：预处理时根据训练集中的数据使用数据增强方法生成新的数据，使用特征降维算法获取新的词表，每轮增量训练时都将预测失败的数据增强后重新训练，最终对不同部分的数据使用权重调节算法对预测的概率进行调节。

对于小样本的分类问题，虽然使用了数据增强方法但效果有限，在 F 大类上的精确率和召回率仍为 0，可能需要在模型之前或之后人为地增加一些规则，从而满足小样本的关键特征，这样便可以最大限度地减小小样本的错误概率。若想进一步提升准确率需要结合深度学习等方法，这也是目前文本分类的主要研究方向。

3.6 基于 BERT 算法的文献标引

近年来深度学习方法在自然语言处理方面的研究和应用取得了显著的成果。2013 年 Word2vec 的出现把文本数据从高维度、高稀疏变成了连续稠密的数据。基于 CNN 和 RNN 的分类方法在分类任务中效果显著。Attention 机制直观地给出每个词对结果的贡献。谷歌 AI 团队发布的 BERT 模型在 11 种不同的自然语言处理任务中创出佳绩，为自然语言处理带来里程碑式的改变，也是自然语言处理领域近期重要的进展。

BERT 是一种对语言表征进行预训练的方法，即经过大型文本语料库（如维基百科）训练后获得的通用“语言理解”模型，该模型可用于自然语言处理下游任务（如自动问答）。BERT 之所以表现得比过往的方法要好，是因为它是首个用于自然语言处理预训练的无监督、深度双向系统。BERT 的优势是能够轻松适用多种类型的自然语言处理任务。

3.6.1 数据预处理

图书馆给出了一个“中图法 F 大类第五版与第四版删改类目对照表”,此表中存在 2 个 sheet,分别为“需删除分类号数据”以及“四五版对比”,其示例如图 3.6 所示。

原分类号	修订注释	处理方式	修改后分类号
F014.6	两大部类及部门间关系，5版改入F264有关各类	删除分类号为“F014.6”，且年份为2015年以前的数据	
F031.1	停用；5版改入F031	改号	F031
F035.1	停用；5版改入F035	改号	F035
F035.2	停用；5版改入F264有关各类	删除分类号为“F035.2”的全部数据	
F035.3	停用；5版改入F036.1	改号	F036.1
F036.5	停用；5版改入C913.3	删除分类号为“F036.5”的全部数据	
F037.1	停用；5版改入F037	改号	F037
F037.3	停用；5版改入F037	改号	F037
F041.1	停用；5版改入F041	改号	F041
F041.2	停用；5版改入F041	改号	F041
F041.8	停用；5版改入F041	改号	F041
F045.1	停用；5版改入F045	改号	F045
F046.2	停用；5版改入F046	改号	F046
F046.3	停用；5版改入F046	改号	F046
F047.2	停用；5版改入F047.1	改号	F047.1
F047.5	停用；5版改入C913.3	删除分类号为“F047.5”的全部数据	
F048.1	停用；5版改入F048	改号	F048
F048.2	停用；5版改入F264有关各类	删除分类号为“F048.2”的全部数据	
F114.42	停用；5版改入F114.4	改号	F114.4
F114.45	停用；5版改入F114.4	改号	F114.4
F121.29	地下经济，5版改入F264.9	将分类号为“F121.29”，且主题词中包含“地下经济的”相关数据分类号改为“F264.9”，其余不变	
F123.11	停用；5版改入F123.1	改号	F123.1
F123.13	停用；5版改入F123.1	改号	F123.1
F124.7	扶贫问题，5版改入F126	将分类号为“F124.7”主题词中包含“扶贫”的数据分类号改为“F126”，其余不变	

需删除分类号
F001.5
F014.309
F014.359
F014.7
F016.5
F019.349
F0-27
F033.3
F046.32
F046.33
F058
F059
F061
F061.9
F062
F063
F065
F069
F069.4
F069.6
F074.1

图 3.6 “四五版对比”的示例

“需删除分类号数据”中主要是分类号的列表,如图中右侧显示的样式,将表中分类号对应的数据全部删除(此部分数据分类号错误),再根据“四五版对比”表中的处理方式,对剩余数据进行处理。然后读取“四五版对比”表,根据给定规则处理剩余标签,主要有以下几种规则来处理标签。

- rule1：五版停用,但还是属于 F 经济大类,故直接修改为五版对应的分类号。
- rule2：五版停用,但不属于 F 经济类,直接删除此类数据。
- rule3：将此类分类号下的某些包含特定主题词的样本改为其他分类号。
- rule4：将此类分类号下的某些包含特定主题词的样本删除。
- rule5：删除特定年份之前的分类号数据。

首先构建这 5 项修改规则的字典,对于 rule1 来说,只需匹配处理方式中为'改号'的记录,将修改后的分类号添加到 rule1 的字典；对于 rule2,匹配处理方式中的'删除'以及'全部数据'两个字符串即可找到要删除的分类号；对于 rule3,稍微复杂一些,由于处理方式一栏的语言组成不标准,这里增加了对于关键词的判断,匹配了'主题'(肯定存在)以及'改为'或'入'(两者存在其一即可)；对于 rule4,匹配'删除'与'主题',并使用正则表达式,将包含的主题词解析出来用于删除判断；对于 rule5,匹配'年份'以及'删除'即可。实现过程代码如下：

```
import sys
import xlrd
import pandas as pd
ExcelFile = xlrd.open_workbook('4version_2_5version.xlsx')
sheet_name = ExcelFile.sheet_names()
compare = ExcelFile.sheet_by_name(sheet_name[0])
delete = ExcelFile.sheet_by_name(sheet_name[1])
delete_cols = delete.col_values(0)
```

```
label_needDel = []
for item in delete_cols:
    label_needDel.append(item)
label_needDel.remove('需删除分类号')
print("read file…")
df = pd.read_csv('F08 - 18.csv', encoding = 'utf8')
print("read finish!")
```

其中，先读取两个 sheet，将需要比较的四、五版分类号读到 compare 列表中，并将需要删除的分类号读到 delete_cols 中。然后依次提取 1～5 项规则并执行，实现的核心代码如下：

```
rule1 = {}
rule2 = {}
rule3 = {}
rule4 = {}
rule5 = {}
pattern_rule4 = re.compile(r'. * ?[""] + (. + ?)[""] + ')
print("create rules…")
for i, item in enumerate(rules):
    if item == "改号":
        rule1[original_label[i].strip()] = final_label[i]
    elif '删除' in item and '年份' in item and '2015' in item:
        rule5[original_label[i].strip()] = 'delete'
    elif '删除' in item and '全部数据' in item :
        rule2[original_label[i].strip()] = 'delete'
    elif '删除' in item and '主题' in item:
        theme = pattern_rule4.findall(item)
        th = ""
        for j in range(1, len(theme) - 1):
            th = th + theme[j] + "/"
        th = th + theme[ - 1]
        rule4[original_label[i].strip()] = th
    elif '主题' in item and ('改为' in item or '入' in item):
        theme = pattern_rule4.findall(item)
        th = ""
        for j in range(0, len(theme) - 1):
            th = th + theme[j] + "/"
        th = th + theme[ - 1]
        rule3[original_label[i].strip()] = th
```

从代码中可能看到，主要是通过判断规则的关键词，例如，出现“改号”标记时，则将要改的原类别号和目标类别号记录到 rule 列表中，需要删除的类别号则记录到 rule2 中，依次类推。经过处理之后的结果如下，其中对于 rule1 得到的分类号为：

```
{'F031.1': 'F031', 'F035.1': 'F035', 'F035.3': 'F036.1', 'F037.1': 'F037', 'F037.3': 'F037', 'F041.1': 'F041',
'F041.2': 'F041', 'F041.8': 'F041', 'F045.1':
'F045', 'F046.2': 'F046', 'F046.3': 'F046', 'F047.2': 'F047.1', 'F048.1': 'F048',
'F114.42': 'F114.4', 'F114.45': 'F114.4', 'F1 23.11': 'F123.1', 'F123.13':
'F123.1', 'F213.1': 'F213', 'F213.2': 'F213', 'F213.3': 'F213', 'F213.4':…}
```

对于 rule2 得到的分类号为：

```
{'F035.2': 'delete', 'F036.5': 'delete', 'F047.5': 'delete', 'F048.2': 'd elete', 'F213.5': 'delete
', 'F249.15': 'delete', …}
```

对于 rule3 得到的结果为：

```
{'F031.1': 'F243.3/劳动定额/F243.1', 'F035.2': 'F243.5/劳动纪律/纪律/生产责任制/F243.1',
'F124.7': 'F062.9/产业经济学/产业经济/产业定位/产业发展/产业规模/产业化/ 产业化经营/产业
经济学/产业社会学/产业组织/产业组织理论/F260/F260/产业经济/政府管制/规制经济学/F262/
F260/产业集群/产业带/产业链/产业市场/产业一体化/F263', 'F046.2': 'F270/企业管理/管理理
论/企业经营管理/企业行为/企业行为学/F270 - 0/F270/企业文化/企业形象/企业精神/企业责任/
企业信用/F272 - 05', 'F014.6': 'F279.15/…}
```

对于 rule4 得到的结果为：

```
{'F302.5': '农业数据', 'F743.1': '国际贸易组织'}
```

对于 rule5 得到的结果为：

```
{'F014.6': 'delete', 'F293': 'delete', 'F293.33': 'delete'}
```

至此，所有规则创建成功，接下来便是遍历原始数据文件，根据上面的五个规则更改标签，最终将第四版分类规则全部统一为第五版规则体系下，将数据保存为 F08-1. tsv。

3.6.2 构建训练集

在 BERT 模型训练时，需要按其要求对数据格式进行转化，并且构建训练集和测试集，首先读取上 3.6.1 节中预处理完成的 csv 到 DataFrame 中。

```
df = pd.read_csv("./F08 - 1.tsv", header = 0,\
    usecols = ['attribute_string_1', 'attribute_string_5', 'attribute_string_6',\
    'attribute_string_13','attribute_text_1','attribute_string_14'],sep = '\t')
```

对读到的 DataFrame 提取前 5 条进行查看，结果如图 3.7 所示。

```
df.head(5)
```

	attribute_string_1	attribute_string_5	attribute_string_6	attribute_string_13	attribute_string_14	attribute_text_1
0	论清末湖北地方政府军政外债的影响	沈阳工程学院学报:社科版	46272.0	/清后期/财政史/湖北/外债	F812.952	清末,湖北地方政府为弥补财政亏空举借了各种用途的军政外债共10笔,这些外债对债权方和湖北地区...
1	中心城区区域经济发展模式的选择与分析	沈阳工程学院学报:社科版	46272.0	/城市经济/经济发展/中国	F299.2	随着经济持续发展,各大城市中心城区的经济发展模式日渐成熟,由于中心城区发展的特殊性和广泛的示...
2	中国股市高投机性的制度机理研究	沈阳工程学院学报:社科版	46272.0	/股票市场/制度/中国	F832.5	投机性是市场所具有的天然属性.然而,中国股市投资者的过度投机行为在市场波动中所反映出来的极端...
3	西部农村减缓贫困的进展	中国农村观察	4276.0	/地方农业经济/中国	F327	本文在对改革初期中国西部农村贫困特点回顾的基础上，综述了改革开放以来西部地区的反贫困措施。经...
4	交易成本与中国农村的基础设施治理结构选择:以灌溉、电力、公路和饮用水设施为例	中国农村观察	4276.0	/农业建设/农业经济发展/中国	F323	本文运用交易成本理论指出，农村基础设施治理的最优化是其有效供给的充分条件，不同规模设施的最优...

pand output; double click to hide output

图 3.7 训练数据示例

可以看到标题、出版社、关键词等字段名为原始库中带的列名，为了方便辨识，将其转化为易于阅读的属性名称，实现方法如下：

```
df.columns = ['title','publisher','pubcode','keywords','category','abstract']
```

其中,category 是文献的类目编号,即未来需要进行预测的标签列,对数据进行简单分析,查看其类别数量和前 10 类目。

```
print('\nnumber of different class: ', len(list(set(df.category))))
print(list(set(df.category))[:10])
```

运行之后得到结果如下：

```
number of different class: 4170
['F726.722', 'F552.9', 'F812.934', 'F550.7', nan, 'F811.2', 'F535.51', 'F269.338', 'F272.91',
'F147.6']
```

可以看到其中 F 大类下总的类目数量为 4170 种,使用 set 方法获取唯一的类目编号,发现其中有空值的编号,需要将其过滤。当前任务的目标是对 4 级类目进行分类,所以还要对类目(category)进行长度截取,获得 3 级标签和 4 级标签,并将其分别命名为 level3 和 level4,实现代码如下：

```
df = df[df.category.notnull()]
df['level3'] = df.category.str[:3]
df['level4'] = df.category.str[:4]
```

然后,对标题、关键词和摘要内容进行合并作为输入,并使用 thulac(pip3 install thulac)对其进行分词,实现代码如下：

```
import thulac
thu1 = thulac.thulac(seg_only=True)
df['content'] = df['title'] + df['publisher'] + df['keywords'] + df['abstract']
for index, row in df_columns_all.iterrows():
    try:
        seg_list = thu1.cut( row['content'])
        seg_list1 = [w[0] for w in seg_list if w[0].strip() not in stopwords]
        df_columns_all.at[index,'content1'] = " ".join(seg_list1)
        if row['level4'][-1] == '-':
            df_columns_all.at[index,'level4'] = row['level4'][:-1]
        if index % 1000 == 0:print(str(index))
    except:
        print(row['content'],row['level4'])
        print(index)
        break
```

由于是强制截断类目编号,而编号中会有 F53－32 这种带"－"字符的情况,会使 level4 中末尾字符可能存在"－",需要将其去掉,另外,数据量较大,每处理 1000 条则输出处理的进度,最后得到的训练集示例如图 3.8 所示。

下一步划分训练集、验证集和测试集,实现方法如下：

```
df_columns_all = df
msk = np.random.rand(len(df_columns_all)) < 0.9
train = df_columns_all[msk]
dev_test = df_columns_all[~msk]
```

level3	level4	content1
F81	F812	论 清末 湖北 地方 政府 军政 外债 影响 沈阳 工程学院 学报 社科版 清后期 财政史 ...
F29	F299	中心 城区 区域 经济 发展 模式 选择 与 分析 沈阳 工程学院 学报 社科版 城市 经济...
F83	F832	中国 股市 高投机性 制度 机理 研究 沈阳 工程学院 学报 社科版 股票 市场 制度 中国...
F32	F327	西部 农村 减缓 贫困 进展 中国 农村 观察 地方 农业 经济 中国 本文 在 对 改革 ...
F32	F323	交易 成本 与 中国 农村 基础 设施 治理 结构 选择 以 灌溉 电力 公路 和 饮用水 ...
F32	F323	关于 农业 基础 建设 制度 变迁 内在 机理 制度 分析 基于 徐闻县 案例 调查 中国 ...

图 3.8　分词之后的训练样本示例

```
msk = np.random.rand(len(dev_test)) < 0.5
dev = dev_test[msk]
test = dev_test[~msk]
train.to_csv ('train.tsv', sep = '\t', index = None, header = None)
dev.to_csv ('dev.tsv', sep = '\t',index = None, header = None)
test.to_csv ('test.tsv', sep = '\t',index = None, header = None)
```

其中，由于总数据集的样本量较大，所以最后训练集占总样本量的 90%，而验证集占比为 5%，测试集占比为 5%，分别将其保存为 train.tsv、dev.tsv 和 test.tsv 三个文本文件，供后续 BERT 模型的训练和测试。

3.6.3 模型实现

BERT 模型采用 Google 开源项目，下载地址为 https://github.com/google-research/bert，只需要在 run_classifier.py 中建立自定义的样本处理类（DataProcessor）即可实现对文本的分类，其实现代码如下：

```
class SHLibProcessor(DataProcessor):

  def_init_(self):
      lable_file_path = os.path.join(FLAGS.data_dir, "level4_labels.txt")
      self.static_label_list = self.load_labels(lable_file_path)

  def get_train_examples(self, data_dir):
    return self._create_examples(
      self._read_tsv(os.path.join(data_dir, "train.tsv")), "train")

  def get_dev_examples(self, data_dir):
    return self._create_examples(
      self._read_tsv(os.path.join(data_dir, "dev.tsv")), "dev")

  def get_test_examples(self, data_dir):
    return self._create_examples(
      self._read_tsv(os.path.join(data_dir, "test.tsv")), "test")
```

```
    def get_labels(self):
        """example ['F575', 'F759', 'F495','F140', 'F460', 'F410', 'F765', 'F615']"""
        return self.static_label_list

    def _create_examples(self, lines, set_type):
        examples = []
        for (i, line) in enumerate(lines):
            guid = "%s-%s" % (set_type, i)
            if set_type == "test":
                text_a = tokenization.convert_to_unicode(line[0])
                label = tokenization.convert_to_unicode(line[2])
            else:
                text_a = tokenization.convert_to_unicode(line[0])
                label = tokenization.convert_to_unicode(line[2])
            examples.append(InputExample(guid=guid, text_a=text_a, text_b=None, label=label))
        return examples

    def load_labels(self, label_file_path):
        with open(label_file_path,'r') as label_file:
            static_label_list = list(set(label_file.read().splitlines()))
        return static_label_list
```

其中,get_train_examples、get_dev_examples、get_test_examples 三个方法中只需要指定上一步骤中的训练集、验证集和测试集文件名即可。get_labels 方法中需要返回所有样本的标签值列表,编写方法 load_labels 实现标签列表的加载,static_label_list 中存储的标签格式为['F575','F759','F495','F140','F460','F410','F765','F615']。

在_create_examples 方法中,由于输入格式和之前有少许不同,需要更改训练集和测试集文件中对应的输入和标签列列号,这与 train.tsv 各列的排列有关,由于在生成训练集时,第 1 列为分词后的文本内容,第 2 列为 3 级类目,第 3 列为 4 级类目,所以 text_a 指定为 line[0],而 label 指定为 line[2]。

由于这里是分类任务,而不是训练词向量,所以不需要指定 text_b 的值,即将其赋值为 None,为了在训练过程中使用前面定义的样本集处理类,需要在 main 方法中增加处理类的 key 值,我们命名为“shlib”,代码如下:

```
processors = {
    "cola": ColaProcessor,
    "mnli": MnliProcessor,
    "mrpc": MrpcProcessor,
    "xnli": XnliProcessor,
    "shlib":SHLibProcessor
}
```

最后,在 run_classifier.py 的起始设置好参数,或者在命令行指定,具体参数如下:

```
export BERT_BASE_DIR=/root/chinese_L-12_H-768_A-12
export GLUE_DIR=/root/Lib

nohup python36 -u run_classifier.py \
  --task_name=shlib\
```

```
-- do_train = true \
-- do_eval = true \
-- data_dir = $ GLUE_DIR/data \
-- vocab_file = $ BERT_BASE_DIR/vocab.txt \
-- bert_config_file = $ BERT_BASE_DIR/bert_config.json \
-- init_checkpoint = $ BERT_BASE_DIR/bert_model.ckpt \
-- max_seq_length = 128 \
-- train_batch_size = 32 \
-- learning_rate = 2e - 5 \
-- num_train_epochs = 10 \
-- output_dir = $ GLUE_DIR/output > log &
```

其中,BERT_BASE_DIR 为中文预先训练的 BERT 字向量模型,task_name 是构建训练集和标签的方法,max_seq_length 是模型输入的文本长度,num_train_epochs 指定迭代的回合数为 10 次,除此之外还可以指定每隔多少步保存模型(save_checkpoints_steps),目前设为 1000 步,默认情况下程序会保存最近 5 个 checkpoints 的模型。训练过程存入 log 文件中。

运行后便可进入训练过程,首先输出训练集示例,结果如图 3.9 所示。

```
INFO:tensorflow:Writing example 0 of 249720
INFO:tensorflow:*** Example ***
INFO:tensorflow:guid: train-0
INFO:tensorflow:tokens: [CLS] 论 清 末 湖 北 地 方 政 府 军 政 外 债 影 响 沈 阳 工 程 学 院 学 报 社
 科 版 清 后 期 财 政 史 湖 北 外 债 清 末 湖 北 地 方 政 府 为 弥 补 财 政 亏 空 举 借 各 种 用 途 >
军 政 外 债 共 10 笔 这 些 外 债 对 债 权 方 和 湖 北 地 区 均 产 生 双 重 影 响 体 现 外 债 二 重 性
 对 债 权 国 而 言 各 帝 国 主 义 国 家 为 获 得 湖 北 债 务 放 贷 权 而 矛 盾 加 剧 同 时 他 们 通 >
过 对 [SEP]
INFO:tensorflow:input_ids: 101 6389 3926 3314 3959 1266 1765 3175 3124 2424 1092 3124 1912 965 2512 1
510 3755 7345 2339 4923 2110 7368 2110 2845 4852 4906 4276 3926 1400 3309 6568 3124 1380 3959 1266 19
12 965 3926 3314 3959 1266 1765 3175 3124 2424 711 2477 6133 6568 3124 755 4958 715 955 1392 4905 450
0 6854 1092 3124 1912 965 1066 8108 5011 6821 763 1912 965 2190 965 3326 3175 1469 3959 1266 1765 127
7 1772 772 4495 1352 7028 2512 1510 860 4385 1912 965 753 7028 2595 2190 965 3326 1744 5445 6241 1392
 2370 1744 712 721 1744 2157 711 5815 2533 3959 1266 965 1218 3123 6587 3326 5445 4757 4688 1217 1196
 1398 3198 800 812 6858 6814 2190 102
INFO:tensorflow:input_mask: 1 1 1 1 1 1 1 1 1 1 1 1 1 1 1 1 1 1 1 1 1 1 1 1 1 1 1 1 1 1 1 1 1 1 1 1 1
 1 1 1 1 1 1 1 1 1 1 1 1 1 1 1 1 1 1 1 1 1 1 1 1 1 1 1 1 1 1 1 1 1 1 1 1 1 1 1 1 1 1 1 1 1 1 1 1 1 1
1 1 1 1 1 1 1 1 1 1 1 1 1 1 1 1 1 1 1 1 1 1 1 1 1 1 1 1 1 1 1 1 1 1 1 1 1 1 1 1 1
INFO:tensorflow:segment_ids: 0 0 0 0 0 0 0 0 0 0 0 0 0 0 0 0 0 0 0 0 0 0 0 0 0 0 0 0 0 0 0 0 0 0 0 0
0 0 0 0 0 0 0 0 0 0 0 0 0 0 0 0 0 0 0 0 0 0 0 0 0 0 0 0 0 0 0 0 0 0 0 0 0 0 0 0 0 0 0 0 0 0 0 0 0 0 0
 0 0 0 0 0 0 0 0 0 0 0 0 0 0 0 0 0 0 0 0 0 0 0 0 0 0 0 0 0 0 0 0 0 0 0 0 0 0 0 0 0
INFO:tensorflow:label: F812 (id = 0)
INFO:tensorflow:*** Example ***
```

图 3.9　训练过程中的样本示例

从中可以看到,总的训练样本为 24 万+,基于已经预训练好的中文 BERT 模型,会将中文的每个字映射为数值,并解析出标签。

接下来会进入 BERT 模型的训练过程,并不断输出模型的训练性能指标数据,其输出结果如图 3.10 所示。

```
INFO:tensorflow:examples/sec: 53.8993
INFO:tensorflow:global_step/sec: 1.68454
INFO:tensorflow:examples/sec: 53.9052
INFO:tensorflow:global_step/sec: 1.68428
INFO:tensorflow:examples/sec: 53.8969
INFO:tensorflow:global_step/sec: 1.68547
INFO:tensorflow:examples/sec: 53.935
INFO:tensorflow:global_step/sec: 1.68566
INFO:tensorflow:examples/sec: 53.9412
INFO:tensorflow:global_step/sec: 1.68565
INFO:tensorflow:examples/sec: 53.9409
INFO:tensorflow:Saving checkpoints for 13000 into ../output/model.ckpt.
```

图 3.10　模型训练过程

从中可以看到平均每秒处理样本数为 53 条，每隔 1000 步将结果进行保存，在训练结束后使用测试集进行验证，得到结果如图 3.11 所示。

```
INFO:tensorflow:Restoring parameters from ../output/model.ckpt-39018
INFO:tensorflow:Running local_init_op.
INFO:tensorflow:Done running local_init_op.
INFO:tensorflow:Finished evaluation at 2019-05-14-19:15:58
INFO:tensorflow:Saving dict for global step 39018: eval_accuracy = 0.7766962, eval_loss = 0.87970275
 global_step = 39018, loss = 0.8796229
INFO:tensorflow:Saving 'checkpoint_path' summary for global step 39018: ../output/model.ckpt-39018
INFO:tensorflow:***** Eval results *****
INFO:tensorflow:  eval_accuracy = 0.7766962
INFO:tensorflow:  eval_loss = 0.87970275
INFO:tensorflow:  global_step = 39018
INFO:tensorflow:  loss = 0.8796229
```

图 3.11 模型训练后的测试结果

可以看到最终 4 级类目的分类准确率约为 77.67%。

另外，采用相同的训练过程，对 3 级类目进行训练，与 4 级分类不同之处在于样本处理器(SHLibProcessor)的方法_create_examples 中，修改标签列的序号，将如下代码：

```
label = tokenization.convert_to_unicode(line[2])
```

修改为：

```
label = tokenization.convert_to_unicode(line[1])
```

然后再运行训练程序，等模型训练完成，可以从日志中看到模型的验证结果如下：

```
INFO:tensorflow:Saving 'checkpoint_path' summary for global step 19512: ../output/model.ckpt-19512
INFO:tensorflow:evaluation_loop marked as finished
INFO:tensorflow: ***** Eval results *****
INFO:tensorflow: eval_accuracy = 0.85591197
INFO:tensorflow: eval_loss = 0.5436569
INFO:tensorflow: global_step = 19512
INFO:tensorflow: loss = 0.5433417
```

可以看到 3 级类目的测试集准确率达到了 85.59%，相较于前述贝叶斯算法中的 2 级类目准确率有明显的性能提高。

目前图书馆所能够采用的数字资源自动标引系统较为陈旧，其算法未利用近几年来在机器学习、自然语言处理方面的新成果。这些系统的标引准确率低下，且需要人工参与进行协助分类或者检验，不能从真正意义上解放人力资源，达不到自动标引的要求。而近年来快速发展的基于机器学习和深度学习的自然语言处理算法并未有在数字资源标引系统上的应用。在这一领域中我们可以看到强烈的需求与落后的产品技术之间的差距。同时，将现有的多种 NLP 技术恰当地组合，应用于数字资源自动标引这一任务上。

这里利用多种机器学习、深度学习理论进行实践，最终与人工分类结果进行对比，在分类上获得与人工标引相当甚至更高的准确率，解决了大数据背景下的智能分类问题。

第 4 章

基于分类算法的学习失败预警

本章主要介绍机器学习中比较常见的分类算法，包括常用的随机森林、支持向量机(SVM)、逻辑回归、Adaboost，目标是理解掌握分类算法的基本原理，并将其应用于校务管理系统中，用来预测某一学生是否存在学习失败(不及格)的风险，如果存在风险则向学生和任课老师发送预警信息，尽可能减少学习失败的可能性，提高整体的成绩及格率。

4.1 业务背景分析

人工智能学习干预系统旨在聚集并量化优秀教师的宝贵经验，以数据和技术来驱动教学，最大化地减小教师水平的差异，提高整体教学效率和效果。通过对学习者的学习过程、学习日志、学习结果进行多维智能分析，综合判断学生的学习情况，能够提前发现存在失败风险的学生，对其进行系统干预和人工干预。学生失败风险需要分析学生历史学习情况，分析学生在班级中的学习情况，分析学生和标准学习进程的偏离，从横向、纵向多维度进行分析。

4.2 学习失败风险预测流程

通过对现有数据进行分析，采用如图 4.1 所示的学习失败风险预测流程，从整体上分为模型训练和模型使用两个层次，在模型的训练阶段，将原始数据经过特征工程进行统计加工生成新的样本特征，对所有特征进行验证和清洗，剔除缺失值较多的特征。在分类算法中，不平衡的样本对算法影响较大，所以在模型训练之前先对样本进行平衡，通过子采样的方法使两类标签的样本量基本相同，同时将数据集分为训练集和测试集，用于模型训练与验证，经过多轮训练、验证之后最终确认风险预测模型。

在模型使用阶段，模型的输入数据也需要经过与训练阶段相同的处理流程，即原始数据

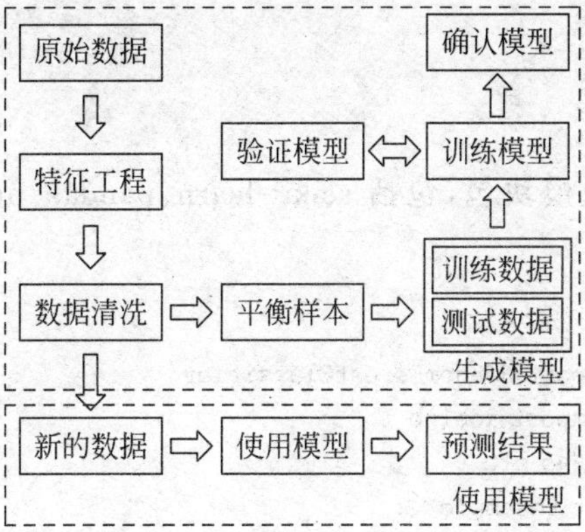

图 4.1 学习失败风险预测流程

经过特征工程和数据清洗之后,将最终选择的特征输入至模型中,经过模型预测之后的结果作为测试样本风险值。

4.3 数据收集

在这一任务中,数据量较多且种类较全,包括学生信息、课程信息、教师信息等常见的教务信息数据,除此之外还包括日常通用日志、课程学习日志、教学设计日志、学习成绩、教学活动记录等,其中日常通用日志主要是系统管理过程的行为记录和在线学习系统访问记录;课程学习日志包括课程单元的访问日志、学生作业行为记录;教学设计日志包括课程资源管理过程日志、题库管理日志、试题管理日志、板块管理日志、主题及单元管理日志、知识点管理日志等;教学活动记录主要是对实时论坛、视频、问卷调查等的管理维护日志。

对上述数据进行梳理汇总,从学生、行为、成绩三个维度统计学生的基础信息,并细化为学生基本数据、网络浏览日志数据、课程学习行为数据、形考成绩数据、论坛行为数据、网络课堂表现数据 6 个方面的信息。

其中,基本数据包括用户属性和用户行为两类,其中用户属性主要是性别、年级、专业等,网络浏览日志数据包括网站浏览次数、平均访问时间长度;课程学习行为包括已上课数量、缺课次数、最近上课时间、正在学习课程数量、总视频学习时长、平均视频学习时长、总浏览时间、平均浏览时间、最长学习时长、完成作业比率、平均提交次数;形考成绩数据包括形考平均总成绩、记分作业平均成绩、书面作业平均成绩、阶段测验平均成绩、课程实践平均成绩、学生学习平均进度、小组学习平均成绩、面授学习平均成绩、网上学习平均成绩;论坛行为数据包括论坛跟贴次数、论坛跟贴频次、论坛参与栏目数量、论坛参与主题数量、最近参与时间;网络课堂表现数据包括直播访问次数、直播访问频次、直播访问总时长、直播访问平均时长、参与聊天次数、参与聊天频次、聊天内容丰富度。

由于系统中数据量很大,这里只选择其中某一门课的学生学习和日志数据,为分析方便,将其从数据库中抽取出来之后,另存为 csv 文件,进行后续分析。

4.4 数据预处理

首先引入 Python 相关模块包，包括 scikit-learn、pandas、numpy、matplotlib 等核心组件，代码如下：

```
import os
from sklearn.ensemble import RandomForestClassifier
from sklearn.externals import joblib
import matplotlib.pyplot as plt
from sklearn.utils import resample
import pandas as pd
import numpy as np
from sklearn.preprocessing import LabelBinarizer
from sklearn.preprocessing import StandardScaler
from sklearn.model_selection import train_test_split, GridSearchCV, StratifiedKFold
from sklearn.metrics import roc_curve, precision_recall_curve, auc, make_scorer, recall_
score, accuracy_score, precision_score, confusion_matrix
```

其中，scikit-learn 中的 ensemble 是增强模型组件，这里使用的随机森林分类器就在这个组件中；sklearn.preprocessing 组件主要是对数据预处理相关，例如可使用 LabelBinarizer 对标签进行数值化；应用 StandardScaler 对样本特征进行归一化处理等；pandas 主要是对各种格式数据进行高效读取、检查、特征增删，以及实现数据格式转换等；numpy 是科学计算的库，主要用于高维向量的数学函数运算；matplotlib 是对数据进行可视化分析的常见工具之一。

为了方便查出输出结果，对运行环境进行设置，使其支持中文显示，并配置 pandas 最大列数为 100，避免其对列数进行隐藏，这样利于后续查看各样本列的情况，代码如下：

```
os.environ['NLS_LANG'] = 'SIMPLIFIED CHINESE_CHINA.UTF8'
pd.set_option('display.max_columns', 100)
```

4.4.1 数据探查及特征选择

首先使用 pandas 将用户相关的特征读取进来转化为 DataFrame 对象，并将样本数量、字段数量、数据类型、非空值数量等详细信息进行显示。

```
df = pd.read_csv('uwide.csv')
df.info()
```

运行后，其结果输出如下：

```
<class 'pandas.core.frame.DataFrame'>
RangeIndex: 2006 entries, 0 to 2005
Data columns (total 52 columns):
USERID                          2006 non-null object
BROWSER_COUNT                   1950 non-null float64
COURSE_COUNT                    2006 non-null int64
```

```
COURSE_LAST_ACCESS                  1950 non-null float64
COURSE_SUM_VIEW                     1327 non-null float64
COURSE_AVG_SCORE                    228 non-null float64
EXAM_AH_SCORE                       2006 non-null float64
EXAM_WRITEN_SCORE                   2006 non-null float64
EXAM_MIDDLE_SCORE                   2006 non-null float64
EXAM_LAB                            1468 non-null float64
EXAM_PROGRESS                       2006 non-null float64
EXAM_GROUP_SCORE                    2006 non-null float64
EXAM_FACE_SCORE                     2006 non-null float64
EXAM_ONLINE_SCORE                   2006 non-null float64
NODEBB_LAST_POST                    750 non-null float64
NODEBB_CHANNEL_COUNT                750 non-null float64
NODEBB_TOPIC_COUNT                  750 non-null float64
COURSE_SUM_VIDEO_LEN                2005 non-null float64
SEX                                 2006 non-null object
MAJORID                             2006 non-null object
STATUS                              2006 non-null object
GRADE                               2006 non-null int64
CLASSID                             2006 non-null object
EXAM_HOMEWORK                       2006 non-null float64
EXAM_LABSCORE                       2006 non-null float64
EXAM_OTHERSCORE                     2006 non-null int64
NODEBB_PARTICIPATIONRATE            2005 non-null float64
COURSE_WORKTIME                     2005 non-null float64
COURSE_WORKACCURACYRATE             2005 non-null float64
COURSE_WORKCOMPLETERATE             2005 non-null float64
NODEBB_POSTSCOUNT                   2005 non-null float64
NODEBB_NORMALBBSPOSTSCOUONT         2005 non-null float64
NODEBB_REALBBSARCHIVECOUNT          2005 non-null float64
NORMALBBSARCHIVECOUNT               2005 non-null float64
COURSE_WORKCOUNT                    2005 non-null float64
STUNO                               2006 non-null int64
ID                                  2006 non-null object
STUID                               2006 non-null object
COURSEOPENID                        2006 non-null object
HOMEWORKSCORE                       2006 non-null int64
WRITTENASSIGNMENTSCORE              2006 non-null int64
MIDDLEASSIGNMENTSCORE               2006 non-null int64
LABSCORE                            2006 non-null int64
OTHERSCORE                          2006 non-null int64
TOTALSCORE                          2006 non-null int64
STUDYTERM                           2006 non-null int64
COURSEID                            2006 non-null object
EXAMNUM                             2006 non-null object
PROCESS                             2006 non-null int64
GROUPSTUDYSCORE                     2006 non-null int64
FACESTUDYSCORE                      2006 non-null float64
ONLINESTUDYSCORE                    2006 non-null float64
dtypes: float64(29), int64(13), object(10)
memory usage: 815.0+ KB
```

可以看到此 CSV 文件中含有 2006 条数据，有 52 列，浮点型(float64)占 29 列，整型(int64)字段占 13 列，对象型(object)占 10 列，总共占用内存空间大约 815KB。

为了方便对前述各项指标进行质量检查，包括对数据的分布情况、数据类型、最大值、最小值、均值、标准差等，另外重点查看变量的有效记录数的比例、完整百分比、有效记录数等，作为字段筛选的依据，代码如下：

```
df.describe()
```

代码运行后，将数字型相关(42 列)字段进行统计，其输出结果如图 4.2 所示。

	USERID	BROWSER_COUNT	COURSE_COUNT	COURSE_LAST_ACCESS	COURSE_SUM_VIEW	COURSE_AVG_SCORE	EXAM_AH_SCORE	EXAM_WF
count	2.006000e+03	1950.000000	2006.000000	1.950000e+03	1327.000000	228.000000	2006.000000	
mean	-3.925864e+14	266.023077	1369.385344	1.513165e+09	477.848950	0.443196	85.837506	
std	5.297723e+18	252.247323	4224.334880	1.393563e+06	2961.198469	0.218687	11.497755	
min	-9.222340e+18	3.000000	1.000000	1.503993e+09	-0.015417	0.000000	18.333333	
25%	-4.673419e+18	105.000000	13.000000	1.512395e+09	0.023900	0.302937	83.000000	
50%	-6.692481e+16	190.000000	63.000000	1.513543e+09	0.400961	0.435340	88.516667	
75%	4.704848e+18	334.750000	495.000000	1.514146e+09	2.282650	0.550064	93.062500	
max	9.211461e+18	2182.000000	71043.000000	1.515064e+09	61494.619641	1.000000	99.666667	

图 4.2　数据描述结果

从图 4.2 中可以看到 BROWSER_COUNT(浏览次数)的样本量为 1950 条，完整百分比为 78.69%，而 COURSE_AVG_SCORE(平均作业成绩)的样本数量为 228 条，与之相似的是 CLOUD_COUNT(直播访问次数)等字段样本数量也比较少，这类变量对于建模影响较小，需要在后续处理中将其去除。

将性别等中文字段进行因子化(Factorize)处理为数字型变量，代码如下：

```
factor = pd.factorize(df['SEX'])
df.SEX = factor[0]
```

查看样本中的空值情况：

```
null_columns = df.columns[df.isnull().any()]
print(df[df.isnull().any(axis = 1)][null_columns].head())
```

其输出结果如图 4.3 所示。

```
   BROWSER_COUNT  COURSE_LAST_ACCESS  COURSE_SUM_VIEW  COURSE_AVG_SCORE  \
0          334.0        1.513620e+09              NaN               0.0
2           17.0        1.505817e+09              NaN               NaN
3          154.0        1.513881e+09         0.021609               NaN
4           50.0        1.514159e+09              NaN               NaN
5          138.0        1.514115e+09         0.000174               NaN

    EXAM_LAB  NODEBB_LAST_POST  NODEBB_CHANNEL_COUNT  NODEBB_TOPIC_COUNT  \
0  30.583333      1.510339e+09                   2.0                 2.0
2        NaN               NaN                   NaN                 NaN
3        NaN               NaN                   NaN                 NaN
4        NaN               NaN                   NaN                 NaN
5        NaN               NaN                   NaN                 NaN
```

图 4.3　数据描述结果

可以看到 COURSE_SUM_VIEW、COURSE_AVG_SCORE、EXAM_LAB、NODEBB_LAST_POST、NODEBB_CHANNEL_COUNT、NODEBB_TOPIC_COUNT 均存在空值

的情况，对所有特征值为空的样本以 0 填充，代码如下：

```
df = df.fillna(0)
```

填充完成之后，再次调用样本空值查看代码，正常情况下应该输出如下结果：

```
Empty DataFrame
Columns: []
Index: []
```

这就表示没有含有空值的列和索引了。

然后，生成标签列，按照当前课程的总分(TOTALSCORE)作为标准，以 60 分为界将学生划分为及格和不及格两个类别标签。对学习这一门之后成绩低于 60 分的作为失败，即标记为 1，反之标记为 0，将其存入一个列名为 SState 的字段，作为学习失败与否的标签，代码如下：

```
df['SState'] = np.where(df['TOTALSCORE']> 60, 0, 1)
```

将数据质量较差的字段移除，同时去掉 USERID(学号)、GRADE(年级)、专业编号(MAJORID)、班级编号(CLASSID)等无意义变量，这类字段无助于分类算法的改进，故将此类字段全部进行过滤，选择过程如下，并将选择后的列名输出。

```
cols = df.columns.tolist()
df = df[[
'BROWSER_COUNT',
'COURSE_COUNT',
'COURSE_SUM_VIEW',
'COURSE_AVG_SCORE',
'EXAM_AH_SCORE',
'EXAM_WRITEN_SCORE',
'EXAM_MIDDLE_SCORE',
'EXAM_LAB',
'EXAM_PROGRESS',
'EXAM_GROUP_SCORE',
'EXAM_FACE_SCORE',
'EXAM_ONLINE_SCORE',
'NODEBB_CHANNEL_COUNT',
'NODEBB_TOPIC_COUNT',
'COURSE_SUM_VIDEO_LEN',
'SEX',
'EXAM_HOMEWORK',
'EXAM_LABSCORE',
'EXAM_OTHERSCORE',
'NODEBB_PARTICIPATIONRATE',
'COURSE_WORKTIME',
'COURSE_WORKACCURACYRATE',
'COURSE_WORKCOMPLETERATE',
'NODEBB_POSTSCOUNT',
'NODEBB_NORMALBBSPOSTSCOUONT',
'NODEBB_REALBBSARCHIVECOUNT',
```

```
'NORMALBBSARCHIVECOUNT',
'COURSE_WORKCOUNT',
'SState'
]]
print(df.columns.tolist())
```

筛选之后的特征列如下：

```
['BROWSER_COUNT', 'COURSE_COUNT', 'COURSE_SUM_VIEW', 'COURSE_AVG_SCORE', 'EXAM_AH_SCORE', 'EXAM
_WRITEN_SCORE', 'EXAM_MIDDLE_SCORE', 'EXAM_LAB', 'EXAM_PROGRESS', 'EXAM_GROUP_SCORE', 'EXAM_
FACE_SCORE', 'EXAM_ONLINE_SCORE', 'NODEBB_CHANNEL_COUNT', 'NODEBB_TOPIC_COUNT', 'COURSE_SUM_
VIDEO_LEN', 'SEX', 'EXAM_HOMEWORK', 'EXAM_LABSCORE', 'EXAM_OTHERSCORE', 'NODEBB_
PARTICIPATIONRATE', 'COURSE_WORKTIME', 'COURSE_WORKACCURACYRATE', 'COURSE_WORKCOMPLETERATE',
'NODEBB_POSTSCOUNT', 'NODEBB_NORMALBBSPOSTSCOUONT', 'NODEBB_REALBBSARCHIVECOUNT',
'NORMALBBSARCHIVECOUNT', 'COURSE_WORKCOUNT', 'SState']
```

总共有 29 列，其中 BROWSER_COUNT（浏览次数）、COURSE_COUNT（已上课数量）、COURSE_SUM_VIEW（总浏览时间）、EXAM_AH_SCORE（形考成绩）等 28 个变量作为输入特征，SState 作为预测的目标变量。使用 df.head(10)对预处理之后结果进行输出，显示各列的前 10 条样本的值，如图 4.4 所示。

	BROWSER_COUNT	COURSE_COUNT	COURSE_SUM_VIEW	COURSE_AVG_SCORE	EXAM_AH_SCORE	EXAM_WRITEN_SCORE	EXAM_MIDDLE_SCORE	EXAM_
0	334.0	11	0.000000	0.000000	94.000000	2.727273	1.727273	30.58
1	744.0	407	0.718819	0.416819	91.454545	2.727273	1.727273	21.35
2	17.0	9	0.000000	0.000000	54.166667	6.166667	7.500000	0.00
3	154.0	133	0.021609	0.000000	81.000000	0.000000	17.000000	0.00
4	50.0	1	0.000000	0.000000	67.000000	0.000000	17.000000	0.00
5	138.0	45	0.000174	0.000000	77.400000	7.400000	10.000000	0.00
6	54.0	1	0.000000	0.000000	50.000000	0.000000	17.000000	0.00
7	80.0	7	0.000000	0.000000	87.500000	3.000000	6.500000	0.00
8	227.0	8	0.000000	0.000000	89.375000	2.250000	4.875000	0.00
9	238.0	1368	0.306042	0.000000	71.733333	9.066667	5.533333	26.16

图 4.4 初步预处理结果展示

使用如下代码查看不同标签列的分布情况。

```
df.SState.value_counts()
```

输出结果如下：

```
0    1801
1    205
Name: SState, dtype: int64
```

选修这一门课程的学生总数为 2006 人，其中成绩不合格的学生数量为 205 人，成绩合格的学生数量为 1801 人，不合格人数占总学生数的比例为 10.2%，两类人群比较悬殊，属于样本不平衡的情形，需要对其进行样本再平衡处理。

4.4.2 数据集划分及不平衡样本处理

采用如下代码对两类标签的样本进行再平衡，基本原理是，当某一类别下的样本数量超过另一类别的样本量 8 倍，则对其进行下采样，将下采样之后样本与另一类进行合并，组成

一个新的 DataFrame 对象,代码如下:

```
df_majority = df[df.SState == 0]
df_minority = df[df.SState == 1]
count_times = 8
df_majority_downsampled = df_majority
if len(df_majority)> len(df_minority) * count_times:
new_major_count = len(df_minority) * count_times
df_majority_downsampled = resample(df_majority,replace = False,n_samples = new_major_count,
random_state = 123)
df = pd.concat([df_majority_downsampled, df_minority])
df.SState.value_counts()
```

样本平衡之后,不同标签的样本数量分布情况结果如下,可以看到两者之间的数量比例降到了 8 倍,在其他应用中,可以视具体业务情形调整 count_times 变量的值,以减少在模型训练过程中过拟合的风险,以增强模型的稳定性。

```
0   1640
1    205
Name: SState, dtype: int64
```

将整体数据集按照 8∶2 的比例随机划分为训练集和测试集两部分,代码如下:

```
X = df.iloc[:,0:len(df.columns.tolist()) - 1].values
y = df.iloc[:,len(df.columns.tolist()) - 1].values
X_train, X_test, y_train, y_test = train_test_split(X, y, test_size = 0.20, random_state =
21)
print("train count:",len(X_train),"test count:",len(X_test))
```

其中,df.iloc 这一行表示将 DataFrame 中数据按列进行切分,X 代表输入特征,即前述的前 28 列,而 y 是最后一列,即标签列。使用 train_test_split 对样本进行切分,这一方法位于 sklearn 的 model_selection 模块中,random_state 是随机种子,用于固定样本在随机切分时多次运行结果不变,最后得到的训练集样本数量为 1476 条,测试集样本数量为 369 条。

4.4.3 样本生成及标准化处理

在训练集中,及格和不及格学生数分别为 1327 和 149 条,为了提高模型性能,采用 SMOTE 技术对训练集中不及格学生样本进行过采样,即通过对小样本数据进行学习以合成新样本,代码如下:

```
from collections import Counter
from imblearn.over_sampling import SMOTE
sm = SMOTE(random_state = 42) #
print('Original dataset shape %s' % Counter(y_train))
X_res, y_res = sm.fit_resample(X_train, y_train)
print('Resampled dataset shape %s' % Counter(y_res))
#新生成的样本覆盖训练集
X_train = X_res
y_train = y_res
```

其中,SMOTE 方法存在于 imblearn 包中,如果在运行过程中提示不存在,可通过 pip3 install imblearn 命令进行安装,SMOTE 方法的基本原理是通过学习样本的特征实现新样本再造,而非简单的复制原有样本,减少了模型训练时过拟合的风险,通过它的 fit_resample 方法即可对应生成新的完整的训练集。最终将训练集中的不及格样本量提高到 1327 条,与成绩合格的学生数量一致。

另外,对所有输入变量采用 sklearn 中的 StandardScaler 标准化方法转换,代码如下:

```
scaler = StandardScaler()
X_train = scaler.fit_transform(X_train)
X_test = scaler.transform(X_test)
```

通过 fit_transform 方法对训练集中所有数据进行标准化处理,这样做的好处是可以减少不同样本之间值差异,如果特征中值差别较大、较分散,会影响模型训练效果,可通过变换将特征值映射到某一取值范围中,并记录变换方法方便进行还原。其中 fit_transform 是对训练样本进行转换,而 scaler.transform 是基于现有的转换规则进行标准化新的参数,即测试集样本,这样可以保证规则是统一的。如果要反向转换,可以调用 scaler 的 inverse_transform 方法还原为原始数据。

4.5 随机森林算法

随机森林算法是目前常用的一种集成学习(Ensemble)算法,它利用多棵子树对样本进行训练,通过引入投票机制实现多棵决策树预测结果的汇总,对于多维特征的分析效果较优,并且可以用其进行特征的重要性分析,运行效率和准确率方面均比较高。

4.5.1 网格搜索及模型训练

模型采用随机森林算法,并使用网格搜索(grid search)进行优化,网络的各项参数定义如下:

```
param_grid = {
    'min_samples_split': range(2, 10),
    'n_estimators' : [10,50,100,150],
    'max_depth': [5, 10,15,20],
    'max_features': [5, 10, 20]
}
scorers = {
    'precision_score': make_scorer(precision_score),
    'recall_score': make_scorer(recall_score),
    'accuracy_score': make_scorer(accuracy_score)
}
```

其中网络参数包括内部节点再划分所需最小样本数的参数(min_samples_split),其取值范围是 2～10;评估器数量参数(n_estimators),可选取值为 10、50、100、150;树最大深度参数(max_depth),可选取值为 5、10、15、20;最多特征数量参数(max_features),可选取值为 5、10、20。

定义随机森林分类器 classifier，其分支的评价指标为信息熵（entropy），而 oob_score 表示是否使用袋外（out of bag）样本来评估模型好坏。

```
classifier = RandomForestClassifier(criterion = 'entropy', oob_score = True, random_state =
42)
refit_score = 'precision_score'
skf = StratifiedKFold(n_splits = 3)
grid_search = GridSearchCV(classifier, param_grid, refit = refit_score, cv = skf, return_train
_score = True, scoring = scorers, n_jobs = -1)
grid_search.fit(X_train, y_train)
```

在网格搜索过程中，模型采用 precision_score 作为评价指标，基于 StratifiedKFold 将数据分为 3 份，尝试之前定义的参数列表，使用 fit 方法对模型进行训练。训练完成后，使用测试集（X_test）进行验证，并将结果输出，代码如下：

```
y_pred = grid_search.predict(X_test)
print(grid_search.best_params_)
print(pd.DataFrame(confusion_matrix(y_test, y_pred),
            columns = ['pred_neg', 'pred_pos'], index = ['neg', 'pos']))
```

将测试集的预测结果与实际结果合起来，应用 confusion_matrix 构建混淆矩阵，结果如下：

```
{'max_depth': 20, 'max_features': 10, 'min_samples_split': 4, 'n_estimators': 10}
```

可以看到最大树深度为 20，最多特征数量为 10 个，最小样本分拆量为 4 个，子树数量为 10 个。

使用测试集样本对模型进行验证，在测试集的 569 名学生中，及格人数为 313，不及合人数为 56，经过模型预测，得到混淆矩阵结果如表 4.1 所示。

表 4.1 模型预测混淆矩阵

分 类	预测及格人数	预测不及格人数
实际及格	300	13
实际不及格	7	49

使用如下代码输出模型的准确率、查全率、AUC 值、F1 值等各项性能指标。

```
import sklearn
print("accuracy:",accuracy_score(y_test, y_pred))
print("recall:",recall_score(y_test, y_pred))
print("roc_auc:",sklearn.metrics.roc_auc_score(y_test,grid_search.predict_proba(X_test)
[:,1]))
print("f1:",sklearn.metrics.f1_score(y_test, y_pred))
```

上述代码运行之后的输入结果如下：

```
accuracy: 0.94579945799458
recall: 0.875
roc_auc: 0.968165221360l096
f1: 0.8305084745762712
```

可以看到，模型的准确性为94.58%，查全率为87.5%，AUC值为0.97，F1值为0.83。

4.5.2 结果分析与可视化

为了将模型的效果进行可视化显示，对基于scikit-learn官方示例中的代码进行修改，实现本模型的ROC曲线绘制。将测试集划分为3部分，即fold 0、fold 1、fold 2，绘制其ROC曲线，并分别计算它们的AUC值，代码如下：

```
from scipy import interp

params = {'legend.fontsize': 'x-large',
          'figure.figsize': (12, 9),
          'axes.labelsize': 'x-large',
          'axes.titlesize':'x-large',
          'xtick.labelsize':'x-large',
          'ytick.labelsize':'x-large'}
plt.rcParams.update(params)
```

首先，定义绘图参数，对图表标题、坐标标签字体大小等进行设置以控制输出较好的显示效果，并将参数更新到matplotlib的环境配置。

然后，在数组linetypes中定义图表中曲线的样式，采用3折法将样本分为3份，并分别绘制3份样本的曲线，其中，grid_search.predict_proba是实现了测试样本的预测，通过计算测试样本的TPR值和FPR的值得到roc的值，从而获得AUC曲线下面积值。并将曲线用不同形式和色彩进行绘制，3条曲线绘制完成之后，通过np.mean计算其均值和标准差，同样，将均值AUC曲线和标准差范围绘制在图表中，代码如下：

```
tprs = []
aucs = []
mean_fpr = np.linspace(0, 1, 100)

skf = StratifiedKFold(n_splits=3)
linetypes = ['--',':','-.','-']

i = 0
for train, test in skf.split(X_test, y_test):
    probas_ = grid_search.predict_proba(X_test[test])
    fpr, tpr, thresholds = roc_curve(y_test[test], probas_[:, 1])
    tprs.append(interp(mean_fpr, fpr, tpr))
    tprs[-1][0] = 0.0
    roc_auc = auc(fpr, tpr)
    aucs.append(roc_auc)
    plt.plot(fpr, tpr, lw=1.5,linestyle = linetypes[i], alpha=0.8,
             label='ROC fold %d (AUC = %0.3f)' % (i, roc_auc))
    i += 1
plt.plot([0, 1], [0, 1], linestyle='--', lw=1, color='r',
         label='Chance', alpha=.6)
mean_tpr = np.mean(tprs, axis=0)
mean_tpr[-1] = 1.0
```

```
mean_auc = auc(mean_fpr, mean_tpr)
std_auc = np.std(aucs)
plt.plot(mean_fpr, mean_tpr, color='b',
         label=r'Mean ROC (AUC = %0.3f $\pm$ %0.3f)' % (mean_auc, std_auc),
         lw=2, alpha=.8)

std_tpr = np.std(tprs, axis=0)
tprs_upper = np.minimum(mean_tpr + std_tpr, 1)
tprs_lower = np.maximum(mean_tpr - std_tpr, 0)
plt.fill_between(mean_fpr, tprs_lower, tprs_upper, color='grey', alpha=.15,
                 label=r'$\pm$ 1 std. dev.')
plt.xlim([-0.02, 1.02])
plt.ylim([-0.02, 1.02])
plt.xlabel('FPR',fontsize=25)
plt.ylabel('TPR',fontsize=25)
plt.legend(loc="lower right")
plt.show()
```

其中，fill_between 方法是将标准差的上下限作为一个区间进行灰色填充，最后得到的效果如图 4.5 所示。

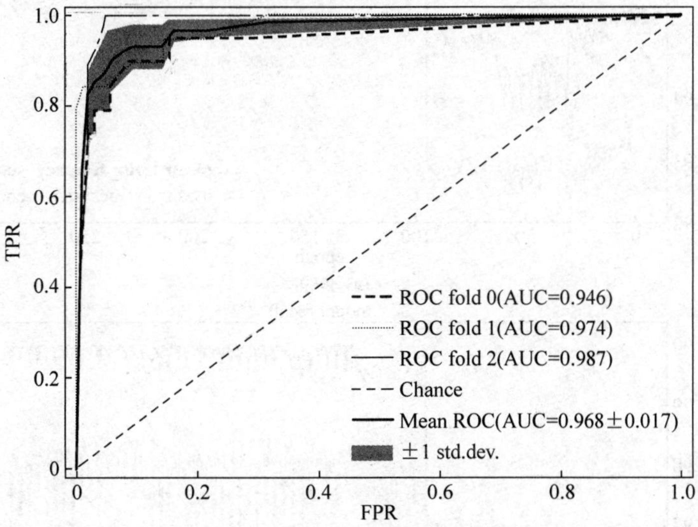

图 4.5　随机森林模型 ROC 曲线

在图 4.5 中，横坐标表示 FPR(False Positive Rate)，纵坐标表示 TPR(True Positive Rate)，实线部分为平均 ROC 曲线，其下面积用 AUC 的值表示，随机森林算法的 AUC 均值可达到 0.97。可以看到，平均 ROC 曲线效果较好。

为了迭代计算随机森林评估器的准确率和查全率，将 3 份数据的平均准确率和平均查全率变化趋势可视化，代码如下：

```
results = grid_search.cv_results_
plt.plot(results['mean_train_accuracy_score'])
plt.plot(results['mean_test_accuracy_score'])
plt.title('model accuracy')
plt.ylabel('accuracy')
```

```
    plt.xlabel('epoch')
    plt.legend(['mean_train_accuracy_score','mean_test_accuracy_score'], loc = 'lower right')
    plt.show()
```

其中,横坐标表示迭代的次数,纵坐标表示准确率,随着迭代次数的变大,训练集准确率不断提高,测试集准确率也不断提高,但低于训练集准确率,结果如图 4.6(a)所示。cv_results_中除了准确率之外,还有不同数据集查全率的迭代过程值,将上述代码中指标参数 mean_train_accuracy_score 和 mean_test_accuracy_score 分别替换为 mean_train_recall_score 和 mean_test_recall_score 即可生成图 4.6(b)的结果,即查全率随迭代次数的变化趋势。

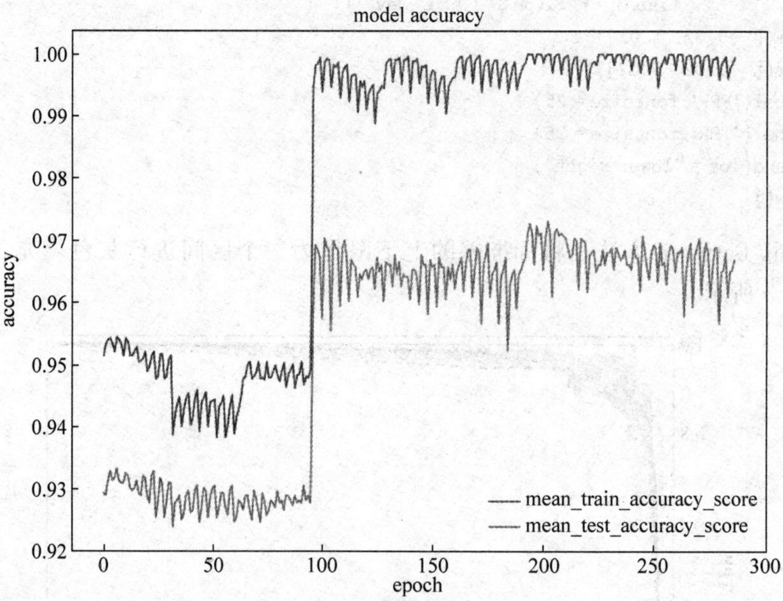

(a) 准确率

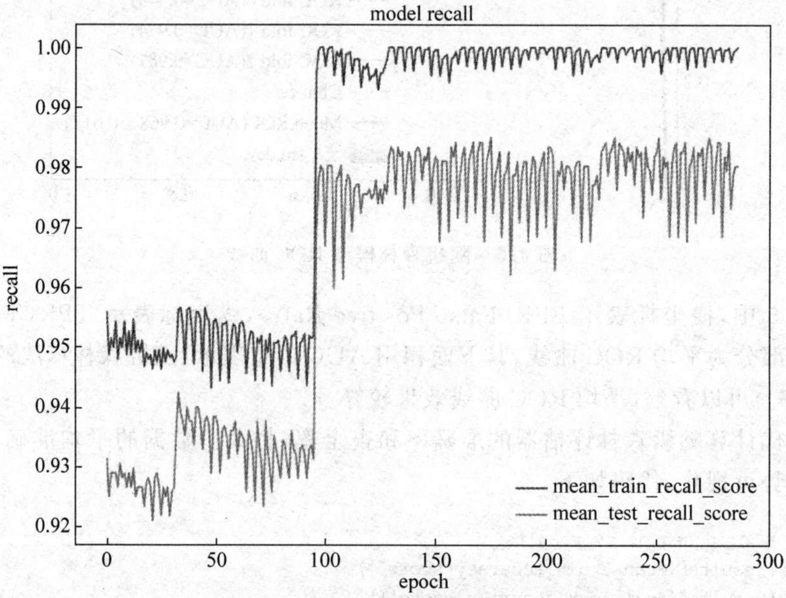

(b) 查全率

图 4.6 准确率和查全率随训练过程变化

在图 4.6 中，训练准确率和查全率均不断提升，在达到较高值之后提升较慢，测试准确率和测试查全率整体趋势与之相近，但均低于训练准确率。

为了评估随机森林的模型性能，绘制其袋外误差(OOB error rate)曲线，实现代码如下：

```
min_estimators = 1
max_estimators = 149
clf = grid_search.best_estimator_
errs = []
for i in range(min_estimators, max_estimators + 1):
    clf.set_params(n_estimators = i)
    clf.fit(X_train, y_train)
    oob_error = 1 - clf.oob_score_
    errs.append(oob_error)
```

分别评估随机森林的子树数量从 1～149 时，其模型的准确率情况，其中 oob_error 是错误率，其值越小越好。将上述错误率的结果数组 errs 可视化，代码如下：

```
plt.plot(errs,label = 'RandomForestClassifier')
plt.xlim(min_estimators, max_estimators)
plt.xlabel("n_estimators")
plt.ylabel("OOB error rate")
plt.legend(loc = "upper right")
plt.show()
```

可视化结果如图 4.7 所示，其中横坐标表示子树(评估器)的数量，纵坐标表示 OOB (Out Of Bag)错误率使用未被某一评估器用于训练的样本进行验证，得到的分类错误率的值。

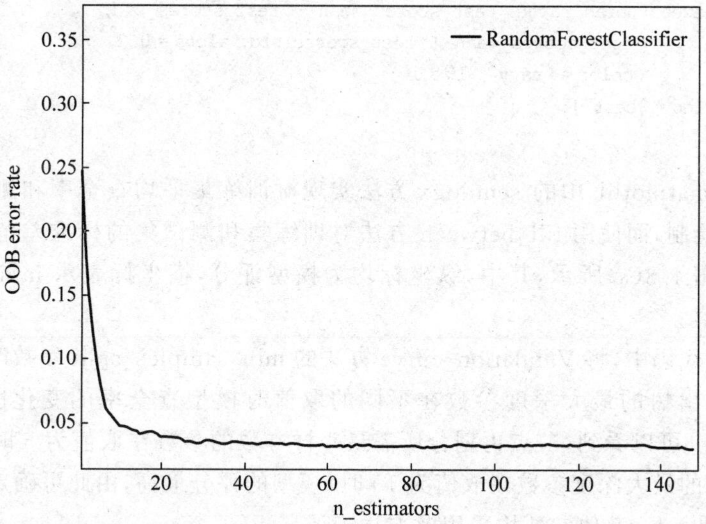

图 4.7　随机森林模型 OOB 错误率曲线

可以看到，随着评估器的增加，模型的误差逐渐下降，在超过 100 个评估器之后，基本达到最低值，其后下降趋势放缓，并趋于稳定。

网格搜索过程中，使用sklearn中model_selection的validation_curve方法对节点再划分所需最小样本数(min_samples_split)的参数的变化情况进行分析，代码如下：

```
from sklearn.model_selection import validation_curve
param_range = range(2,10)
train_scores, test_scores = validation_curve(grid_search.best_estimator_, X_train, y_train,
'min_samples_split',param_range,cv = 3,scoring = "recall", n_jobs = - 1)
```

其中，grid_search.best_estimator_是随机森林中最优子树，param_range是参数的取值范围，即最小样本数量的值从2～10，以查全率作为评价指标，将数据分为3份验证其指标值。对验证后的结果使用numpy的np.mean方法计算其均值和标准差，包括训练集效果和测试集效果，并将其可视化，其中，曲线的粗细(lw)为2，代码如下：

```
train_scores_mean = np.mean(train_scores, axis = 1)
train_scores_std = np.std(train_scores, axis = 1)
test_scores_mean = np.mean(test_scores, axis = 1)
test_scores_std = np.std(test_scores, axis = 1)

plt.title("验证曲线")
plt.xlabel("min_samples_split")
plt.ylabel("Score")
lw = 2
plt.semilogx(param_range, train_scores_mean, label = "Training score",
             color = "darkorange", lw = lw)
plt.fill_between(param_range, train_scores_mean - train_scores_std,
                 train_scores_mean + train_scores_std, alpha = 0.2,
                 color = "darkorange", lw = lw)
plt.semilogx(param_range, test_scores_mean, label = "Cross - validation score",
             color = "navy", lw = lw)
plt.fill_between(param_range, test_scores_mean - test_scores_std,
                 test_scores_mean + test_scores_std, alpha = 0.2,
                 color = "navy", lw = lw)
plt.legend(loc = "best")
plt.show()
```

分别使用matplotlib中的semilogx方法实现对训练集平均查全率和测试集中的交叉验证结果进行绘制，而使用fill_between方法对训练集和测试集的标准差范围进行填充绘制。其结果如图4.8(a)所示，其中，纵坐标均为模型评分，横坐标表示min_samples_split参数不同的取值。

类似地，在代码中，将Validation_curve方法的min_samples_split参数改为max_depth参数，则会绘制出树的最大深度参数在不同的取值时模型查全率的变化图表，其结果如图4.8(b)所示。可以看到，节点再划分所需最小样本数的参数在取值为5时其交叉验证评分值最高，而树的最大深度参数在取值为10时，模型的评分最高，由此可确定两者的最佳参数值分别是5和10。其他参数均采用此方法确认。

4.5.3 特征重要性分析

模型的目标是找到不及格学生，即标识存在学习失败风险的学生，所以在网格搜索过程

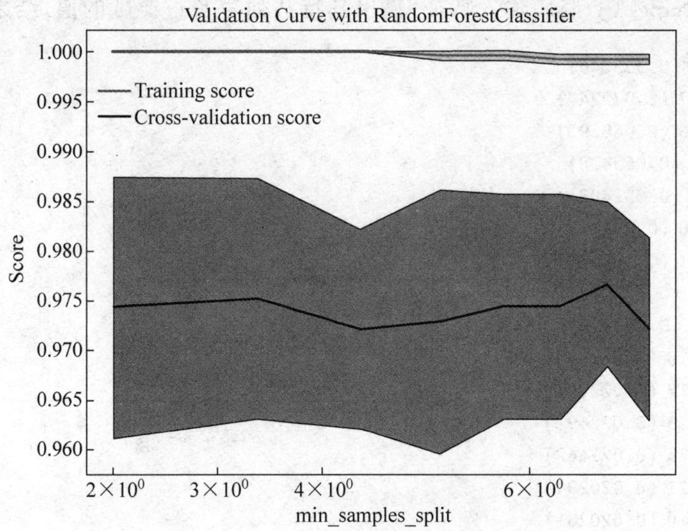

(a) 节点再划分所需最小样本数的参数

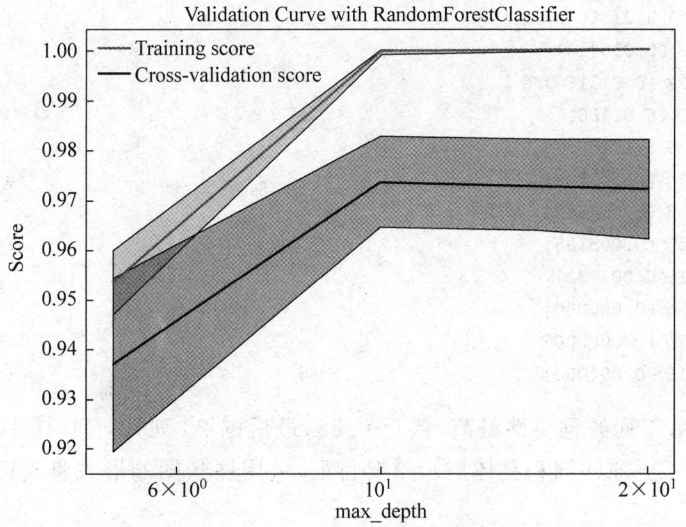

(b) 树的最大深度参数

图 4.8 网格搜索模型参数确认

中，优化指标选择为查全率(Recall)作为参数确认依据，使得训练之后得到分类模型尽可能识别不及格学生的特征。经过网格搜索之后确定最佳的随机森林参数分别为子树数量 150 个，内部节点再划分所需最小样本数为 5，树的最大深度参数值为 10，最多特征数量为 20。

对模型的输入特征进行重要性分析，并按照重要程度进行排序，代码如下：

```
classifier = grid_search.best_estimator_
importances = classifier.feature_importances_
indices = np.argsort(importances)[:: - 1]
for f in range(X.shape[1]):
    print("%d. feature %d (%f)" % (f + 1, indices[f], importances[indices[f]]))
```

其中，classifier 是随机森林的最优子树，其 feature_importances_ 属性表示重要的特征列表，按列(X. shape[1])遍历输入特征，输出其特征列号及重要度的值，结果如下：

```
1. feature 4 (0.355046)
2. feature 27 (0.079747)
3. feature 16 (0.068693)
4. feature 6 (0.063438)
5. feature 0 (0.052408)
6. feature 20 (0.047996)
7. feature 11 (0.035807)
8. feature 9 (0.032143)
9. feature 5 (0.026478)
10. feature 15 (0.022894)
11. feature 17 (0.022792)
12. feature 23 (0.022692)
13. feature 25 (0.021462)
14. feature 21 (0.020294)
15. feature 10 (0.020261)
16. feature 1 (0.019823)
17. feature 7 (0.015107)
18. feature 8 (0.013412)
19. feature 22 (0.013160)
20. feature 2 (0.011001)
21. feature 19 (0.010036)
22. feature 14 (0.009786)
23. feature 12 (0.008608)
24. feature 13 (0.005185)
25. feature 3 (0.001732)
26. feature 26 (0.000000)
27. feature 24 (0.000000)
28. feature 18 (0.000000)
```

可以看到，第 4 列的重要性最高，接近 0.36，最后的 26 列，24 列，18 列不重要，重要程度的值为 0。为了更加详细和具体展示重要特征，采用柱状图的形式将其可视化出来，代码如下：

```
plt.figure()
plt.title("Feature importances")
std = np.std([tree.feature_importances_ for tree in classifier.estimators_], axis = 0)
plt.bar(range(X.shape[1]), importances[indices], color = "r", yerr = std[indices], align = "
center")
plt.xticks(range(X.shape[1]), indices)
plt.xlim([-1, X.shape[1]])
plt.show()
```

首先计算所有子树中的各个特征的标准差，然后将各属性列用 plt.bar 方法将其重要性进行可视化，同时设置参数 yerr 作为标准差的值，结果如图 4.9 所示。

为了方便直观阅读，采用如下代码将特征列的序号与列名进行对应，按照从低到高的顺序进行排列，结果存于 result_importances 字段中。

```
result_importances = list(zip(df.columns[0:len(df.columns.tolist()) - 1], classifier.
```

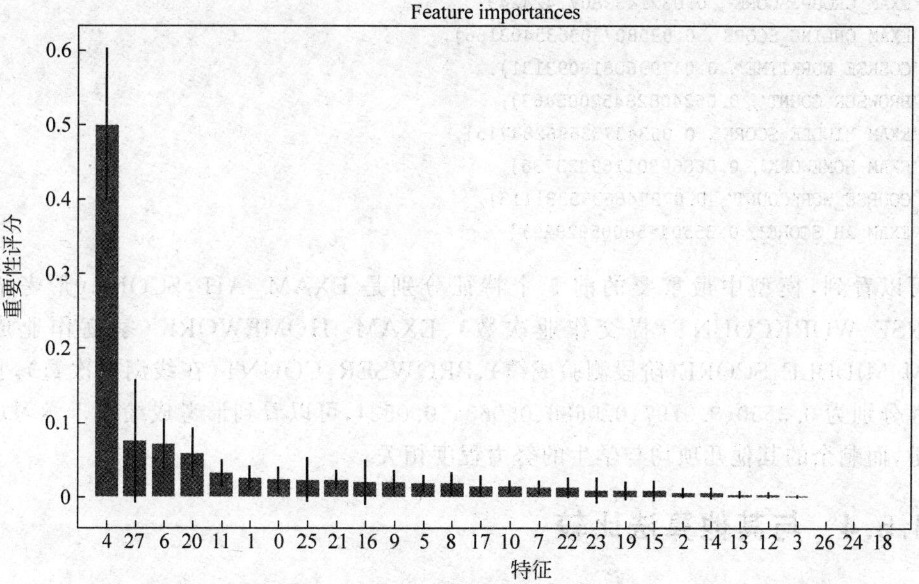

图 4.9　输入特征重要性分析

```
feature_importances_))
result_importances.sort(key = lambda x: x[1])
print(result_importances)
```

其中,df.columns[0: len(df.columns.tolist())-1]表示原 DataFrame 中的前 28 个特征列的列表,通过 zip 方法与目标特征进行组合,建立一一对应关系,然后将其转化为 list 对象(result_importances)并按照重要性排序,其中 x[1]表示 zip 对应关系中的第二个元素(重要性)。将排序后的结果输出,其结果如下:

```
[('EXAM_OTHERSCORE', 0.0),
('NODEBB_NORMALBBSPOSTSCOUONT', 0.0),
('NORMALBBSARCHIVECOUNT', 0.0),
('COURSE_AVG_SCORE', 0.001731949819637331),
('NODEBB_TOPIC_COUNT', 0.005185310030137036),
('NODEBB_CHANNEL_COUNT', 0.00860752966810047),
('COURSE_SUM_VIDEO_LEN', 0.009786344358103612),
('NODEBB_PARTICIPATIONRATE', 0.01003564343336442),
('COURSE_SUM_VIEW', 0.01100127487442873),
('COURSE_WORKCOMPLETERATE', 0.013159595187947761),
('EXAM_PROGRESS', 0.013412361566466142),
('EXAM_LAB', 0.015107320735757813),
('COURSE_COUNT', 0.01982266323914808),
('EXAM_FACE_SCORE', 0.020260505876767157),
('COURSE_WORKACCURACYRATE', 0.020293692532468117),
('NODEBB_REALBBSARCHIVECOUNT', 0.021462287386417745),
('NODEBB_POSTSCOUNT', 0.02269174000829078),
('EXAM_LABSCORE', 0.022792137955448575),
('SEX', 0.022893610855196336),
('EXAM_WRITEN_SCORE', 0.026478219521827922),
```

```
('EXAM_GROUP_SCORE', 0.03214338073424243),
('EXAM_ONLINE_SCORE', 0.035807303635403166),
('COURSE_WORKTIME', 0.0479960818093131),
('BROWSER_COUNT', 0.05240828452005463),
('EXAM_MIDDLE_SCORE', 0.06343753696284715),
('EXAM_HOMEWORK', 0.06869301169223736),
('COURSE_WORKCOUNT', 0.0797466335381113),
('EXAM_AH_SCORE', 0.3550455800582829)]
```

可以看到,模型中最重要的前 5 个特征分别是 EXAM_AH_SCORE(形考成绩)、COURSE_WORKCOUNT(提交作业次数)、EXAM_HOMEWORK(家庭作业成绩)、EXAM_MIDDLE_SCORE(阶段测验成绩)、BROWSER_COUNT(在线浏览次数),它们的重要性分别为 0.3550、0.0797、0.0686、0.0634、0.0524,可以看到形考成绩对于学习成败非常关键,而剩余的其他几项均与学生的努力程度相关。

4.5.4 与其他算法比较

分别应用 scikit-learn 中的支持向量机(SVM)、逻辑回归(Logistic Regression)、AdaBoost 算法进行对比实验。

1) 支持向量机算法

首先使用 SVM 算法进行验证,代码如下:

```
import sklearn.svm
import sklearn.metrics
from matplotlib import pyplot as plt
clf = sklearn.svm.LinearSVC().fit(X_train, y_train)
```

其中,支持向量机采用线性分类 LinearSVC 算法(sklearn.svm.LinearSVC),算法的输入与随机森林相同,通过 fit 方法实现训练,训练过程非常快,训练完成之后,使用如下代码进行验证和预测。

```
y_pred = clf.predict(X_test)
print(pd.crosstab(y_test, y_pred, rownames = ['Actual'], colnames = ['Predicted']))
print("accuracy_score:",accuracy_score(y_test, y_pred))
print("recall_score:",recall_score(y_test, y_pred))
print("roc_auc_score:",roc_auc_score(y_test, y_pred))
print("f1_score:",f1_score(y_test, y_pred))
```

其中,使用 pandas 的 crosstab 方法实现混淆矩阵的结果生成,用 sklearn.metrics 中的 accuracy_score、recall_score、roc_auc_score、f1_score 方法实现 accuracy、recall、AUC、F1 指标值的计算,运行之后输出结果如下:

```
Predicted     0    1
Actual
0             276  37
1             7    49
accuracy_score: 0.8807588075880759
recall_score: 0.875
```

```
roc_auc_score: 0.8783945686900958
f1_score: 0.6901408450704225
```

可以看到,其准确率值约为 0.88,查全率约为 0.875,AUC 值约为 0.878,F1 值约为 0.69。

2) 逻辑回归算法

在逻辑回归算法中,参数 C 的取值为 1.0,最大迭代次数(max_iter)为 100,采用 L2 作为正则化项。详细代码如下:

```
from sklearn import model_selection
from sklearn.linear_model import LogisticRegression
model = LogisticRegression()
model.fit(X_train, y_train)
```

其中,LogisticRegression 位于 sklearn 的线性模型组件(linear_model)中,将训练集数据作为参数 X_train 和 y_train 作为参数,直接在逻辑回归分类器上调用 fit 方法即可实现训练,生成的逻辑回归结果如下:

```
LogisticRegression(C = 1.0, class_weight = None, dual = False, fit_intercept = True,
           intercept_scaling = 1, max_iter = 100, multi_class = 'warn',
           n_jobs = None, penalty = 'l2', random_state = None, solver = 'warn',
           tol = 0.0001, verbose = 0, warm_start = False)
```

与 SVM 类似,使用测试集对模型进行验证,输出其指标结果。

```
y_pred = model.predict(X_test)
print("accuracy_score:",accuracy_score(y_test, y_pred))
print("recall_score:",recall_score(y_test, y_pred))
print("roc_auc_score:",sklearn.metrics.roc_auc_score(y_test, y_pred))
print("f1_score:",sklearn.metrics.f1_score(y_test, y_pred))
```

输出结果如下:

```
accuracy_score: 0.8807588075880759
recall_score: 0.8928571428571429
roc_auc: 0.9370721131903241
f1_score: 0.6944444444444445
```

可以看到其准确率约为 0.88,查全率约为 0.89,AUC 值约为 0.94,F1 值约为 0.69。

3) AdaBoost 算法

在 AdaBoost 算法中,评估器(base_estimator)采用决策树分类器(DecisionTreeClassifier),树的最大深度为 3。子树即评估器数量(n_estimators)为 500,学习率为 0.5,采用算法(algorithm)为 SAMME。

```
from sklearn.externals.six.moves import zip
import matplotlib.pyplot as plt
from sklearn.ensemble import AdaBoostClassifier
from sklearn.metrics import accuracy_score
from sklearn.tree import DecisionTreeClassifier
bdt_discrete = AdaBoostClassifier(
```

```
    DecisionTreeClassifier(max_depth = 3),
    n_estimators = 500,
    learning_rate = .5,
    algorithm = "SAMME")
bdt_discrete.fit(X_train, y_train)
```

运行之后，可以看到模型的各项缺省参数信息，其结果如下：

```
AdaBoostClassifier(algorithm = 'SAMME',
          base_estimator = DecisionTreeClassifier(class_weight = None, criterion = 'gini', max
_depth = 3,max_features = None, max_leaf_nodes = None,
            min_impurity_decrease = 0.0, min_impurity_split = None,
            min_samples_leaf = 1, min_samples_split = 2,
            min_weight_fraction_leaf = 0.0, presort = False, random_state = None,
            splitter = 'best'),
          learning_rate = 0.5, n_estimators = 500, random_state = None)
```

使用与之前相同的测试集对模型的分类性能进行验证，实现代码与逻辑回归中验证代码相同，经过 bdt_discrete. predict(X_test)之后，输出各项指标，其准确率为 0.9430，查全率为 0.8214，AUC 值为 0.9771，F1 值为 0.8141。从准确率上来看，其性能确实高于支持向量机和逻辑回归算法。

计算不同算法在准确率、查全率、F1 值、AUC 值指标，其结果如表 4.2 所示。

表 4.2 不同算法结果比较

算　法	准 确 率	查 全 率	F1 值	AUC 值
SVM	0.8807	0.875	0.6901	0.8783
逻辑回归	0.8807	0.8928	0.6944	0.9370
AdaBoost	0.9430	0.8214	0.8141	0.9771
随机森林	0.9457	0.875	0.8305	0.9681

从表 4.2 中可以看到随机森林算法在查全率上仅次于逻辑回归算法，但是其准确率和 F1 值最高，达到 83.05%，具有较强的实用价值，所以最终采用随机森林作为最佳模型。

在本章中主要介绍分类算法的基本应用框架和实现流程，应用 Python 对数据进行探查和预处理，实现了样本划分、再平衡和特征的标准化处理等常规操作，重点分析了随机森林、支持向量机、逻辑回归、AdaBoost 等算法的使用方法，并结合实例对网络搜索参数调优进行详细阐述，最后对比了各算法在准确率、查全率、AUC 值及 F1 值等指标性能，选择了与业务相匹配的最优算法。

第 5 章

自然语言处理技术实例

自然语言是以语音为物质外壳，由词汇和语法两部分组成的符号系统。《新华词典》中对语言的定义是人类交际的工具，是人类思维的载体，是约定俗成的，有别于人工语言(程序设计语言)。自然语言处理(Natural Language Processing，NLP)是用机器处理人类语言的理论和技术，它主要研究在人与人交际中以及人与计算机交互中的语言问题的一门学科。它主要研究表示语言能力和语言应用的模型，建立计算框架进行功能实现，提出完善和评测模型的方法，并依此设计各种实用系统。

本章主要介绍自然语言处理方面的核心技术，其中主要是文本处理相关技术，例如分词、词性标记、情感分析、语言模型、语义角色标记等。

5.1 业务背景分析

某电商网站需要实现机器自动生成商品的推荐标题和推荐语。具体要求是根据一个商品的标题及商品的详细描述信息，自动生成推荐语的标题和推荐内容，推荐语的内容字数要求在 50～90 字之间，要求生成的文字语言通顺，语义准确。推荐标题不可照抄产品原标题，标题字数应控制在 6～10 字，将商品主体及特点描述清楚；不能是关键词堆砌；标题内不允许含有除逗号、书名号(中英格式)之外的其他符号。必须和实物完全对应，元素可包含以下方面：品牌(中英文品牌最多选其一，选择较为熟知的)、产地、形容词、品类名称，必须清晰展示商品的品类名词；不能使用品类通用格式作为标题，如车载蓝牙耳机，要突出商品的其他特性。标题中不得使用营销类和主观类短句，例如：旅行好伙伴、超好用的充电宝。对于推荐内容的要求也比较多，其中主要是字数应在 50～90 字之间，符合广告法文案规范；不可出现违禁、敏感字眼；不可出现负面情感指向；不可直接抄袭商品详情；不可堆砌百搭关键词(如：高端、必备、大牌)，而无实际导购价值；不可出现带有时效类或促销类的信息，如：情人节必备、新品上市、包邮、买一送一、满 100 减 10 等。

5.2 分析框架

自然语言处理属于文本挖掘的范畴，包括文本分类、自动摘要、机器翻译、自动问答、阅读理解等，本案例涉及自然语言生成方面的相关技术，其基础则是自然语言理解。自然语言处理涉及的具体内容说明如下。

1. 分词

分词(Word Segmentation)主要是基于词典对词语识别，最基本的方法是最大匹配法(MM)，效果取决于词典的覆盖度。此外，常用基于统计的分词方法，基于语料库中的词频和共现概率等统计信息对文本进行分词。对切分歧义的消解的方法包括句法统计和基于记忆的模型，前者将自动分词和基于马尔可夫链词性自动标注结合起来，利用从人工标注语料库中提取出的词性二元统计规律来消解切分歧义，而基于记忆的模型，对机器认为有歧义的常见交集型歧义切分，如“辛勤劳动”切分为“辛勤”“勤劳”“劳动”，并把它们的唯一正确切分形式预先记录在一张表中，其歧义消解通过直接查表实现。

2. 词性标注

词性标注(Part-of-speech Tagging)是对句子中的词标记词性，如动词、名词等。词性标注本质上是对序列中各词的词性进行分类判断，所以早期用隐马尔科夫模型进行标注，以及后来出现的最大熵、条件随机场、支持向量机等模型。随着深度学习技术的发展，出现了很多基于深层神经网络的词性标注方法。

3. 句法分析

在句法分析时，人工定义规则费时费力，并且维护成本较高，在近几年，自动学习规则的方法是句法分析的主流方法，目前主要是应用数据驱动的方法进行分析。通过在文法规则中加入概率值等统计信息(如词共现概率)，从而实现对原有的上下文无关文法分析方法进行扩展，最终实现概率上下文无关文法(Probabilistic Context Free Grammar，PCFG)分析方法，在实践中取得较好效果。句法分析主要分为依存句法分析、短语结构句法分析、深层文法句法分析和基于深度学习的句法分析等。

4. 自然语言生成

自然语言生成(Natural Language Generation，NLG)主要难点在于从知识库或逻辑形式等方面需要进行大量基础工作，人类语言系统中又存在较多的背景知识，而机器表述系统中一方面较难将背景知识集成(信息量太大)。另一方面，语言在机器中难以合理表示，所以目前自然语言生成的相关成果较少。

现在的自然语言生成方法大多是用模板，模板来源于人工定义、知识库，或从语料库中进行抽取，这种方式生成的文章容易出现僵硬的问题。目前也可以用神经网络生成序列，如Seq2Seq、GAN等深度学习模型等，但由于训练语料的质量各异，容易出现结果随机且不可控。

自然语言生成的步骤包括内容规划、结构规划、聚集语句、选择字词、指涉语生成、文本生成等几步，目前比较成熟的应用主要还是一些从数据库或资料集中通过摘录来生成文章的系统，例如一些天气预报生成、财经新闻或体育新闻的写作、百科写作、诗歌写作等，这些文章本身具有一定的范式，类似八股文一样具有某些固定的文章结构，语言的风格变化较少。此外，此类文章重点在于其中的内容，读者对文章风格和措辞等要求较低。综合来看，目前人工智能领域中，以自然语言生成的难题还未真正解决，可谓“得语言者得天下”，毕竟语言也代表着较高级的人类智能。

5. 文本分类

文本分类（Text Categorization）是将文本内容归为某一类别的过程，目前对其研究层出不穷，特别是随着深度学习的发展，深度学习模型在文本分类任务上取得了巨大进展。文本分类的算法可以划分为以下几类：基于规则的分类模型、基于机器学习的分类模型、基于神经网络的方法、卷积神经网络（CNN）、循环神经网络（RNN）。文本分类技术有着广泛的应用。例如，社交网站每天都会产生大量资讯内容，如果由人工对这些文本进行整理将会费时费力，且分类结果的稳定性较差，而应用自动化分类技术可以避免上述问题，从而实现文本内容的自动化标记，为后续用户兴趣建模和特征提取提供基础支持。除此之外，文本分类还作为基础组件用于信息检索、情感分析、机器翻译、自动文摘和垃圾邮件检测等。

6. 信息检索

信息检索（Information Retrieval）是从信息资源集合中提取需求信息的行为，可以基于全文或内容的索引，目前在自然语言处理方面，信息检索用到的技术包括向量空间模型、主题提取、TF-IDF（词频-逆向文档频率）词项权重计算、文本相似度计算、文本聚类等。具体的应用于搜索引擎、推荐系统、信息过滤等方面。

7. 信息抽取

在信息抽取（Information Extraction）方面，从非结构化文本中提取指定的信息，并通过信息归并、冗余消除和冲突消解等手段将非结构化文本转换为结构化信息。应用方向很多，例如从相关新闻报道中抽取出事件信息：时间、地点、施事人、受事人、主要目标、后果等；从体育新闻中抽取体育赛事信息：主队、客队、赛场、比分等；从论文和医疗文献中抽取疾病信息：病因、病原、症状、药物等。还广泛应用于舆情监控、网络搜索、智能问答等领域。与此同时，信息抽取技术是中文信息处理和人工智能的基础核心技术。

8. 文字校对

文本校对（Text-proofing）应用的领域主要是对自然语言生成的内容进行修复或对OCR识别的结果进行检测和修复，采用的技术包括应用词典的方式和语言模型等，其中词典是将常用词以词典的方式对词频进行记录。如果某些词在词典中不存在，则需要对其进行修改，选择最相近的词语进行替换，这种方式对词典要求高，并且在实际操作中，由于语言的变化且存在较多组词方式，导致很多误判，在实际应用中准确性不佳。而语言模型是基于词汇之间搭配的可能性（概率）来对词汇进行正确性判断，一般是以句子为单位对整个句子进行检测,目前常见的语言模型有 SRILM 和 RNNLM 等几种。

9. 问答系统

自动问答(Question Answering)系统在回答用户问题之前,第一步需要能正确理解用户用自然语言提出的问题,这涉及分词、命名实体识别、句法分析、语义分析等自然语言理解相关技术。然后针对提问类、事实类、交互类等不同形式的提问分别应答,例如用户提问类问题,可从知识库或问答库中检索、匹配获得答案,除此之外还涉及对话上下文处理、逻辑推理、知识工程和语言生成等多项关键技术。因此,问答系统代表了自然语言处理的智能处理水平。

10. 机器翻译

机器翻译(Machine Translation)是由机器实现不同自然语言之间的翻译,涉及语言学、机器学习、认知语言学等多个学科。目前基于规则的机器翻译方法需要人工设计和编纂翻译规则,而基于统计的机器翻译方法能够自动获取翻译规则,最近几年流行的端到端的神经网络机器翻译方法可以直接通过编码网络和解码网络自动学习语言之间的转换算法。

11. 自动摘要

自动摘要(Automatic Summarization)主要是为了解决信息过载的问题,用户阅读文摘即可了解文章大意。目前常用抽取式和生成式两种摘要方法,其中抽取式方法是通过对句子或段落等进行权重评价,按照重要性进行选择并组成摘要。而生成式方法除了利用自然语言理解技术对文本内容分析外,还利用句子规划和模板等自然语言生成技术产生新句子。传统的自然语言生成技术在不同领域中的泛化能力较差,随着深度学习的发展,生成式摘要应用逐渐增多。目前主流还是采用基于抽取式的方法,因为这一方法易于实现,能保证摘要中的每个句子具有良好的可读性,并且不需要大量的训练语料,可跨领域应用。

自然语言的处理过程如图 5.1 所示。在一般情况下,原始文本需要经过分词、去停用词、词形归一化等先期处理,其中词形归一化也称为词干化,一般用于英语等语言的处理中。经过分词之后,则以词为单位对其进一步分析处理,例如词性标注、句法分析、语义分析等,这部分工作是自然语言处理的基础,也是容易被忽视的工作,属于处理工作量较多,但是没有太多成效可供展示的工作,但是它又是后期模型分析的基础,例如,提高分词的质量可能比改进模型超参对于提高模型性能更加显著。

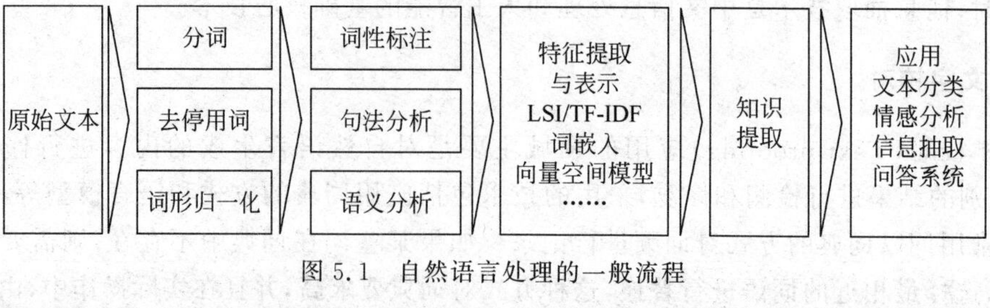

图 5.1 自然语言处理的一般流程

经过前述处理之后,可进行特征提取与表示、主题词提取、词嵌入、向量空间模型,这属于自然语言处理中的模式创新领域,可以有较多成果和应用创新,也是目前自然语言处理方面的主要研究方向。而知识提取及文本分类、情感分析、信息抽取、问答系统等具体应用则处于成果收获阶段，随着深度学习的不断深入，在这一方面的算法越来越多，性能也越来越强。

本节主要阐述分词、语义角色标记、文本特征提取与表示、文本分类应用等基本技术，并说明其在项目中的应用。

5.3 数据收集

目前该电商网络推荐标题和推荐语由人工生成。写手数量几百人，每天发布文章量几千篇，每天的阅读量在70万以上，已经审核通过超过30万条，覆盖类别50%以上。机器生成推荐语需要的数据如下：商品标题、三级分类类别、广告语、商品规格属性、商品描述(OCR识别结果和发布系统中商家录入的描述信息)、评价内容、评价标签、推荐好货内容、查看量、商品销量等。

5.4 建立模型

为了实现自然语言生成，需要先收集较多的语料素材，对其进行加工处理，然后建立生成模型，并对生成的句子进行评价，不仅可以反向优化生成模型，也可进行预审，提高审核通过率。

5.4.1 文本分词

词法分析目的是找出词汇的各个词素，从中获得语言学信息。而分词主要应用于中文处理中，因为中文词与词之间没有明显的分隔符，使得计算机对于词的准确识别非常困难。因此，分词就成了中文处理中所要解决的最基本的问题，分词的性能对后续的语言处理，如机器翻译、信息检索等有着至关重要的影响。

主流分词方法：有基于词典、基于统计和基于规则的方法，其中基于词典的方法又包括最大正向匹配法(Maximum Matching Method, MM)和逆向最大匹配法(Reverse Maximum Matching Method,RMM)。基于统计的方法主要是从统计概率的角度全切分，它与词典的方式相比，需要语料进行训练，对于较长的句子，分词速度较慢，但是效果较好，主要从概率角度进行统计分析，例如隐马可夫链、N-Ggram等，并基于语言模型进行结果修正。基于规则的方法主要是抽取句法、语法、语义等规则，这一方法比较生硬，对于源语句的质量要求高，难以应付目前的网络语言，所以其应用较少。

常见的中文分词工具或软件有以下几种：

(1) SCWS简单中文分词系统。

(2) IK Analyzer开源轻量级中文分词工具包。

(3) ICTCLAS中文词法分词系统。

(4) jieba分词系统。

(5) 斯坦福分词系统。

(6) HanLP分词系统。

(7) 哈尔滨工业大学分词器。

(8) THULAC 分词系统。

首先对物品标题进行分词以提取其中的关键特征,本节采用 jieba 分词组件,代码如下:

```
import jieba
import jieba.analyse
import csv
import re
in_debug = True
```

其中采用 csv 组件将预先提取的物品标题信息进行加载,re 组件是正则表达式在 Python 实现,in_debug 是自定义的调试信息输出标志,将其置为 True 可将中间结果输出,方便进行代码调试。

由于标题和商品详情均由电商平台上的各个商家自行编辑和上传,所以标题及商品详情中均可能包含一些特殊符号,采用如下正则化的方式将此类特殊符号移除。

```
def remove_punc(line_sentence):
    multi_version = re.compile("-\{.*?(zh-hans|zh-cn):([^;]*?)(;.*?)?\}-")
    punctuation = re.compile("[-~!@#$%^&*()_+`=\[\]\\\{\}\"|;':,./<>?·!@#¥%
……&*()——+【】、;':"",.、«»?「『」』]")
    line = multi_version.sub(r"\2", line_sentence)
    line = punctuation.sub('', line_sentence)
    return line
```

在自然语言处理过程中,一般要先过滤掉某些字或词,也就是停用词(Stop Words),一般是原始文本集不需要的词汇、字符。虽然有通用的停用词表,但是如果想提高后续的分词效果,还要结合实际业务进行自建,下面的代码是加载自定义的词表。

```
def get_stop_words_set(file_name):
    with open(file_name,'r') as file:
        return set([line.strip() for line in file])

def load_words_list(stop_word_file):
    global stop_words_set
    stop_words_set = get_stop_words_set(stop_word_file)
    if in_debug:
        print("共计导入 %d 个停用词" % len(stop_words_set))
```

其中,stop_words_set 是全局变量,这些自定义的停用词以文本形式存在记事本中,每一行是一个词语,读取此文件并加载到内存中,方便后续使用。

定义句子分词的通用函数 cut_words,代码如下,函数的输入参数是已清理过特殊符号的完整句子,输出的是这一句话经过分词(jieba.cut)之后的词语列表。

```
def cut_words(sentence):
    word_list = []
    words = jieba.cut(sentence)
    for word in words:
        if word in stop_words_set:
            if in_debug:
```

```
            print("ignore words:" + word)
        continue
    if len(word.strip())> 0:
        word_list.append(word)
return word_list
```

其中，依次遍历各个分词的结果词，如果它属于停用词列表，则将其排除，并输出到日志中。通过使用 word.strip()方法将空格进行过滤，避免在结果列表中包含空格字符。

现在开始处理物品的标题，代码如下：

```
jieba.load_userdict("dict.txt.big.txt")
stop_word_file = "stopwords.txt"
jieba.analyse.set_stop_words(stop_word_file)
load_words_list(stop_word_file)
```

其中，通过 jieba.load_userdict 方法加载自定词的词表，此词表的格式是：词语 词频 词性，例如“A 股 3 n”表示 A 股属于一个独立的词的可能性是 3，其词性为名词，词频越大，在分词时越可能将其分为独立的一个词。调用前面定义的 load_words_list 方法加载停用词词表。

通过如下代码从 csv 中读取标题列表，将其存入 item_titles 列表对象中。

```
with open('item_titles.csv', 'r') as f:
    reader = csv.reader(f)
    item_titles = list(reader)

result_titles = []
for item in item_titles:
    result_titles.append(" ".join(cut_words(item[1])))
result_titles
```

然后，依次遍历各个标题，对其进行停用词过滤，输出的调试信息如下：

```
ignore words:9
ignore words:2
ignore words:4
ignore words:2
…
ignore words:8
ignore words:6
```

可以看到大部分都是数量词，这部分在文本分析时需要进行过滤。将原始标题输出：

```
[['3151888', '金立 S6 Pro 玫瑰金 移动联通电信 4G手机 双卡双待'],
['5181386', '荣耀 9 全网通 尊享版 6GB + 128GB 魅海蓝 移动联通电信 4G手机 双卡双待'],
['5239538', 'OPPO R11 Plus 6GB + 64GB 内存版 全网通 4G 手机 双卡双待 金色'],
['2910505', '金立 S6 Pro 耀金 移动联通电信 4G手机 双卡双待'],
['4723112', 'vivo X9Plus 全网通 6GB + 64GB 星空灰 移动联通电信 4G手机 双卡双待'],
['10080895816', '小米 Max 手机双卡双待 金色 全网通 4G(3G RAM + 32G ROM)标配'],
['1413846', '努比亚(nubia)【2 + 16GB】小牛 4 Z9mini 黑色 移动联通电信 4G手机 双卡双待'],
['2876320', '三星 Galaxy S7 edge(G9350)4GB + 64GB 铂光金 移动联通电信 4G手机 双卡双待'],
['10182955056', '保千里打令 D8 至尊版 64G 香槟金 全网通 4G 空间拍摄 VR智能手机 双卡双待 香槟金'],
['10399054644', 'OPPO R11plus 手机 4G 全网通 6G RAM + 64 GROM 双卡双待 玫瑰金色']]
```

其中，第一列是物品的编号，第二列是标题，调用 cut_words(item[1])之后，输出分词后的标题，前 10 条结果如下：

```
['金立 S6 Pro 玫瑰 移动 联通 电信 4G 手机 双卡 双待',
'荣耀 网通 尊享 6GB 128GB 魅海 移动 联通 电信 4G 手机 双卡 双待',
'OPPO R11 Plus 6GB 64GB 内存 网通 4G 手机 双卡 双待 金色',
'金立 S6 Pro 耀金 移动 联通 电信 4G 手机 双卡 双待',
'vivo X9Plus 网通 6GB 64GB 星空 移动 联通 电信 4G 手机 双卡 双待',
'小米 Max 手机 双卡 双待 金色 网通 4G 3G RAM 32G ROM 标配',
'努比亚 nubia 16GB 小牛 Z9mini 黑色 移动 联通 电信 4G 手机 双卡 双待',
'三星 Galaxy S7 edge G9350 4GB 64GB 光金 移动 联通 电信 4G 手机 双卡 双待',
'千里 打令 D8 至尊版 64G 香槟金 网通 4G 空间 拍摄 VR 智能手机 双卡 双待 香槟金',
'OPPO R11plus 手机 4G 网通 6G RAM 64 GROM 双卡 双待 玫瑰 金色']
```

可以看到大部分词语已经分离成功，如果发现某一些词汇分词不准确，可将正确的分词结果加入自定义词典中进行修正。

5.4.2 主题词提取

商品的标题一般会比较着重展示商品的重要特点，为了提取待写商品的关键词，需要从标题中提取关键词，在提取主题词的方法中主要有 TextRank、文档主题生成模型（Latent Dirichlet Allocation，LDA）、词频-逆文件频率（Term Frequency-Inverse Document Frequency，TF-IDF）等几种方法。

首先采用 jieba.analyse.textrank 方法提取标题中的主题词，代码如下：

```
def textrank_words(line):
    line = remove_punc(line)
    line = line.strip()
    if len(line) < 1: return ""
    line_words = ""
    for word,x in jieba.analyse.textrank(line.strip(), withWeight = True, allowPOS = ('n', 'vn')):
        if word.strip() == "": continue
        line_words = line_words + (word + " ")
    return line_words
```

其中，jieba.analyse.textrank 方法的参数 withWeight＝True 是表示在提取关键词时输出词的权重值，allowPOS 是对输出结果进行词性过滤，本例中是只提取词性为名词和动名词的词语，通过如下代码进行调用。

```
result_titles = []
for item in item_titles:
    rank_result = textrank_words(item[1])
    if len(rank_result)> 0: result_titles.append(rank_result)
result_titles[:10]
```

执行之后的结果如下：

```
['移动 电信 玫瑰 手机 ',
'移动 电信 魅海 手机 ',
'网通 内存 手机 ',
```

```
'电信 耀金 移动 手机 ',
'移动 电信 星空 手机 ',
'金色 手机 网通 小米 ',
'电信 黑色 移动 手机 ',
'电信 移动 光金 手机 ',
'网通 空间 香槟金 智能手机 ',
'金色 玫瑰 ']
```

可以看到，其中大部分商品的输出词雷同率较高，采用上述关键词很难将商品之间的差异性区分出来，所以此提取主题词的方法并不适用于这种场景。

下面尝试使用LDA方法，代码如下，首先引入自然语言处理工具包gensim，LdaModel位于gensim.models模块中。

```
from gensim.models import LdaModel
from gensim.corpora import Dictionary
from gensim import corpora, models
```

然后，遍历前述处理过的item_titles中的每一个标题，组成一个标题数组titles，代码如下：

```
titles = [item[1] for item in item_titles]
for title in titles:
    title_words_list = [cut_words(title)]
    dictionary = corpora.Dictionary(title_words_list)
    corpus = [ dictionary.doc2bow(title) for title in title_words_list ]
    lda = LdaModel(corpus = corpus, id2word = dictionary, num_topics = 2)
    print(lda.print_topics(num_topics = 2, num_words = 2))
```

对每个标题都进行分词，并将分词的结构作为词的数组，传入corpora.Dictionary构造函数中，建立词典，通过dictionary.doc2bow方法将此词典建立语料素材corpus，将语料素材和词典作为LdaModel的参数传入，并设置主题数量为2个，即构造了一个LDA主题模型，通过lda.print_topics方法将每个商品的2个主题，每个主题中限制主题词的数量为2个进行输出，前10个标题的主题词分别如下：

```
[(0, '0.097 * "电信" + 0.095 * "S6"'), (1, '0.098 * "联通" + 0.097 * "玫瑰"')]
[(0, '0.082 * "电信" + 0.081 * "尊享"'), (1, '0.086 * "双卡" + 0.082 * "4G"')]
[(0, '0.090 * "网通" + 0.089 * "OPPO"'), (1, '0.097 * "金色" + 0.093 * "手机"')]
[(0, '0.102 * "S6" + 0.099 * "电信"'), (1, '0.098 * "移动" + 0.097 * "双卡"')]
[(0, '0.082 * "电信" + 0.082 * "双卡"'), (1, '0.085 * "4G" + 0.081 * "移动"')]
[(0, '0.088 * "4G" + 0.082 * "Max"'), (1, '0.083 * "双待" + 0.082 * "小米"')]
[(0, '0.079 * "努比亚" + 0.079 * "双待"'), (1, '0.086 * "双卡" + 0.080 * "联通"')]
[(0, '0.071 * "三星" + 0.068 * "S7"'), (1, '0.073 * "64GB" + 0.071 * "4G"')]
[(0, '0.103 * "香槟金" + 0.075 * "智能手机"'), (1, '0.104 * "香槟金" + 0.082 * "VR"')]
[(0, '0.083 * "金色" + 0.082 * "GROM"'), (1, '0.083 * "手机" + 0.083 * "OPPO"')]
[(0, '0.089 * "双待" + 0.083 * "Plus"'), (1, '0.082 * "标准版" + 0.080 * "手机"')]
```

可以看到，其中排名靠前的主题词也没有将商品中明显的主题特征提取出来。这主要是因为输入到LDA模型中的内容太短，LDA属于概率统计模型，从10几个字的标题中很难将其主题提取出来，一般情况下，只有在字数超过500字以上的文本中采用LDA算法实现主题词提取。

下面接着尝试 TF-IDF 算法，首先引入 scikit-learn 库中的 CountVectorizer 和 TfidfTransformer 类，代码如下：

```
from sklearn.feature_extraction.text import CountVectorizer
from sklearn.feature_extraction.text import TfidfTransformer
import re

result_titles = []
for item in item_titles:
    result_titles.append(" ".join(cut_words(item[1])))
```

将所有的商品标题进行分词后，构造成一个标题列表，作为语料集合。初始化 CountVectorizer 对象，并将语料集进行训练转换，代码如下：

```
cv = CountVectorizer(max_df = 0.8,stop_words = stop_words_set, max_features = 100, ngram_range
= (1,3))
X = cv.fit_transform(result_titles)
```

其中，max_df 是一个防止某些高频词对模型产生影响的阈值，max_features 决定了特征列的数量，其值越大，计算量也就越大。ngram_range 是 n 元组的数量范围，一般不要超过 3 元组。经过 fit_transform 之后，得到整体样本集合的稀疏矩阵，它由 n 行和 100 列（max_features）组成。构造一个 TfidfTransformer 对象，并指定其使用平滑 IDF（smooth_idf），经过 fit 之后即可获得相应特征，代码如下：

```
tfidf_transformer = TfidfTransformer(smooth_idf = True,use_idf = True)
tfidf_transformer.fit(X)
feature_names = cv.get_feature_names()
for title in result_titles[:10]:
    tf_idf_vector = tfidf_transformer.transform(cv.transform([title]))
    sorted_items = sort_coo(tf_idf_vector.tocoo())
    keywords = extract_topn_from_vector(feature_names,sorted_items,3)
    str_keywords = [k + " " + str(keywords[k]) for k in keywords]
    print(str_keywords)
```

针对前 10 个商品的标题，通过 tfidf_transformer 进行转换，获得其 tf_idf_vector 对象，经过 sort_coo 排序之后提取其中前 n 个主题词（目前为 3 个），并将主题词与对应的权重值输出，结果如下：

```
['金立 0.474', '玫瑰 0.418', 'pro 0.404']
['荣耀 0.426', '6gb 128gb 0.394', '128gb 0.358']
['网通 4g 手机 0.386', '6gb 64gb 0.368', '内存 0.354']
['金立 0.522', 'pro 0.445', '电信 4g 手机 0.224']
['网通 6gb 0.41', 'vivo 0.41', '6gb 64gb 0.392']
['金色 网通 0.357', '3g ram 0.357', '3g 0.34']
['小牛 0.382', '16gb 0.382', '黑色 0.326']
['三星 galaxy 0.401', 'galaxy 0.401', '三星 0.383']
['香槟金 0.706', '智能手机 双卡 双待 0.353', '智能手机 双卡 0.353']
['6g 0.514', '玫瑰 0.454', 'oppo 0.454']
```

可以看到通过 TF-IDF 方法获得标题主题词的方式与前面两种方式相比，已经具有较强的差异化和区分度，以这种方式进行推荐标题和推荐语的生成，将具有良好的基础。

5.4.3 情感分析

在推荐语的审核要求中，明确说明了对于生成的推荐内容不可以有负面情绪，所以需要实现一个文本分类模型，用于对素材句子的情感分析，将负面情感滤除。目前有两个技术方案，使用基于贝叶斯网络的 SnowNLP 算法和卷积神经网络(CNN)的文本分类算法。

SnowNLP 是一个自然语言处理的套件，它除了用于文本分类的情感分析之外，还具备分词、文本摘要、词性标记、文字转拼音、繁体转简体、主题词提取及句子相似度计算等功能模块，使用 pip3 install snownlp 即可实现安装。

SnowNLP 中情感分析类的核心定义如下：

```
class Sentiment(object):
    def __init__(self):
        self.classifier = Bayes()
    def save(self, fname, iszip=True):
        self.classifier.save(fname, iszip)
    def load(self, fname=data_path, iszip=True):
        self.classifier.load(fname, iszip)
    def handle(self, doc):
        words = seg.seg(doc)
        words = normal.filter_stop(words)
        return words
    def train(self, neg_docs, pos_docs):
        data = []
        for sent in neg_docs:
            data.append([self.handle(sent), 'neg'])
        for sent in pos_docs:
            data.append([self.handle(sent), 'pos'])
        self.classifier.train(data)
```

其中，self.classifier 为 Bayes()，训练时只需要准备两份素材文件，其中一份是正面的商品评论，另一份为负面的情感评论内容，每一行是一条评论，评论内容不需要分词，在 SnowNLP 中会调用 handle 方法进而调用 seg.seg 进行分词，且去除停用词(filter_stop)，最后调用 Bayes 类的 train 方法即可完成训练。

在使用 SnowNLP 时，只需要将 SnowNLP 中的 sentiment 引入调用程序，代码如下：

```
from snownlp import SnowNLP
from snownlp import sentiment
if __name__ == "__main__":
    is_train = False
    if is_train:
        #训练模型
        sentiment.train("neg.txt","pos.txt")
        sentiment.save('phone_sentiment_model.marshal')
    else:
        # 测试模型
```

```
    sentiment.load('./phone_sentiment_model.marshal')
    s = SnowNLP('这款手机速度快')
print("情感分析结果值:",s.sentiments)
```

首先,设置 is_train 变量为 True,将准备好的正、负情感文件命名为 neg.txt 和 pos.txt,放置在当前目录下,运行之后将在当前目录下生成一个 phone_sentiment_model.marshal.3 的文件,这一文件即为手机类目下的情感分类模型。将 is_train 置为 False 时,则可以加载模型,并使用待分析的句子构建 SnowNLP 对象,之后就可以输出其情感值(s.sentiments),重新运行之后,其输出结果如下:

```
情感分析结果值: 0.8190812500980639
```

5.4.4 语义角色标记

语义分析处理的是词之间语义关联关系,获取句子的深层意思,即语言单元之间的语义关系,这里涉及论元(argument)与谓词的概念,以"小猫钓鱼"这一句话为例,其中的"小猫"和"鱼"是谓词"钓"的两个论元,而"小猫"是施事,"鱼"是受事。动词都有自己的论元结构,及物动词有两个论元,而非及物动词只有一个论元,如"孩子吵闹"。像"张三把李四打了"和"李四被张三打了"两句话,在句法分析中,主语分别是张三和李四,但是这两句话描述的意思是相同的,而在语义分析中,张三在两句话中都是施事,而李四都是受事。所以,从语义角色标记的角度,可以提取出语句所描述的真实主体和含义。

在分析过程中,需要提取某一句子中描述的主体信息,用于实现语义实体相似度比较,减少使用全部词语带来的噪声干扰。语义角色标记采用哈尔滨工业大学的自然语言处理套件 LTP,通过 pip3 install pyltp 先安装套件,然后下载离线模型,其下载地址为 https://ltp.ai/download.html,将其存到当前目录的子目录 ltp_data_v3.4.0 中,包括 pos.model、cws.model、parser.model、pisrl.model、ner.model。其使用方法如下:

```
class RoleParser:
    def __init__(self):
        MODELDIR = "ltp_data_v3.4.0/"
        self.segmentor = Segmentor()
        self.segmentor.load_with_lexicon(os.path.join(MODELDIR, "cws.model"),str(os.path.
join(MODELDIR, "dict.txt")))
        self.postagger = Postagger()
        self.postagger.load(os.path.join(MODELDIR, "pos.model"))
        self.parser = Parser()
        self.parser.load(os.path.join(MODELDIR, "parser.model"))
        #语义角色标注
        self.labeller = SementicRoleLabeller()
        self.labeller.load(os.path.join(MODELDIR, "pisrl.model"))

    def get_role(self,input_sentence):
        input_sentence = input_sentence.replace(',',',')
        input_sentence = input_sentence.replace('!',',')
        input_sentence = input_sentence.replace('?',',')
        input_sentence = input_sentence.replace('!',',')
```

```
        input_sentence = input_sentence.replace('?',',')
        slist = SentenceSplitter.split(input_sentence)     # 分句

        result = ""
        for sentence in slist:
            if len(sentence)< 1: continue
            words = self.segmentor.segment(sentence)
            wordlist = list(words)
            postags = self.postagger.postag(words)
            arcs = self.parser.parse(words, postags)
            #语义角色标注
            roles = self.labeller.label(words, postags,arcs)
            #输出标注结果
            for role in roles:
                for arg in role.arguments:
                    if arg.range.start != arg.range.end:
                        ws = ''.join(wordlist[arg.range.start:arg.range.end])
                        if arg.name == "A0":
                            if ws not in result:
                                result += ws
        return result
```

其中,在 RoleParser 类初始化时,先依次加载自定义词典、分词模型、词性标记模型、句法依存模型和语义角色标记模型,上述模型加起来大约占用 1.2GB 硬盘存储,对内存也有一定要求。加载完成之后,将句子按照逗号、句号、分号、问号、感叹号等分割成短句,依次提取各个短句的角色内容,并只选择主体角色(A0)作为描述主体。直接通过如下方式调用其提取方法(get_role)。

```
if __name__ == '__main__':
    role = RoleParser()
```

sentence = "瓶身设计十分大方优雅,白色偏透明的面膜液水润易推。瓶装设计取用方便,不易造成浪费。主打的补水保湿效果优秀,也能较好地持久锁水。但清爽性方面有待改善。"

```
role_result = role.get_role(sentence)
print(role_result)
```

输出如下结果。

描述主体提取结果:瓶身白色偏透明的面膜主打的补水保湿清爽性

其输出结果在正常的句式结构下正确性较高,但是在网络用语方面主体提取存在较多问题,所以此模型主要用于识别句子是否为正常和合法的句子结构,通过判断其输出的 result 内容决定其句子的质量高低和合法性,也是语义角色标记的另外一种副产品应用。

5.4.5 语言模型

为了对推荐语生成模型生成的句子进行质量检测,使用语言模型对其通顺程度进行检测。语言模型的核心思想是通过概率分布的方式来计算句子完整性的模型,通过分析构成句子的词之间的共现概率，实现句子合理性的判定，但是由于其计算公式中的参数过多，计算复杂度过高，需要近似的计算方法。最常用 n-gram 模型方法，此外还有决策树、最大熵、马尔科夫模型和条件随机场等方法。n-gram 模型也称为 $n-1$ 阶马尔科夫模型，它是一个有限历史假设，即当前词的出现概率仅仅与前面 $n-1$ 个词相关。n 越大，模型越准确，也越复杂，需要的计算量就越大。最常用的是 bigram，其次是 unigram 和 trigram，$n \geqslant 4$ 的情况较少。

语言模型常用的训练工具是 SRILM 和 RNNLM 等，其中 RNNLM 是基于循环神经网络的语言模型。本例中使用 SRILM 作为语言模型的生成工具，其核心代码如下：

```
ngram-count -vocab dict.txt.big.txt -text input.txt -order 3 -write out.count -unk
ngram-count -vocab dict.txt.big.txt -read out.count -order 3 -lm output.lm -interpolate
-kndiscount
ngram -ppl test.txt -order 3 -lm output.lm -debug 2 > test_result.ppl.txt
```

其中，ngram-count 是 n 元组的统计工具，通过-vocab 指定自定义词典，训练语料存于 input.txt 中，每一行是一句话经过分词和去停用词之后的结果，-lm 后的 output.lm 是生成的语言模型结果。通过-ppl 指定输出困惑度指标值，将结果保存在 test_result.ppl.txt 中。

以下面这句话为例。

虽然 说 现在 已经 进入 冬天 了 但是 补水 保湿 的 工作 的 不能 停下 的 上班族 的 小美女 们 每天 面对 着 电脑 和 空调 的 侵害 肌肤 整天 都 是 紧 紧绷绷 的 仔细 看看 全都是 干皮 护肤品 用 了 一堆 也 都 不太有 效果 要 知道 你 肌肤 缺失 的 水分 是 需要 用 面膜 才能 补 回来 的 那 你 就 一定 需要 这些 面膜 咯

其困惑度的输出结果为 162，完整的调试信息如下：

```
p( 虽然 | <s> ) = [2gram] 0.002524794 [ -2.597774 ]
    p( 说 | 虽然 ...)  =   [3gram] 0.0647906 [ -1.188488 ]
    p( 现在 | 说 ...)  =   [2gram] 0.001056698 [ -2.976049 ]
    p( 已经 | 现在 ...) =  [2gram] 0.01859457 [ -1.730614 ]
    p( 进入 | 已经 ...) =  [2gram] 0.02077514 [ -1.682456 ]
    ...
    p( 咯 | 面膜 ...)  =   [2gram] 0.000294772 [ -3.530514 ]
    p( </s> | 咯 ...)  =   [2gram] 0.03777696 [ -1.422773 ]
1 sentences, 71 words, 4 OOVs
0 zeroprobs, logprob = -150.3414 ppl = 162.5185 ppl1 = 175.3482
```

5.4.6 词向量模型 Word2vec

神经网络在处理自然语言时，需要将其数值化，可用的编码方式有独热(One-hot)编码、Word2vec 和 GloVe 等。其中，独热编码方式也称为一位有效编码，这是因为经过它编码之后，所有位数中只有一位是 1，其他全部为 0，例如“爱”字在词典中的顺序为 32，词典的总字数为 3500，则在总位数 3500 位的数值序列中，只有第 32 位是 1，即[0,0,0,…,0,0,1,0,0,..0,0,0]。如果是一句话，则通过独热编码之后就得到了一个稀疏矩阵，以下是以独热编码的调用示例。

```
from sklearn import preprocessing
```

```
enc = preprocessing.OneHotEncoder()
enc.fit([['我'],['爱'],['北'],['京'],['天'],['安'],['门']])
enc.transform([['爱']]).toarray()
```

其中，OneHotEncoder 是在 scikit-learn 库的预处理模块(preprocessing)中，enc.fit 实现了对“我爱北京天安门”的编码，其中的每个字都是以独热的形式表示了，可将“爱”字用 transform 输出，其结果为 array([[0.,0.,0.,0.,0.,1.,0.]])。这一编码方式的不足之处是存在词义鸿沟问题，即词与词之间在语义关系这种词向量中并没有体现出来，一般应用此方法来编码标签列等离散型数据。

Word2vec 是利用一个 3 层的简单神经网络进行无监督式学习词向量，这一词向量是其语义的表示，其输入是语料，输出是词向量，在 Word2vec 的训练过程中，利用 skip-gram 或连续词袋(CBOW)来建立输入与输出变量。其中，skip-gram 是在给定的一句话中，它指定一个中心词，让神经网络来预测此词前后 n 个词(字)，其中 n 为窗口的大小，以“我爱北京天安门”为例，从“我”字开始，依次遍历到“门”字，当遍历至“京”字为中心词时，窗口大小为 2，则神经网络的输入是“京”的独热编码，而输出则分别是“爱”“北”“天”“安”的独热编码，即构造了(“京”“爱”)、(“京”“北”)、(“京”“天”)、(“京”“安”)4 个训练样本。训练过程中，如果神经网络的输出与目标输出不一致，则不断调整网络参数，那么在训练完成之后，意味着隐层学习的特征为词与词之间的关系信息，此时将最后的输出层去掉，其中隐层的输出就是词的向量值，即实现了从词到向量的编码，而这些向量值内含了词间关系，不仅解决了词义鸿沟问题，实现了词语的语义表示。前面的示例中是以字为单位，在实际工作中一般采用词作为单位，即神经网络的输入是经过分词之后的句子，窗口移动是针对词语进行的。下面是利用 gensim 实现的词向量训练代码，可通过 pip3 install gensim 安装。

```
import os, sys
import multiprocessing
import gensim

def word2vec_train(input_file, output_file):
    sentences = gensim.models.word2vec.LineSentence(input_file)
    num_lines = sum(1 for line in open(input_file))
    if os.path.exists(output_file):
        print("model exist and loading...")
        model = gensim.models.Word2Vec.load(output_file)
        model.min_count = 6
        model.build_vocab(sentences , update = True)
        model.train(sentences,total_examples = num_lines,epochs = 5)
    else:
        print("training new model...")
        model = gensim.models.Word2Vec(sentences, size = 600, min_count = 6, workers =
multiprocessing.cpu_count())
    model.save(output_file)
    model.wv.save_word2vec_format(output_file + '.vector', binary = True)

if __name__ == '__main__':
    if len(sys.argv) < 3:
        print("Usage: python word2vec_train.py infile outfile")
```

```
        sys.exit()
    input_file, output_file = sys.argv[1], sys.argv[2]
    word2vec_train(input_file, output_file)
```

其中，首先引入 gensim 库，并定义 word2vec_train 方法，其输入语料是经过分词和去停用词的句子，每一行作为一句，输入是模型文件的路径，首次运行时模型并不存在，所以直接调用 gensim.models.Word2Vec 方法进行训练即可，其中 size 表示的是神经网络中间隐单元的数量，其值越大表示学习的特征越丰富，也意味着训练时间更长，一般情况下，语料较少时，其值也就相应调小。min_count 表示词最少出现次数，workers 是指定训练过程的进程数量，这里指当前机器的 CPU 核数，训练完成之后使用 save 方法保存，并使用模型的 save_word2vec_format 方法保存词向量。

如果 Word2vec 词向量已经存在，需要进行增量学习时，使用 gensim.models.Word2Vec.load 方法加载原模型，并指定最小词频数，基于新的语料使用 build_vocab 方法更新字典，然后调用 train 方法实现训练，最后，与初次训练一样，在训练完成之后将结果保存。

Word2vec 训练完成之后，这些固定下来的词向量既可用于其他模型的输入向量化工具，也可用于句子(词)之间相似度的计算。基于不同的训练语料，相同的词其输出的词向量值会存在差异，所以不同企业依据其内部数据所生成的词向量也可以认为是其数字资产。下面是 Word2Vec 的使用示例，代码如下：

```
import os, sys
import multiprocessing
import gensim
from gensim.models import Word2Vec
import jieba

model = None

def load_model(model_path):
    global model
    model = Word2Vec.load(model_path)

def word2vec_eval(model, word):
    if word in model.wv.vocab:
        return True
    else:
        return False

def get_vector(word):
return model.wv[str(word)]

def get_most_similar(words_list, neg_list = []):
    return model.wv.most_similar_cosmul(positive = words_list, negative = neg_list)


if __name__ == '__main__':
    load_model("./new_model/zhwiki")
```

```
for word in jieba.cut("我爱北京天安门"):
    is_exist = word2vec_eval(model, word)
    print(word + " " + str(is_exist))

word = "北京"
print(word," vector:",get_vector(word))

words_list = ["面料","气质","性感","亲肤","裙子","印花","时尚","面料","版型","蕾丝"]
sim_words = get_most_similar(words_list)

f = next(iter(sim_words or []), None)
print("特点:", " ".join(words_list), " 最相近的词为:", f[0])
```

首先，通过 load_model 加载 Word2vec 模型，由于词向量的训练语料可能不会覆盖全部词汇，所以在使用模型生成词向量时，需要先使用 word2vec_eval 方法检测该词是否存在于 Word2vec 的词典中，如果存在则可以使用 get_vector 方法获得其向量值，这些值可以作为其他神经网络的输入值，上述代码运行之后的输出结果如下：

```
我 True
爱 True
北京 True
天安门 True
北京  vector: [-1.29923499e+00 -5.83571732e-01  1.08659372e-01 -1.96763605e-01
  2.09212732e+00 -2.57835007e+00 -6.30052507e-01  1.84415162e-01
  …
  2.83506632e-01 -2.91695380e+00 -9.04185653e-01 -1.14341331e+00
 -2.90749818e-01  4.46737498e-01 -8.56931508e-01  1.81815311e-01]
```

特点："面料 气质 性感 亲肤 裙子 印花 时尚 面料 版型 蕾丝"最相近的词为："连衣裙"。

从中可以看到，"我爱北京天安门"已经在训练语料中大量出现，也就在其词典中存在，通过 get_vector 方法得到的向量为 600 维。而输入多个词之后，可以从中检索与之都相近的词是哪些词，从中选择最近的一个(连衣裙)，可以看到其相似度计算的结果中已经内含了基本的语义信息。

本章主要说明了与自然语言处理相关的核心技术应用方法，在自然语言处理过程中，通过预处理分词、去停用词、词性标记、句法分析、语义分析等，然后进行文本处理应用，例如：文本分类、主题提取、文章摘要、文本检索等。通过掌握基础的自然语言处理技能，有助于在高层应用中进行创新，同时，基础工作的质量高低也决定了高层应用算法的性能。

第 6 章

基于标签的信息推荐系统

推荐系统可以帮助用户快速发现有价值的信息。通过分析用户的历史行为，研究用户偏好，对用户兴趣建模，从而主动给用户推荐能够满足他们感兴趣的信息。本质上，推荐系统是解决用户个性化信息获取的问题。在海量信息的情况下，用户容易迷失目标，推荐系统主动筛选信息，将基础数据与算法模型进行结合，帮助其确定目标，最终达到智能化推荐。高质量的推荐会使用户对系统产生依赖，建立长期稳定的关系，提高用户忠诚度。

推荐系统具有以下优点：

(1) 可提升用户体验。通过个性化推荐，帮助用户快速找到感兴趣的信息。

(2) 提高产品销量。推荐系统帮助用户和产品建立精准连接，提高产品营销转化率。

(3) 推荐系统能发掘长尾商品，挑战传统的二八定律，使不热门的商品销售给特定人群。

(4) 推荐系统是一种系统主动的行为，减少用户操作，主动帮助用户找到其感兴趣的内容。

本章节主要介绍推荐系统相关核心技术，包括基于内容的推荐、基于协同过滤推荐、基于用户兴趣推荐、冷启动过程中向新用户推荐等。

6.1 业务背景分析

当前系统的目标是实时向用户个性化推荐文章，一方面需要在推荐效率上达到准实时性要求，另一方面需要做到千人千面的个性化推荐，并且能够做到随时间动态调整推荐策略。推荐模型以独立的模块运行，与现有信息系统通过接口方式进行通信，以减少系统间耦合性。

推荐系统方便用户及时获取个性化资讯，减少用户浏览、检索信息的时间，并提供更好的阅读体验，从而增加用户黏性性。例如，推荐新闻可基于内容的协同过滤推荐算法来实现，其中数据包括用户属性特征、浏览历史和新闻内容等，从而解决新闻量过大时给用户带来的信息过载和迷航问题。

对于常见"冷启动"问题，它是指网站刚则成立，用户和新闻内容较少，用户的行为数据更少，所以协同过滤算法往往无效。需要设计相关算法缓解此问题，可以使用热门内容作为推荐结果，逐渐收集用户行为数据，不断完善推荐结果，吸引更多用户注册，从而形成良性循环。

智能推荐系统的流程如图 6.1 所示，在推荐受众包括系统可识别的用户，形成集用户 PC 和移动端的个人推荐系统；媒体平台上的文章、视频等都需要自动打标签，确定好每一篇文章的内容模型，形成平台内容管理系统；对推荐的结果基于用户的后续行为进行评估，更加精准地评估用户偏好，从而将用户不喜欢的内容进行召回，调整用户画像；根据用户数据和平台上的内容数据，形成基本的用户模型、产品内容模型、上下文信息；结合得到的数用户模型、产品内容模型以及上下文信息，设计推荐算法，最终将比较符合用户画像的内容推荐给用户。

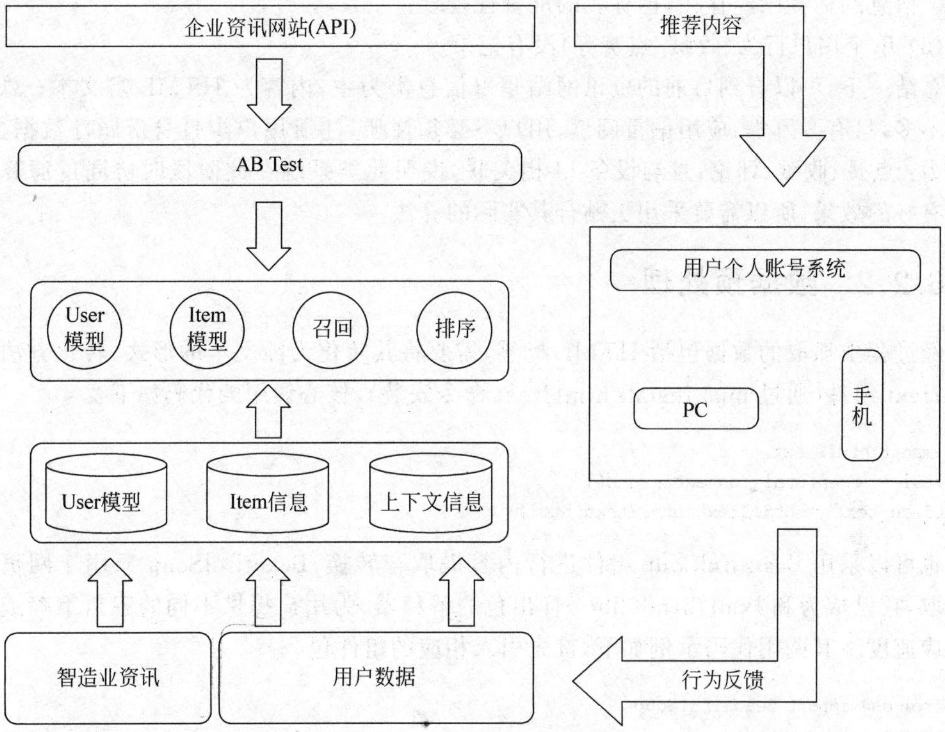

图 6.1　推荐系统流程图

6.2 数据预处理

通过分析原来系统的特点和现状，有助于寻找与其相适合的算法和实现方案，避免为了追求高大上的算法而脱离具体的业务要求。

6.2.1 现有系统现状

某制造业相关的资讯类网站刚刚上线，目前数据量并不多，其中的文章为现有管理人员录入的或从网上爬取的，存于 MSSQL 数据库中。其中主要可用的内容如下：

(1) 频道栏目包括：news(资讯)、video(视频)、content(公司介绍)、down(资料下载)、photo(图片分享)、exhibition(展会)、vendor(厂商)、case(案例分享)、goods(产品)、technology(技术方向)。

(2) 每个频道下面又有信息类别(3～10个不等)，目前主要还是以news为主，信息条数约21 615条，其他频道目前数据量较少，在100条以内。后续会逐渐增加信息量，数据表的结构可能也会发生改变。

(3) 用户的数据量约较少，含有微信、QQ、手机等注册通道的用户，用户属性数据中可用信息较少，如：性别、生日、地址、注册时间等。

(4) 信息中的内容是以html富文本方式存储的，使用之前要先进行转换，可用字段主要是标题、类别、内容、作者、时间等常规信息字段，其他的如收藏数、点赞数、展示数等数据没有。信息的标签已经存在，但标签的准确性较差。

(5) 单个用户行为(收藏/点赞等)没有记录。

总结一下，可以看到目前的资讯网站是以信息类为主，内容为HTML富文本；总信息量并不多，只有2万+，应用偏重阅读，用户不必须注册，注册用户少且身份属性数据少，用户行为：点赞、收藏、评论，且与设备id相关联，说明此类系统在此阶段时协同过滤算法将很难有好的效果，所以需要采用更贴合其实际的算法。

6.2.2 数据预处理

经过爬虫抓取的数据包括HTML标签，需要将其转化为纯文本的形式，转化方法可用html2text组件(通过pip3 install html2text命令安装)，核心调用的代码如下：

```
import html2text
html = open(html_content).read()
clean_text = html2text.html2text(html)
```

也可以采用BeautifulSoup组件进行内容提取与转换，BeautifulSoup原用于网页内容的抓取，它已成为和lxml、html6lib一样出色的解释器，为用户提供不同的解析策略或较快的响应速度。其调用代码示例如下，首先引入相应的组件包。

```
from bs4 import BeautifulSoup
import pandas as pd
import csv

def remove_punc(line_sentence):
    multi_version = re.compile("-\{.*?(zh-hans|zh-cn):([^;]*?)(;.*?)?\}-")
    punctuation = re.compile("[-～!@#$%^&*()_+`=\[\]\\\\\n\\t{\}\\\r|;':,./<>?·!
@#¥%……&*()——+【】■、;':"",.、«»?「『」』]")
    line = multi_version.sub(r"\2", line_sentence)
    line = punctuation.sub('', line_sentence)
    return line

with open("news.csv") as file:
    reader = csv.reader(file)
    news _list = list(reader)
new_list = []
for row in news_list:
```

```
    cleantext = BeautifulSoup(row[15], "lxml").text
    new_list.append(remove_punc(cleantext))
new_list[:2]
```

其中,在构造 BeautifulSoup 对象时,采用 lxml 作为解析器,经过解析之后,已经去除了 html 标记,但是会将</br >转化为\r\n,以及原网页上会有一些特殊符号,所以再通过 remove_punc 方法进一步过滤,例如原始内容如图 6.2 所示。

```
'【ERP - 高级岗位实战操作 】6月开课时间上课日期: 25thJune 2017 上课时间: 9:30am - 5:30pm报名微信: IFAinfo位子非常紧张, 欲报从速!
Course OutlineERP高级岗位实战操作【ERP Fixed Asset Module】Create/Change/ Display Asset Master DataCheck fixed asset cle
aring ac…',
'<pre>\n\n<pre>\n\n<p>\n\n\t<img src="http://uploadfile.zttmall.com/ERP/pics/14/20170531/img170531164902442.jpg" />
\n\n</p>\n\n\n\n<blockquote style="padding:15px;border-top:3px dashed #1E9BE8;border-right:3px dashed #1E9BE8;border-
bottom:3px dashed #1E9BE8;border-left-style:dashed;border-left-color:#1E9BE8;white-space:normal;max-width:100%;box-si
zing:border-box;font-family:微软雅黑;line-height:25.6px;border-radius:10px;word-wrap:break-word !important;">\n\n\t\n\
n\t<p style="text-indent:2em;">\n\n\t\t【ERP - 高级岗位实战操作 】\n\n\t</p>\n\n\n\n\t<p style="text-indent:2em;">\n\n\t
\t<strong>6月开课时间</strong>\n\n\t</p>\n\n\n\n\t<p style="text-indent:2em;">\n\n\t\t<strong>上课日期: 25thJune 2017 </
strong>\n\n\t</p>\n\n\n\n\t<p style="text-indent:2em;">\n\n\t\t<strong>上课时间: 9:</strong><strong>30am - 5:30pm</str
ong>\n\n\t</p>\n\n\n\n\t<p style="text-indent:2em;">\n\n\t\t<strong></strong>\n\n\t</p>\n\n\n\n\t<p style="text-inden
t:2em;">\n\n\t\t报名微信: IFAinfo\n\n\t</p>\n\n\n\n\t<p style="text-indent:2em;">\n\n\t\t位子非常紧张, 欲报从速! \n\n\t</p
>\n\n\n\n</blockquote>\n\n\n\n<p style="text-indent:2em;">\n\n\tCourse Outline\n\n</p>\n\nERP高级岗位实战操作\n\n<p>\n\
n\t<img src="http://uploadfile.zttmall.com/ERP/pics/14/20170531/img170531200901481.jpg" />\n\n</p>\n\n【ERP Fixed Ass
et Module】\n\n<ul class=" list-paddingleft-2" style="width:528.188px;white-space:normal;line-height:25.6px;max-width
:100%;box-sizing:border-box !important;word-wrap:break-word !important;">\n\n\t\n\n\t<li>\n\n\t\t\n\n\t\t<p style="te
xt-indent:2em;">\n\n\t\t\tCreate/Change/ Display Asset Master Data\n\n\t\t</p>\n\n\n\n\t</li>\n\n\n\n\t<li>\n\n\t\t\n
\n\t\t<p style="text-indent:2em;">\n\n\t\t\tCheck fixed asset clearing account movement and collectinvoice from AP\n\
n\t\t</p>\n\n\n\n\t</li>\n\n\n\n\t<li>\n\n\t\t\n\n\t\t<p style="text-indent:2em;">\n\n\t\t\tCreate fixed asset new nu
```

图 6.2 原始 HTML 内容

经过转换之后的结果如图 6.3 所示。这部分内容将作为后续推荐的基础数据。

```
['                    ERP   高级岗位实战操作              6月开课时间              上课日期 25thJune 2017          上
课时间 9 30am   5 30pm                        报名微信 IFAinfo          位子非常紧张 欲报从速              Course Outli
ne   ERP高级岗位实战操作          ERP Fixed Asset Module          Create Change  Display Asset Master Data
Check fixed asset clearing account movement and collectinvoice from AP          Create fixed asset new number and s
ub number        Post value for asset number in ERP through PO  vendor andautomatic off setting account
Learn how to do the disposal with or without revenue            Transferor reclassify fixed asset           Learn ho
w to reverse wrong fixed asset entry             Process depreciation run and month end closing            Learn how t
o do fixed asset reconciliation             Process Asset Acquisition  Asset Transfer  Asset Retirement and Asset Disp
osal       ERP General Ledger Module             Setup and maintain G L Account and G L Account Group           Post
and reverse document entry  journal              Search  display and change document entry  journal           Post r
ecurring entry and accrual entry            Post foreign currency entry               Display G L line items
Run G L Reports            Financial reports in ERP such as Balance sheet  P L cash flow and GST  Tax  report
点击阅读原文 直接跳转报名页面           IFA Australia     IFA在线      为您提供课程咨询服务      扫下方二维码 或加微信ID IFAcareer
如需了解更多信息 请访问 www ifaaustralia com au         订阅 IFA澳洲会计入职站            点击右上角➜ 查看公众号 点击关注
搜索 澳洲会计入职第一站 点击关注              ',
 '       以大数据为背景 全程数据驱动 全员在互联网上工作 从网络云端上获取信息 数据 指令 并与用户实时对话 这是红领在定制科研道路上探索出的
服装生产模式 也是红领与众不同的成功之处            2012年以来 中国服装制造业订单快速下滑 大批品牌服装企业遭遇高库存和零售疲软 企业经营跌
入谷底 然而正是这一年 山东却有一家服装制作企业通过大规模个性化定制模式 迎来高速发展期 定制业务年均销售收入 利润增长均超过150  年营收超过10
亿元       海尔已多批次派出高管参观这家企业 海尔集团董事局主席张瑞敏甚至命令所有的高管 所有的管理人员必须全来 这家让张瑞敏 感慨颇深 的传统
企业就是青岛红领集团          从 打移动靶 到 打飞碟            服装业最大的困扰 就是你不知道哪块云彩下雨 很难预测市场上究竟什么衣服好卖
什么不好卖 尤其是考虑到流行趋势的变化 天气的变化 很难把握究竟供应什么款式的衣服 供应多少才适合 如果你担心缺货 就得备足库存 如果你担心库存
就得忍受缺货 因为服饰款式太多了 又很难确定每一款服饰的销售前景 致使服装制造商始终徘徊在供货不足和库存过剩的困扰中        张瑞敏曾表示 传统
企业必须要从过去的 打固定靶 向 打移动靶 乃至 打飞碟 的方向转变 不管你是不是互联网化的企业 互联网改变的不是需求碎片化 个性化的趋势本身 而是
互联网使这种趋势得以集中爆发 如果说海尔是在 打移动靶 的话 红领集团就是在 打飞碟      红领模式的精髓 就是量身定制 中国制造业现在还在拼加班
辛苦 低成本 红领已投入到难度极高的 西服定制 模式之中 红领集团这家主业为西服定制的中国企业有一半收入来自海外 其一个美国代理商每天最多可发出4
00多套西装定制的订单 每套定制西服上千美元的价格 让其不必在意布料和成衣每次往返美国高达130美元的成本        工业化 与 定制 结合
在传统概念中 定制与工业化经常是相冲突的 尤其是定制西服更为突出 定制西服往往就意味着手工 手工量体 手工打版 注 设计西服版型  然后用廉价衣料
手工制作毛坯 客人试穿后再次修改 如果效果不好 毛坯的制作和修改可能会再来一次 如此反复之后 至少三个月已经过去了 所以国外西服定制一般都需要三
到六个月 如按照传统模式去生产 如此数量的定制西服红领就很难生产出来 据说 国内一般的小型定制生产线 一天产量仅仅是五套       红领的声名鹊起就
在于解决了这一问题 用规模工业生产满足了个性化需求 其中缘由 在于其自己研发出了一个个性化定制平台   男士正装定制领域的大型供应商平台RCMTM Re
dCollar Made to Measure 红领西服个性化定制   其核心是一套由不同体型身材尺寸集合而成的大数据处理系统 这个名字听上去有点拗口的平台 可以让
红领每天生产1200套西服 一套西服的制作只需7个工作日 且都是一次制作完成      制约手工定制西服产量的关键在于打版 在定制西服制作中 打版这个环
```

图 6.3 经过 BeautifulSoup 转换之后的纯文本内容

6.3 内容分析

内容分析的主要任务是提取每一篇资讯的特征词,作为当前资讯的特征,然后构建向量空间模型(VSM),将特征词投射到向量空间中,在向量空间中建立词词之间的位置关系,从而确定资讯与特征词之间的相似度关系。在信息检索时,可以利用用户标签进行检索与之相近的资讯，从而实现向某一用户进行信息推荐的目的。

首先，从 news_list.csv 中循环读取资讯的编号、标题和纯文本内容，将标题与内容合并之后，过滤特殊字符，然后进行关键词提取，采用结巴分词套件中的 jieba.analyse.textrank 方法，将关键词由空格分隔存为文本，每一行是一篇资讯，详细代码如下：

```
def initVariable(self):
    content_list = []
    article_ids = []
    fname = data_dir + '/new_article.txt'
    num_topics = 30
    method = 'lsi'
    article_ids = util.get_file_list(data_dir + "/new_article_ids.txt")
    if article_ids == None:
        article_ids = []
        print("begin conn sql")
        with open("news_list.csv") as file:
            reader = csv.reader(file)
            news_list = list(reader)
        counter = 0
        for row in news_list:
            content = row[2]
            title = row[1]
            if content is None: continue
            content = remove_punc(content)
             wordlist = jieba.analyse.textrank(title + " " + content.strip(), withWeight =
False)

            if len(wordlist)< 1: continue
            content_list.append(" ".join(wordlist))
            article_ids.append(row[0])
            counter += 1
            if counter % 200 == 0: print("process news count:", str(counter))

        util.writeList2File(data_dir + "/new_article_ids.txt", article_ids)
        util.writeList2File(fname, content_list)
        self.ts = TextSimilar()
        self.ts.train(fname, method = method ,num_topics = num_topics, is_pre = True)
        self.ts.save(method)
        self.article_ids = article_ids
    else:
        print("begin generate matrix")
        self.ts = TextSimilar().load(method)
        self.article_ids = article_ids
```

保存资讯关键词的同时，将资讯编号同步保存，按照行的索引顺序建立关联，即第 n 行的资讯关键词所对应的资讯编号是在 new_article_ids.txt 的第 n 行内容。

资讯文本和编号保存完成之后，通过 TextSimilar 类建立向量空间模型，并将模型保存，如果下次运行时，模型已经存在，则直接加载模型，不需要重复构建。TextSimilar 类主要负责向量空间模型的构建、关键词检索和增量更新的实现，其核心代码如下：

```
from gensim import corpora, models, similarities
import pickle
import logging
from gensim import utils
import os
import sys
import numpy as np
import scipy
from sklearn.metrics.pairwise import cosine_similarity
data_dir = os.path.join(os.getcwd(), 'data')
logger = logging.getLogger('text_similar')
logging.basicConfig(format = '%(asctime)s : %(levelname)s : %(message)s', level = logging.
INFO)
```

首先，引入必要的组件包，其中 gensim 和 sklearn 分别用于 VSM 的构建和相似度计算，并设置 data_dir 变量，作为文本内容和资讯编号的存储路径，设置日志（logger）的标记等级。TextSimilar 类是基于 gensim 的 VSM 构建示例编写的，其包括训练（train）、资讯向量化（doc2vec）、增量训练（add_doc）等核心方法，详细代码如下：

```
class TextSimilar(utils.SaveLoad):
    def __init__(self):
        self.conf = {}
    def _preprocess(self):
        documents = [doc for doc in open(self.fname) if len(doc)> 0]
        docs = [d.split() for d in documents]
        pickle.dump(docs, open(self.conf['fname_docs'], 'wb'))
        dictionary = corpora.Dictionary(docs)
        dictionary.save(self.conf['fname_dict'])
        corpus = [dictionary.doc2bow(doc) for doc in docs]
        corpora.MmCorpus.serialize(self.conf['fname_corpus'], corpus)
        return docs, dictionary, corpus

    def _generate_conf(self):
        fname = self.fname[self.fname.rfind('/') + 1:]
        self.conf['fname_docs']   = '%s.docs' % fname
        self.conf['fname_dict']   = '%s.dict' % fname
        self.conf['fname_corpus'] = '%s.mm' % fname

    def train(self, fname, is_pre = True, method = 'lsi', **params):
        self.fname = fname
        self.method = method
        self._generate_conf()
        if is_pre:
            self.docs, self.dictionary, corpus = self._preprocess()
        else:
            self.docs = pickle.load(open(self.conf['fname_docs']))
            self.dictionary = corpora.Dictionary.load(self.conf['fname_dict'])
            corpus = corpora.MmCorpus(self.conf['fname_corpus'])
```

```
        if params is None: params = {}
        logger.info("training TF - IDF model")
        self.tfidf = models.TfidfModel(corpus, id2word = self.dictionary)
        corpus_tfidf = self.tfidf[corpus]
        if method == 'lsi':
            logger.info("training LSI model")
            self.lsi = models.LsiModel(corpus_tfidf, id2word = self.dictionary, * * params)
            self.similar_index = similarities.MatrixSimilarity(self.lsi[corpus_tfidf])
            self.para = self.lsi[corpus_tfidf]
        elif method == 'lda_tfidf':
            logger.info("training LDA model")
            self.lda = models.LdaMulticore(corpus_tfidf, id2word = self.dictionary, workers
= 8, * * params)
            self.similar_index = similarities.MatrixSimilarity(self.lda[corpus_tfidf])
            self.para = self.lda[corpus_tfidf]
    else:
            msg = "unknown semantic method % s" % method
            logger.error(msg)
            raise NotImplementedError(msg)
        self.corpus = corpus

    def doc2vec(self, doc):
        bow = self.dictionary.doc2bow(doc.split())
        if self.method == 'lsi':
            return self.lsi[self.tfidf[bow]]
    elif self.method == 'lda_tfidf':
            return self.lda[self.tfidf[bow]]

    def add_doc(self,words_with_space):
        try:
            doc1 = words_with_space.split()
            corpus1 = [self.dictionary.doc2bow(doc1)]
            self._generate_conf()
            self.docs.append(doc1)
            pickle.dump(self.docs, open(self.conf['fname_docs'], 'wb'))
            self.dictionary.add_documents([doc1])
            self.dictionary.save(self.conf['fname_dict'])
            self.corpus.append(self.dictionary.doc2bow(doc1))
           corpora.MmCorpus.serialize(self.conf['fname_corpus'], self.corpus)
           self.save()
        except Exception as e:
            logger.error(e, exc_info = True)
            return 1
        return 0
```

其中，在训练方法中，首先对文本内容进行预处理（_preprocess），即读取文本，利用 corpora.Dictionary 方法建立词典，并利用词典的 doc2bow 方法构建语料（corpus），并将语料序列化（corpora. MmCorpus. serialize）存为文件，供后续直接加载使用。然后，调用

gensim 中 models 的 TfidfModel 对语料进行特征转换，得到特征词的向量表示 corpus_tfidf，如果采用潜在语义索引（Latent Semantic Indexing，LSI），则 method 参数值设置为 lsi，LSI 算法原理简单，它是基于奇异值分解（SVD）的方法来得到文本的主题，lsi 模型对象构建完成后，可以使用 MatrixSimilarity 建立相似度矩阵，从而实现特征词的相似度计算。也可以采用 LDA 模型实现，即 method 参数值为 lda 时，通过 models 的 LdaMulticore 方法建立 LDA 模型，采用相同的方法构建 LDA 模型的相似度矩阵。

训练完成之后，即可调用 doc2vec 方法查询某一资讯对应的文档向量了，实现方法是将代表资讯的特征词列表输入到词典的 doc2bow 方法中，构建词袋变量，并通过查询其 TF-IDF 的特征值，然后，在 lsi 或 lda 的模型中进行定位即可确定这篇资讯的文档向量值。

随着时间的增加，每天都会有大量的新资讯进入到系统中，add_doc 方法就是为了实现增量更新 VSM 实现的，与训练过程相似，也是先建立新资讯的词袋值，加入到词典，并基于新词典建立新的语料，加入成功后，再调用模型的 save 方法进行保存。

6.4 基于协同过滤推荐

由于目前网站中用户的浏览、交互等行为记录较少，所以用户行为产生交叉的可能性较低，协同过滤算法不便应用于当前系统中，但是随着时间的推移，用户数量会不断增加，用户行为也会随之变多，需要预先设计协同过滤算法。

基于用户的协同过滤推荐在 Mahout 中的实现过程流程如图 6.4 所示。

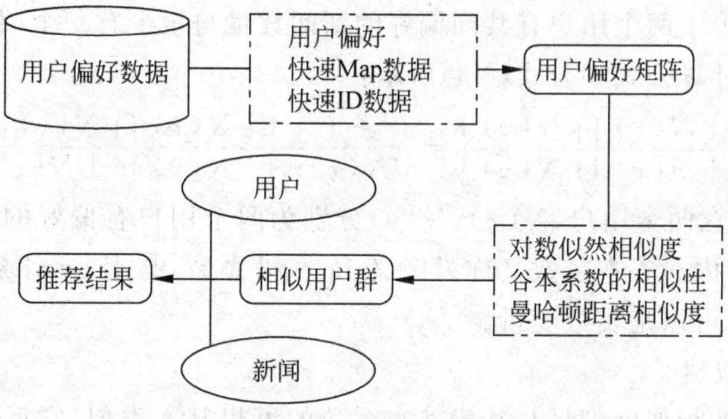

图 6.4 基于用户的协同过滤推荐流程

6.4.1 用户偏好矩阵构建

用户偏好数据在 Mahout 中是由用户 ID、物品 ID 和偏好值的元组集合表示的，其中偏好值是用户对资讯的喜好程度。设用户集合为 U，新闻集合为 N，分别在公式(6-1)和公式(6-2)中定义：

$$U=\{u_1,u_2,u_3,\cdots\cdots,u_i,\cdots\cdots,u_n\} \tag{6-1}$$

$$N=\{n_1,n_2,n_3,\cdots\cdots,n_j,\cdots\cdots,n_m\} \tag{6-2}$$

用户 u_a 对新闻 n_b 的偏好值记为 p_{ab}，则可构建用户偏好矩阵 $\boldsymbol{P}$，如公式(6-3)所示：

$$\boldsymbol{P}=\begin{bmatrix} p_{11} & p_{12} & \cdots & \cdots & p_{1j} & \cdots & \cdots & p_{1m} \\ p_{21} & p_{22} & \cdots & \cdots & p_{2j} & \cdots & \cdots & p_{2m} \\ \cdots & \cdots & \cdots & \cdots & \cdots & \cdots & \cdots & \cdots \\ p_{i1} & p_{i2} & \cdots & \cdots & p_{ij} & \cdots & \cdots & p_{im} \\ \cdots & \cdots & \cdots & \cdots & \cdots & \cdots & \cdots & \cdots \\ p_{n1} & p_{n2} & \cdots & \cdots & p_{nj} & \cdots & \cdots & p_{nm} \end{bmatrix} \tag{6-3}$$

上述矩阵中每一元素需要48字节(8字节对象引用、20字节数据内容、20字节的对象开销和对齐)的内存需求,其中基于用户的关联实现是对每个用户构造一个与该用户ID对应的偏好新闻数组,偏好新闻数组中每个元素包括了一个新闻ID和相应的偏好值。这样对每个用户可以减少36×($m-1$)字节(其中m为该用户有偏好的新闻数量)的内存需求,因此在大规模数据集下这个优化的效果非常好,可实现更高效的计算和更少的内存需求。

6.4.2 用户相似度度量

6.4.1节构建的用户偏好矩阵可用于计算当前用户的相似用户群。计算过程中依赖于用户相似度度量算法。现有系统只有隐式的用户偏好数据,即用户是否浏览,没有用户对信息的显式评分值。这种情况下,适合使用基于谷本系数(Tanimoto)、基于对数似然(LogLikelihood)、基于曼哈顿距离(City Block Distance)等方法进行相似度计算,下面将分别阐述其原理。

(1) 基于谷本系数

谷本系数的值等于两个用户有共同偏好的新闻数量与至少有一个用户表达过偏好的新闻数量的比值。其计算公式如公式(6-4)所示:

$$\mathrm{sim}(x,y)=\frac{|N(x)\cap N(y)|}{|N(x)\cup N(y)|}=\frac{|N(x)\cap N(y)|}{|N(x)|+|N(y)|-|N(x)\cap N(y)|} \tag{6-4}$$

其中x、y为任意两个用户,$N(x)$、$N(y)$分别为两个用户有偏好的新闻集合。该系数的取值在[0,1]范围内。谷本系数又称为广义Jaccard系数,与Jaccard系数相比,其值不仅可以是二值向量,还可以是实数变量。

(2) 基于对数似然

基于对数似然的相似度度量与基于谷本系数的思想基本类似,它反映了两个用户在巧合下偏好有重叠的不可能性,不可能性越大,两个用户的相似度就越高,最终的相似度可视为两个用户偏好发生重叠的非偶然概率。

设有x、y两个任意的用户,$N(x)$、$N(y)$分别为两个用户有偏好的新闻集合,N_{11}、N_{12}、N_{21}、N_{22}分别表示两个用户有共同偏好的新闻集合、用户x的特有偏好、用户y的特有偏好、两个用户的共同非偏好新闻集合,定义新闻集合的总数为N,有$N=N_{11}+N_{12}+N_{21}+N_{22}$。于是相似度计算如公式(6-5)至公式(6-8)所示:

$$\mathrm{rowEntropy}=\mathrm{entropy}(N_{11}+N_{12},N_{21}+N_{22}) \tag{6-5}$$

$$\mathrm{columnEntropy}=\mathrm{entropy}(N_{11}+N_{12},N_{21}+N_{22}) \tag{6-6}$$

$$\mathrm{matrixEntropy}=\mathrm{entropy}(N_{11},N_{12},N_{21},N_{22}) \tag{6-7}$$

$$\mathrm{sim}(x,y)=2\times(\mathrm{matrixEntropy}-\mathrm{rowEntropy}-\mathrm{columnEntropy}) \tag{6-8}$$

其中 entropy 是熵的计算，rowEntropy 表示对于一个新闻，在已知用户 x 偏好时，计算其属于 N_{11}、N_{12}、N_{21}、N_{22} 哪一个集合的不确定度；columnEntropy 表示在已知用户 y 偏好时，计算其属于 N_{11}、N_{12}、N_{21}、N_{22} 哪一个集合的不确定度；matrixEntropy 表示没有已知偏好时，其属于 N_{11}、N_{12}、N_{21}、N_{22} 哪一个集合的不确定度。

(3) 基于曼哈顿距离

曼哈顿距离类似于欧氏距离，用于计算标准坐标系中两个点的绝对轴距总和。在新闻推荐中，定义新闻的总数为坐标系的维度，坐标系中的点即代表用户，而该点对应的坐标值代表偏好值。其计算公式如公式(6-9)和公式(6-10)所示：

$$\mathrm{distance}(x,y)=\sum_{i=1}^{m}|x_i-y_i| \tag{6-9}$$

$$\mathrm{sim}(x,y)=\frac{1}{1+\mathrm{distance}(x,y)} \tag{6-10}$$

可以对计算公式进行简化，设 x、y 两个任意的用户，$N(x)$、$N(y)$ 分别为两个用户有偏好的新闻集合，公式(6-11)为简化计算公式，该公式也是本文基于曼哈顿距离计算相似度的方法。

$$\mathrm{sim}(x,y)=\frac{1}{1+(|N(x)|+|N(y)|-2\times|N(x)\cap N(y)|)} \tag{6-11}$$

在 Java 环境下可以使用 Mahout 框架下的协同过滤模块，而在 Python 环境下可以使用 pyspark 组件实现(使用 pip3 install pyspark 安装)，协同过滤算法是在 pyspark 的机器学习库(mllib)中的 recommendation 组件包里，除此之外，核心模块还包括 Rating 和 MatrixFactorizationModel，其中 Rating 类主要与数据预处理相关，用于加载用户对物品的评分，MatrixFactorizationModel 是 ALS 训练的结果，可用其进行预测。

```
import os
import math
import time
from pyspark import SparkContext
from pyspark.sql import SQLContext, Row, SparkSession
from pyspark.mllib.recommendation import ALS
```

然后，建立 SparkContext 运行上下文 sc，通过 sc 对文件进行读取，并缓存数据，代码如下：

```
sc = SparkContext()
small_raw_data = sc.textFile('ratings.csv')
small_data = small_raw_data.map(lambda line: line.split(",")).map(lambda col: (col[0], col
[1], col[2])).cache()
training_RDD, validation_RDD, test_RDD = small_data.randomSplit([6, 2, 2], seed = 10)
validation_predict_RDD = validation_RDD.map(lambda x: (x[0], x[1]))
test_predict_RDD = test_RDD.map(lambda x: (x[0], x[1]))
```

其中，通过 randomSplit 方法将数据集按照 6：2：2 的比例分成训练集、验证集和测试集，需要说明的是，在 Spark 中数据处理的单位是 RDD(Resilient Distributed Dataset)对象，即弹性分布式数据集，可以将其简单看作是一个存储数据的数组。

在ALS参数配置中，iterations是训练过程中的迭代次数，ranks表示矩阵分解时对应的低维的维数，通过尝试4、8、12这三种维度对模型训练，以确认rank值(最小误差)，代码如下：

```
iterations = 10
ranks = [4, 8, 12]
errors = [0, 0, 0]
err = 0

min_error = float('inf')
best_rank = -1
best_iteration = -1
for rank in ranks:
    model = ALS.train(training_RDD, rank, seed=42, iterations=iterations, lambda_=0.1)
    predict = model.predictAll(validation_predict_RDD).map(lambda r:((r[0],r[1]), r[2]))
    rates_predictions=validation_RDD.map(lambda r:((int(r[0]),int(r[1])), float(r[2]))).
join(predict)
    error = math.sqrt(rates_predictions.map(lambda r: (r[1][0]-r[1][1]) ** 2).mean())
    errors[err] = error
    err += 1
    if error < min_error:
        min_error = error
        best_rank = rank
```

其中，针对每个维度都训练10次，使用验证集对模型的性能进行检测，计算预测值与实际值之间的均方根误差(RMSE)，以确定最佳的维度值(best_rank)。并以这个最佳值重新对模型进行训练，获得最优的model，然后使用测试集对最优模型进行测试，计算所有样本的均方根误差，并将结果输出。

```
model = ALS.train(training_RDD, best_rank, seed=42,iterations=iterations, lambda_=0.1)
predictions = model.predictAll(test_predict_RDD).map(lambda r: ((r[0], r[1]), r[2]))
rates_and_predictions = test_RDD.map(lambda r: ((int(r[0]), int(r[1])), float(r[2]))).join
(predictions)
error = math.sqrt(rates_predictions.map(lambda r: (r[1][0]-r[1][1]) ** 2).mean())
print('Model RMSE = %s' % error)
```

上述代码运行之后输出的结果为：

```
Model RMSE = 0.9477920674353816
```

预测某一用户(用户编号为16)对某一物品(物品编号为48)的评分，代码如下：

```
user_id = 16
g_id = 48
predictedRating = model.predict(user_id, g_id)
print("用户编号:" + str(user_id) + " 对物品:" + str(g_id) + " 的评分:" + str(predictedRating))
```

运行之后，输出结果为：

```
用户编号:16 对物品:48 的评分为:3.19885618283416３
```

这一分值的取值范围是1～5分，其值越高，说明用户对这一物品的评价越高，也代表系统向此用户推荐之后，被其认可的可能性越高。向某一用户(用户编号为16)推荐10件物品，代码如下：

```
topKRecs = model.recommendProducts(user_id, 10)
for rec in topKRecs:
    print(rec)
```

运行之后的输出结果如下：

```
Rating(user = 16, product = 73290, rating = 6.78683678050924)
Rating(user = 16, product = 106438, rating = 6.270738174430619)
Rating(user = 16, product = 3067, rating = 5.962717304966162)
Rating(user = 16, product = 2304, rating = 5.8907475979744355)
Rating(user = 16, product = 4630, rating = 5.797014060518659)
Rating(user = 16, product = 9010, rating = 5.797014060518659)
Rating(user = 16, product = 3437, rating = 5.797014060518659)
Rating(user = 16, product = 5765, rating = 5.797014060518659)
Rating(user = 16, product = 88267, rating = 5.740186916454771)
Rating(user = 16, product = 5056, rating = 5.724800980489299)
```

从中可以看到，编号为16的用户对物品编号73290、106438、3067等兴趣度较高，可向其推荐。修改model.recommendProducts方法中的用户编号和推荐数量，可以实现对不同用户推荐不同数量的物品。在用户累积到一定程度，并具有相当数量的交叉行为之后，即可将重新整理后的用户行为记录按照ratings.csv的格式(用户编号，资讯编号，评分值，时间戳)重新训练新的协同过滤推荐模型。需要注意的是，为了提高效率，用户编号和资讯编号尽可能采用数值型。

6.5 基于用户兴趣推荐

用户兴趣计算主要是通过提取用户兴趣标签来实现，其中提取方法是基于用户行为历史，统计其浏览过的资讯所代表的兴趣关键词，形成标签词列表，并计算各个标签的重要性权重值，标签的重要性影响因素是标签出现的频次、访问时间差和是否属于热门标签。

其计算过程的核心代码如下：

```
def user_rcmd_article(userid):
    user_actions = get_user_actions(userid)
    hot_tag_list = get_hot_tags(100)
    negative_tag_list = get_negative_tags(userid, 100)
    tag_count, tag_time, max_count = calculate_action_count(user_actions)
    key_weights = {}

    for key in tag_count.keys():
        count = tag_count.get(key, 1)
        time_stamp = tag_time.get(key,1483228800)
        weight = count // max_count * 0.4 + count          // (time - time_stamp) * 0.5
```

```
        if key in hot_tag_list:
            index = hot_tag_list.index(key)
            tag_size = len(hot_tag_list)
            weight -= (tag_size - index)                    // tag_size * 0.05

        if key in negative_tag_list:
            tag_size = len(negative_tag_list)
            index = negative_tag_list.index(key)
            weight -= (tag_size - index)                    // tag_size * 0.5

        key_weights[key] = weight

    return json.dumps(key_weights)
```

其中,get_user_actions 提取用户的所有阅读行为,其中每个用户行为包括资讯编号、资讯标签列表、行为时间,在用户的行为列表中,可能会存在重复阅读,也很有可能会出现两篇资讯中的标签列表存在重叠,所以应用 calculate_action_count 方法统计所有行为对应的文章标签的出现次数、每个标签的最近时间,并统计出现的最多次数(max_count),其他次数除以此值进行归一化。然后,依次遍历所有标签,计算其权重值,出现次数占比是 0.4,最后阅读时间占比是 0.5,如果此标签属于热门标签,则其权重值按热门程度进行降权,降权因子为 0.05。如果此标签在用户不喜欢的标签列表中,则按其讨厌程度(在列表中的顺序号)进行降权,降权因子为 0.5,之所以采用如此高的权重因子,是为了一旦明确用户不喜欢某一类标签对应的资讯,则尽可能避免再向其推荐。

获得了用户的兴趣标签列表后,即可对其按照权重值的高低进行排序,选择前 30 个标签作为此用户的兴趣标签,然后利用 VSM 检索与之相似的文章,即输入兴趣标签,输出 TopN 文章,详细代码如下:

```
def doc_sims(self, keys, numDocs):
    if self.ts.dictionary == None or len(self.ts.dictionary)<=0: return None
    row = keys.split(',')
    tl_bow = self.ts.dictionary.doc2bow(row)
    tl_lsi = self.ts.lsi[tl_bow]
    sims = self.ts.similar_index[tl_lsi]
    sort_sims = sorted(enumerate(sims), key=lambda item: -item[1])
    top_docs = (sort_sims[0:numDocs])
    return top_docs
```

其中,参数 keys 的格式为空格隔开的标签字符串,split 为数组格式,通过词典的 doc2bow 方法转化为词袋变量,放在 lsi 模型中检索其对应的特征向量值,从相似矩阵中检索与之相近的多条资讯,并取前 numDocs 条返回。为了方便与现有的系统进行对接,将上述方法使用 Flask 封装为 Web 接口,并使用 tornado 作为生产服务器上的容器管理组件,封装相关的核心代码如下:

```
from flask import Flask,jsonify,Response,request
from tornado.wsgi import WSGIContainer
```

```
from tornado.httpserver import HTTPServer
from tornado.ioloop import IOLoop
import csv
import json

app = Flask(__name__)

@app.route('/api/v1.0/getsims/<int:count>/<keywords>', methods=['GET'])
def getsims(count,keywords):
    tager = TagExtractor()
    first10 = tager.doc_sims(keywords,count)
    article_ids = list(tager.article_ids)
    result_ids = []
    for s in first10:
        result_ids.append(article_ids[s[0]])
    return jsonify({'articleids': ",".join(result_ids)})

if __name__ == '__main__':
    tager = TagExtractor()
    http_server = HTTPServer(WSGIContainer(app))
    http_server.listen(5000)   #flask 默认的端口
    IOLoop.instance().start()
```

其中，引入 flask 和 tornado 相关的包之后，定义一个 Flask 服务对象(app)，通过 @app.route 来定义接口的 restful 格式，在检索用户感兴趣的资讯接口(getsims)实现中，TagExtractor 是封装了前述 doc_sims 方法的类，其主要包含一个 VSM 模型，所以调用 tagger.doc_sims 方法后就会返回与某一批标签相关的 n 篇资讯，由于在模型初始化和增量更新时，已经记录了资讯的编号，为了减少网络传输的压力，此接口只返回 n 篇资讯的编号。

例如，某一用户对应的兴趣标签为："互联网工业企业数据生产智能制造业平台技术物流"，那么在本接口启动的情况下，在浏览器中输入：

```
http://localhost:5000/api/v1.0/getsims/10/互联网%20工业%20企业%20数据%20生产%20智能%20制造业%20平台%20技术%20物流
```

即可返回：


```
{"articleids":"10011009003,10011009004,10011009005,10011009006,10011009007,10011009008,10011009009,10070024002,10070024003,10070024006"}
```


经过网站缓存后即可向用户进行内容推荐。采用基于用户兴趣标签的方式，有助于解决系统冷启动的问题，只要用户单击了某一篇资讯，即可生成此用户的兴趣标签，在用户第一次阅读新闻时，其标签只有当前这一篇资讯的特征标签，随着用户阅读量的增加，其兴趣标签逐渐增多，也会越来越符合用户的口味，而算法中考虑了用户兴趣随时间变化的影响，对于较近的阅读标签，采用更高的权重值，所以更加贴合近期的用户关注点。

当用户对推荐内容不感兴趣时，可以单击页面上的"不喜欢"按钮进行反馈，或者通过分析推荐历史与用户阅读历史，将多次推荐均未阅读的资讯标签作为负面清单，减少此类资讯的推荐权重值，调整推荐结果后，仍可以继续分析用户的后续行为，不断调整及验证算法的改进是否有效，从而实现模型的自动进化。

6.6 “冷启动”问题与混合策略

这里的推荐策略需要根据新闻内容数据、用户数据和上下文信息进行推荐，在这部分数据非常充足的情况下，上文提出的推荐方法都能取得较好的实现效果，但是在数据缺乏的情况下，就会面临冷启动问题。下面具体分析系统的冷启动问题，并设计混合策略加以处理。

6.6.1 冷启动问题分析

冷启动问题分为用户、物品和系统冷启动三类。新用户的推荐和新物品的推荐问题分别属于前两类，系统冷启动主要处理如何在只有极少量用户数据的情况下做推荐。在6.2.1节中对资讯网站数据现状的分析中可见，本系统的注册用户数和用户行为较少，而新闻内容数据较多，所以本文面临的冷启动问题主要是系统冷启动问题。

对冷启动问题的解决方法有多种，例如在用户注册时，可以要求用户填写感兴趣的话题内容，可让用户填写与智能制造有关的关键词，例如“MES”“云计算”“工业 4.0”等，然后将这些信息与新闻特征进行比对做出推荐。

也可使用物品内容属性的方法。该方法即6.5节提出的基于用户兴趣标签的方法。其中，在 doc_sims 函数中，其参数为单篇新闻资讯的关键词时，检索的结果是与之相近的 n 篇其他资讯，所以可以根据新闻文本的主题，将与其相似的新闻推荐给用户，只要用户产生一次行为，即可产生推荐内容。

此外，还可以使用非个性化数据的方法。这里的非个性化数据包括热门数据、随机数据、最新数据等。

6.6.2 混合策略

基于上文提出的推荐方法和冷启动问题分析，提出一种混合策略以合理适配推荐系统。

(1) 新用户

对于系统的新用户，由于缺乏用户数据，所以可使用基于内容的或基于热门内容的方法的混合策略。具体而言，在新用户注册时要求其提供感兴趣的主题，然后把这些主题输入基于内容的推荐生成的新闻特征模型中，即可输出与用户兴趣匹配的新闻内容；系统也会将新用户注册前一段时间的热点新闻提供给用户。其中两种方式生成的推荐文章数分别为 M 和 N，并将按照 1∶1 的比例混合在一起，在去重后按时间顺序选择 K 项推荐给用户。

(2) 老用户

对于系统的老用户，由于系统中已经有其浏览记录，本文将以基于用户的协同过滤推荐为主进行推荐，并将基于内容的推荐和基于热点的推荐作为补充，三种方式的混合比例为 2∶1∶1，最终经过去重混合选择 K 项推荐给用户。在系统的最后实现中，三种方式的混合比例和 K 项的数值都可以由用户自定义调整。

本章主要以一个资讯发布系统为例介绍了基于标签的推荐系统的设计思路和实现方法，通过应用文本分析技术，提取资讯内容的特征标签，建立向量空间模型，方便标签的实时模糊检索，使之能够达到较快的推荐效率。同时，对用户兴趣采用标签建模，通过分析用户的行为历史、操作时间点、阅读行为特点等建立一套标签权重计算体系，动态调整推荐策略，随着用户行为变化调整推荐内容，不断优化推荐结果，实现个性化内容推荐。同时，将协同过滤推荐算法作为补充，待用户行为累积达到协同算法可用时，合并多模型的推荐结果，增加推荐的覆盖率。

第7章 快销行业客户行为分析与流失预警

随着快销行业竞争越来越激烈，需要不断与机器学习技术相结合，辅助销售和市场推广活动，目前在这一领域中主要的研究方向是用户画像和营销方案的推荐，如何对现有客户进行标签式分析或行为识别，并向其推送可能感兴趣的商品信息是很多商家或品牌厂商所关心的。

本章主要介绍用户画像的基本实现过程，并基于用户在系统中的行为，从流程分析角度对客户行为进行分析，其中重点阐述用户生命周期分析过程和可视化展现，以及如何将行为分析模块与应用系统进行集成。

7.1 业务背景分析

充分搜集会员数据，包括但不限于基础信息、交易数据、积分数据、参与活动的数据、礼品兑换的数据、浏览行为数据等，在此基础上，使用机器学习算法分析会员的特征，并标记智能标签，结合手工标签和基础信息最终得出每个会员的画像。

基于用户在系统中的行为日志，分析其可能存在的流失风险，建立客户流失风险预警模型，并将其与现有业务系统进行集成。

7.2 数据预处理

通常情况下，数据存储于客户的信息系统中，目前为了方便分析过程的展示，将其从数据库中整理到文本文件中。然后对数据进行处理，例如去除空值较多的列，通过特征工程增加更多的特征列等，在数据处理完成之后，对数据进行统计，探索数据蕴含的规律，建立对数据的业务认知。

7.2.1 数据整理

原始数据存在多张表中，有用户表、电话回访表、会员中奖记录表、防伪码查询记录表、赠品表、消费记录表、积分记录表、会员兑换表、商城订单表、优惠券审核记录表、优惠券领取记录表、红包领取记录表等，由于数据存在较多的表中，且业务不断调整，某些表中记录数较少，存在大量缺失值，需要对其进行汇总和整理，对数据质量进行审查，将有用的字段提取出来，过滤无用的字段。

汇总整理工作主要基于数据库查询和检索语句，并基于现有的字段建立新的特征，例如，通过计算初次扫码时间和最后扫码时间的差值，并与扫码次数相除，便得到了扫码的频率，以此类推，增加了活动参与频率、积分消费频率、订单频率等新特征。此外，还可计算得到积分的最大使用间隔、活动参与间隔、订单提交间隔等。经过上述数据处理之后得到了41列与用户基本信息相关的统计表。

为了后续对用户是否存在流失风险进行判断，将初次扫码时间（IntegralFirstScan）、会员入会时间（User_dateCreate）等字段去除，统计用户的最后一次行为产生的时间，与当前时间进行比较，当其值超过180天（半年）未产生过任何行为时，即认为此用户已经流失，由于此快销品的行业特点，一般用户的最长生命周期为3～4年，所以当用户已经流失，但是其加入会员的时间距离现在超过3年，则认为这个会员是自然流失，为正常情形，不属于主动流失。

经过上述处理之后最终得到25个会员统计属性，使用如下代码对用户信息统计表进行处理。

```
from sklearn.model_selection import train_test_split
from sklearn.preprocessing import StandardScaler
from sklearn.ensemble import RandomForestClassifier
from sklearn.metrics import confusion_matrix
from sklearn.externals import joblib
from sklearn.metrics import accuracy_score
from sklearn.metrics import recall_score
import matplotlib.pyplot as plt
from sklearn.utils import resample
import pandas as pd
import numpy as np
```

首先引入scikit-learn相关的组件包，以及可视化包matplotlib，然后将上一步处理过后的用户信息统计文本文件加载到pandas的DataFrame中。

```
df = pd.read_csv('uwide.csv')
df.head()
```

在Jupyter notebook中运行可以到得如图7.1所示的表。

可以看到用户基本信息统计表中存在较多的空值，例如某一些用户没有参加过优惠活动，其活动领取的优惠券则为空，使用量也是空的，其他字段也存在类似的情况。为了后续模型分析，需要将空值填充为0进行替换，实现代码如下：

	UserId	ActivityCount	ActivityKeep	ActivityUsed	IntegralCurrentPoints	IntegralUsed	IngegralTotal	IntegralFrequency	Inte
0	1002	0	NaN	NaN	NaN	NaN	3498	0.000	
1	100220	0	NaN	NaN	NaN	NaN	3544	0.000	
2	100237	0	NaN	NaN	NaN	NaN	9254	0.436	
3	100352	0	NaN	NaN	NaN	NaN	2816	11.000	
4	1004	0	NaN	NaN	NaN	NaN	3554	26.000	

图 7.1 用户基本信息统计表

```
df.ActivityKeep = df.ActivityKeep.fillna(0)
df.IntegralCurrentPoints = df.IntegralCurrentPoints.fillna(0)
df.IntegralUsed = df.IntegralUsed.fillna(0)
df.IntegralCheckinFrequency = df.IntegralCheckinFrequency.fillna(0)
df.BabyCount = df.BabyCount.fillna(0)
df.User_iCreator = df.User_iCreator.fillna(0)
df.ActivityUsed = df.ActivityUsed.fillna(0)
df.OrderFrequency = df.OrderFrequency.fillna(0)
df.OrderFrequency = df.OrderFrequency.fillna(0)
df.ClientCode = df.ClientCode.fillna(0)
```

经过填充补 0 之后，使用如 df.info()查看数据详情，如图 7.2 所示，可以看到其总数据量约为 21 万条，总共 25 列，所有字段不存在空值，12 列浮点型、12 列整数型，还有一列是对象型，即下订单的所在城市(OrderProvinceCity)，需要将其进行数字化转换。

```
<class 'pandas.core.frame.DataFrame'>
RangeIndex: 214376 entries, 0 to 214375
Data columns (total 25 columns):
UserId                      214376 non-null int64
ActivityCount               214376 non-null int64
ActivityKeep                214376 non-null float64
ActivityUsed                214376 non-null float64
IntegralCurrentPoints       214376 non-null float64
IntegralUsed                214376 non-null float64
IngegralTotal               214376 non-null int64
IntegralFrequency           214376 non-null float64
IntegralAvgPointsDay        214376 non-null float64
IntegralScanCount           214376 non-null int64
IntegralScanTotal           214376 non-null int64
IntegralScanFrequency       214376 non-null float64
IntegralCheckinCount        214376 non-null int64
IntegralCheckinFrequency    214376 non-null float64
LoyaltyIsAutoLost           214376 non-null int64
OrderCount                  214376 non-null int64
OrderFrequency              214376 non-null float64
OrderItemCount              214376 non-null int64
OrderAvgPrice               214376 non-null int64
OrderProvinceCity           180135 non-null object
OrderAvgPoint               214376 non-null int64
BabyCount                   214376 non-null float64
User_iCreator               214376 non-null float64
ClientCode                  214376 non-null float64
MemberState                 214376 non-null int64
dtypes: float64(12), int64(12), object(1)
memory usage: 40.9+ MB
```

图 7.2 用户基本统计数据详情

采用如下代码实现订单所在城市字段的数字化。

```
factor = pd.factorize(df['OrderProvinceCity'])
df.OrderProvinceCity = factor[0]
definitions = factor[1]
```

其中,pd. factorize 是将序列中的标称型数据映射为数值型,所谓标称型数据是指其取值范围有限,例如学历层次分为小学、初中、高中、大学、研究生等。对于相同的值其映射的结果数值相同。此函数的返回值是一个二元组,第一个元素是映射结果数字的数组,第二个元素是索引类型,所以只需要将第一个元素覆盖 OrderProvinceCity 即可,而第二个元素用于实现反向映射,即通过数字找到原始对应的是哪个省份城市的值,将 definitions 输出,得到如图 7.3 所示的结果。

```
definitions

Index(['山西-朔州市', '江西省-上饶市', '安徽省-黄山市', '安徽省-六安市', '河南省-漯河市', '河南省-安阳市'
,
       '安徽省-滁州市', '广西壮族自治区-玉林市', '江苏省-盐城市', '山东省-泰安市',
       ...
       '内蒙古自治区-乌海市', '甘肃省-白银市', '甘肃省-庆阳市', '新疆维吾尔自治区-伊犁州', '新疆维吾尔自治
区-阿克苏地区',
       '四川省-阿坝州', '黑龙江省-大庆市', '甘肃省-天水市', '江苏省-', '内蒙古自治区-乌兰察布市'],
      dtype='object', length=322)
```

图 7.3 标称属性因子化定义索引结果

通过 df. OrderProvinceCity. value_counts()代码可以看到不同的编号对应的省份城市数量,结果如图 7.4 所示。

```
df.OrderProvinceCity.value_counts()

-1      34241
 26      6188
 108     4987
 97      4895
 61      3725
 100     3683
 15      3538
 27      3430
 88      3233
 19      3210
 63      3158
 17      3002
 3       2897
 77      2863
 116     2523
 32      2458
 10      2211
 18      2118
 80      2100
 44      2097
 25      2087
 16      2056
 131     1957
 9       1858
 22      1845
 11      1772
 135     1732
 127     1691
 158     1665
 23      1529
         ...
 267        3
 314        3
```

图 7.4 订单所在省份城市的因子化数量统计结果

其中,数值−1 表示的是没有填写这一记录的数量,对应数量为 34 241 条,如果要查看第二个,即编号为 26 的地区是哪个,只需要调用 definitions[26]即可得到结果,为"山东省-临沂市",其他编号可用相同方法得到。

使用 df. head 方法查看经过上述处理之后得到的数据情况,结果如图 7.5 所示。

可以看到原来为空值的字段已经以 0 填充,为了详细查看字段的分布情况,使用

```
df.head()
```

	UserId	ActivityCount	ActivityKeep	ActivityUsed	IntegralCurrentPoints	IntegralUsed	IngegralTotal	IntegralFrequency	Integ
0	1002	0	0.0	0.0	0.0	0.0	3498	0.000	
1	100220	0	0.0	0.0	0.0	0.0	3544	0.000	
2	100237	0	0.0	0.0	0.0	0.0	9254	0.436	
3	100352	0	0.0	0.0	0.0	0.0	2816	11.000	
4	1004	0	0.0	0.0	0.0	0.0	3554	26.000	

图 7.5 用户基础统计数据示例(前 5 条)

df.describe 方法将各属性列的特征进行统计描述,结果如图 7.6 所示。

```
df.describe()
```

	UserId	ActivityCount	ActivityKeep	ActivityUsed	IntegralCurrentPoints	IntegralUsed	IngegralTotal	Inte
count	214376.000000	214376.000000	214376.000000	214376.000000	214376.000000	214376.000000	214376.000000	2
mean	528721.516966	0.349983	44.977875	0.318128	209.679997	952.459772	1812.658385	
std	207371.101124	0.476965	720.643922	0.536695	713.157895	2353.838970	3057.788821	
min	64.000000	0.000000	0.000000	-1.000000	0.000000	0.000000	0.000000	
25%	364503.000000	0.000000	0.000000	0.000000	0.000000	0.000000	268.000000	
50%	543378.500000	0.000000	0.000000	0.000000	0.000000	258.000000	298.000000	
75%	705392.500000	1.000000	0.000000	1.000000	60.000000	298.000000	3151.000000	
max	862606.000000	1.000000	52099.000000	3.000000	38108.000000	218481.000000	218481.000000	

图 7.6 用户基础统计表属性统计结果

从中可以看到数据的样本量(count),这里全部是数值数据,可以看到其平均值(mean)、标准差(std)、最小值(min)、最大值(max)以及较低的百分位数 25,较高的百分位数 75,百分位数为 50 与中位数相同。

7.2.2 数据统计与探查

经过上一步之后,可以对用户基本数据有直观的认识,接下来从宏观角度对数据进行统计和探索,以查看其内在的规律。

首先对会员注册的情况进行统计分析,分别统计总用户数量的增长情况和每月用户注册量两个指标,采用 SQL 查询的方法实现,其结果如图 7.7 所示。

可以看到,2017.1～2018.8 期间累计用户注册数量,除 2018 年 1、2 月增长缓慢外,其他月份稳步增长,对应图 7.7(2)中 1、2 月增加用户数较少;2018 年 5 月增加人数达到峰值 27 976 人。

然后对用户扫码量进行统计,得到每月的扫码量和用户扫码积分均值的月度统计情况,这里的扫码量可粗略代表用户购买的数量,因为当前系统中并无法获取 POS 销售机收银系统的数据,所以厂家在商品的外包装印二维码,用户进行扫码即送给当前商品价格相等的积分,赠送积分可在购买新商品时进行现金抵扣,多数用户会进行扫码,所以可通过用户对二维码的扫描量粗略统计出用户的购买数量,其结果如图 7.8 所示。

可以看到 2016.1～2018.6 期间用户扫码数量分布及变化情况,其中 2018 年 2 月扫码

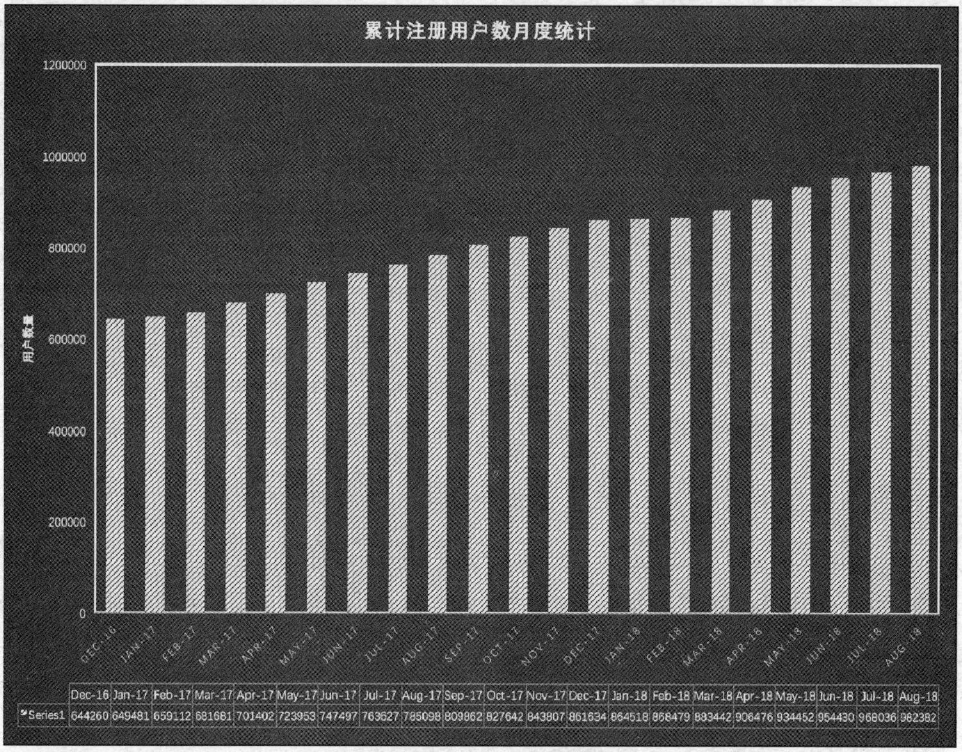

(a) 按月统计累计注册用户数

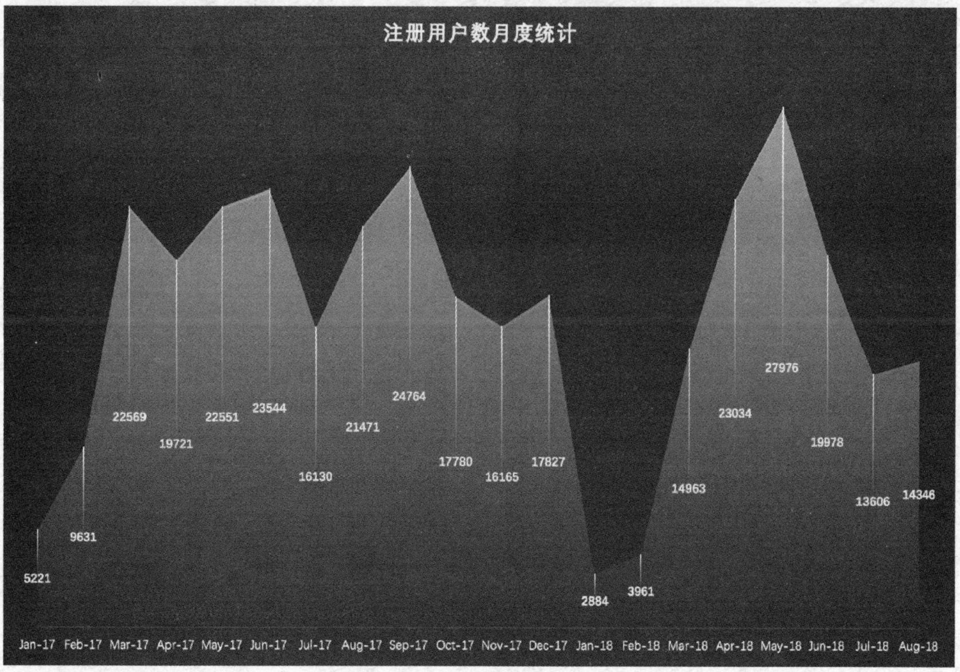

(b) 按月统计每月的用户注册数量

图 7.7　会员注册情况统计结果

量最低，只有 46 957 次，2018 年 4～6 月的扫码量基本与上一年度(2017 年)持平或略低；但是用户扫码积分均值高于去年峰值，如图 7.8(b)所示，由于扫码获得的积分值对应的是商

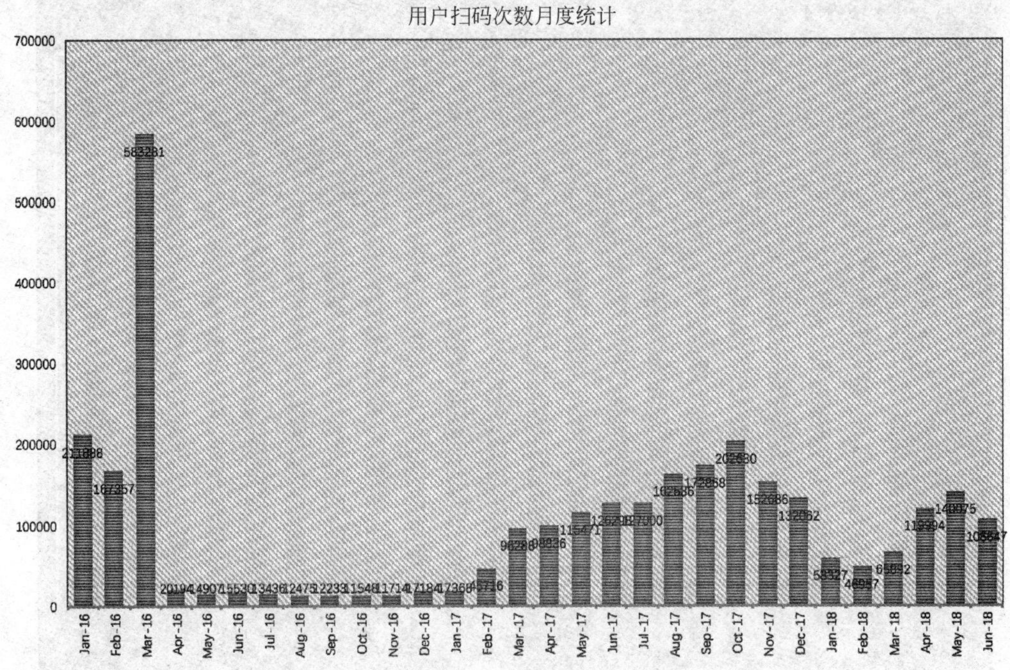

(a) 按月统计用户扫码数量

(b) 用户扫码得积分的均值统计

图 7.8　用户扫码量分析

品的单价，这说明 2018 年的用户的客户单价更高。

在系统中用户积分的另一个主要来源是在系统中进行签到，通过分析用户的签到行为不仅可以统计用户社群的活跃程度，还可以对用户的行为模式进行分析，通过对比其积分来源占比来计算用户为企业利润的贡献度。

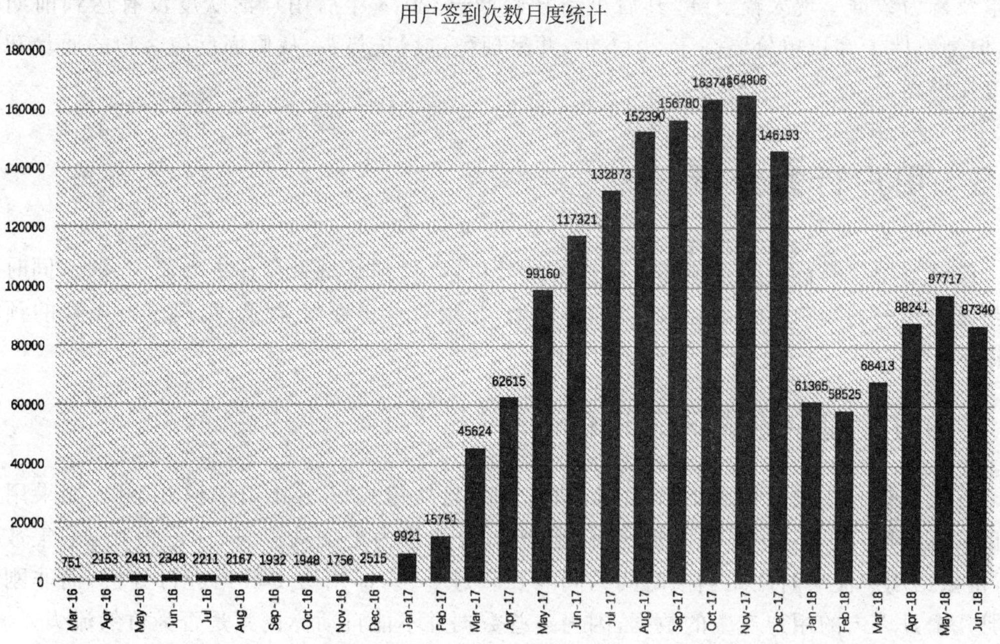

(a) 按月统计签到次数

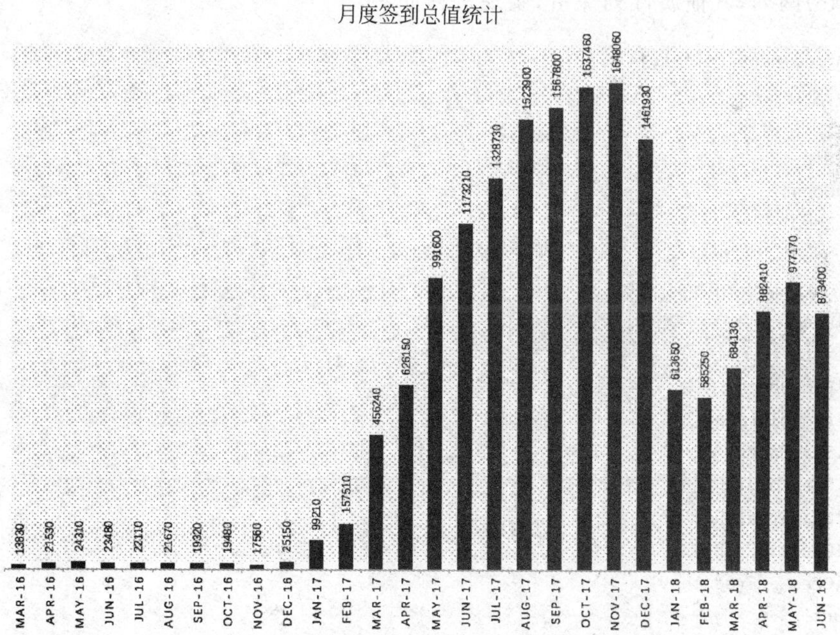

(b) 按月度统计签到获得的总积分值

图 7.9　用户签到结果

从图 7.9(a)中可以看到，2016.5～2018.6 期间用户签到次数，在 2017 年 11 月达到峰值 164 806 次，而 2018 年的签到量远少于 2017 年的。由于签到送积分的值是固定 10 分，所以在图 7.9(b)中的签到总积分值与签到次数图形一致。

从总体上看,用户数及用户活跃度均稳步增长,在 2017 年 12 月至 2018 年 2 月份用户数量及行为数据呈现大幅下降,其后重新开始增长,2018 年后用户活跃度没有达到前期高点,但是整体上客户单价要高于 2017 年,并呈现稳定增长势头,从侧面反应客户的质量和价值度在提高。

7.3 用户行为分析

通过对用户的行为的各项结果进行统计分析,以得到其是否存在主动流失风险,同时分析与流失相关的影响因素,建立风险预警模型,与现有业务系统集成,实现流失风险的预测与提示。

7.3.1 用户流失风险评估

首先选择需要进行预测的标签列,即是否是自然流失(LoyaltyIsAutoLost),如果用户是自然流失用户,则认为是正常情况,标记为 1,否则认为是主动流失,标记为 0。采集数据时,是依据用户注册时间距当前时间的间隔要超过 3 年,即用历史数据进行分析,而非刚刚注册几个月以内的用户产生的数据,因为这些数据并不能自动标记其是否为自然流失。

将上一节中经过预处理之后的数据列中过滤用户编号(UserId)和用户状态(MemberState)两列,其他属性列保留,实现过程如下:

```
cols = df.columns.tolist()
print(len(cols))
df = df[[
# 'UserId',
'ActivityCount',
'ActivityKeep',
'ActivityUsed',
'IntegralCurrentPoints',
'IntegralUsed',
'IngegralTotal',
'IntegralFrequency',
'IntegralAvgPointsDay',
'IntegralScanCount',
'IntegralScanTotal',
'IntegralScanFrequency',
'IntegralCheckinCount',
'IntegralCheckinFrequency',
'OrderCount',
'OrderFrequency',
'OrderItemCount',
'OrderAvgPrice',
'OrderProvinceCity',
'OrderAvgPoint',
'BabyCount',
```

```
'User_iCreator',
'ClientCode',
# 'MemberState',
    'LoyaltyIsAutoLost']
]
```

接下来统计标签样本量，使用如下代码统计两类样本数量。

```
df.LoyaltyIsAutoLost.value_counts()
```

得到的结果如下：

```
0     196059
1      18317
Name: LoyaltyIsAutoLost, dtype: int64
```

可以看到多数用户是主动流失的，从比例上看两类标签的样本存在不平衡的问题，需要进行调整。通过如下代码实现多数类样本的采样。

```
df_majority = df[df.LoyaltyIsAutoLost == 0]
df_minority = df[df.LoyaltyIsAutoLost == 1]
df_majority_downsampled = resample(df_majority,
                                   replace = False,
                                   n_samples = 20000,
                                   random_state = 123)
df = pd.concat([df_majority_downsampled, df_minority])
```

经过平衡之后，使用 df.LoyaltyIsAutoLost.value_counts()来获得当前两类样本的数量情况，结果如下：

```
0     20000
1     18317
Name: LoyaltyIsAutoLost, dtype: int64
```

可以看到两个类别下样本基本相同了。下面对特征进行拆分，获取模型的输入特征(X)和标签(y)，并显示其中 2 个样本和对应的标签值，代码如下：

```
X = df.iloc[:,0:len(df.columns.tolist()) - 1].values
y = df.iloc[:,len(df.columns.tolist()) - 1].values
print('The independent features set: ')
print(X[:2,:])
print('The dependent variable: ')
print(y[:2])
```

运行之后得到的结果如下：

```
The independent features set:
[[0.00000000e+00 0.00000000e+00 0.00000000e+00 0.00000000e+00
  5.76000000e+02 5.76000000e+02 0.00000000e+00 5.76000000e+02
  2.00000000e+00 5.76000000e+02 0.00000000e+00 0.00000000e+00
  0.00000000e+00 0.00000000e+00 0.00000000e+00 0.00000000e+00
  0.00000000e+00 1.00000000e+00 0.00000000e+00 1.00000000e+00
  1.47370000e+04 1.79930000e+04]
```

```
[1.00000000e+00 1.95000000e+02 1.00000000e+00 9.00000000e+01
 2.78000000e+02 3.68000000e+02 0.00000000e+00 1.15000000e+01
 1.00000000e+00 2.78000000e+02 0.00000000e+00 9.00000000e+00
 3.44400001e+00 1.00000000e+00 0.00000000e+00 1.00000000e+00
 0.00000000e+00 9.10000000e+01 2.78000000e+02 1.00000000e+00
 2.35040000e+04 2.58390000e+04]]
The dependent variable:
[0 0]
```

可以看到X集合中的2个样本，以及最后的[0,0]分别是这两个样本对应的标签结果。继续将这些样本利用scikit包中的train_test_split方法拆分为训练集和测试集，代码如下：

```
X_train, X_test, y_train, y_test = train_test_split(X, y, test_size = 0.30, random_state = 21)
```

其中测试集的比例为30%，拆分过程完全随机，随机种子为21，确保多次运行结果固定。得到的X_train结果如下：

```
array([[0.0000e+00, 0.0000e+00, 0.0000e+00, ..., 1.0000e+00, 1.0750e+03,
        3.0070e+03],
       [0.0000e+00, 0.0000e+00, 0.0000e+00, ..., 0.0000e+00, 4.0000e+00,
        9.5720e+03],
       [0.0000e+00, 0.0000e+00, 0.0000e+00, ..., 0.0000e+00, 4.0000e+00,
        2.2345e+04],
       ...
       [0.0000e+00, 0.0000e+00, 0.0000e+00, ..., 2.0000e+00, 1.0423e+04,
        1.2063e+04],
       [0.0000e+00, 0.0000e+00, 0.0000e+00, ..., 1.0000e+00, 1.6077e+04,
        1.6335e+04],
       [1.0000e+00, 0.0000e+00, 1.0000e+00, ..., 1.0000e+00, 2.3504e+04,
        2.5839e+04]])
```

下一步将训练集和测试集中的输入X进行标准化处理，代码如下：

```
scaler = StandardScaler()
X_train = scaler.fit_transform(X_train)
X_test = scaler.transform(X_test)
```

标准化的优点是将数值按照分布情况进行值映射，使其更符合算法要求，以提高模型性能，标准化之后的结果如下：

```
array([[-0.51908849, -0.09550659, -0.42788847, ..., 0.15546644,
        -1.08463072, -1.74719668],
       [-0.51908849, -0.09550659, -0.42788847, ..., -2.48028915,
        -1.18988148, -0.901852 ],
       [-0.51908849, -0.09550659, -0.42788847, ..., -2.48028915,
        -1.18988148,  0.74286812],
       ...,
       [-0.51908849, -0.09550659, -0.42788847, ..., 2.79122203,
        -0.16597135, -0.58109745],
       [-0.51908849, -0.09550659, -0.42788847, ..., 0.15546644,
         0.38966623, -0.03101178],
       [ 1.92645382, -0.09550659, 1.80227023, ..., 0.15546644,
         1.11954247,  1.19277433]])
```

可以看到其分布情况更加集中，下一步调用 Scikit-learn 组件中的随机森林分类器(RandomForestClassifier)构建模型，并将训练数据输入模型进行训练(fit)，代码如下：

```
classifier = RandomForestClassifier(n_estimators = 10, max_depth = 8, criterion = 'entropy
',random_state = 42)
classifier.fit(X_train, y_train)
```

运行之后得到模型(classifier)，在 Jupyter notebook 中会有如下结果显示。

```
RandomForestClassifier(bootstrap = True, class_weight = None, criterion = 'entropy',
            max_depth = 8, max_features = 'auto', max_leaf_nodes = None,
            min_impurity_decrease = 0.0, min_impurity_split = None,
            min_samples_leaf = 1, min_samples_split = 2,
            min_weight_fraction_leaf = 0.0, n_estimators = 10, n_jobs = None,
            oob_score = False, random_state = 42, verbose = 0, warm_start = False)
```

其中 bootstrap、class_weight 等为随机森林的默认参数，有兴趣的读者可以查阅其文档，进行参数调优或参考前述案例中网格搜索(GridSearch)方法实现参数自动调整。

下一步使用测试集(X_test)对模型的性能进行验证，并将结果以混淆矩阵的形式给出，测试模型的代码如下：

```
y_pred = classifier.predict(X_test)
print(pd.crosstab(y_test, y_pred, rownames = ['Actual Class'], colnames = ['Predicted Class']))
```

运行之后得到的混淆矩阵结果如下：

```
Predicted Class     0     1
Actual Class
0                5694   303
1                  29  5470
```

其中，横向为实际值，纵向为预测结果值，实际主动流失(标记为 0)的用户为 5907 人，对这些人预测正确的是 5694 个，预测错误的是 303 个。实际自然流失用户总数为 5499 人，对其预测正确的人数是 5470 个，预测错误的是 29 个，总体准确率较高。在 scikit-learn 中有直接计算准确率的方法，代码如下：

```
accuracy_score(y_test,y_pred)
```

运行之后输出的准确率为：0.971 120 389 700 765 5

同样，通过 recall_score(y_test,y_pred)计算模型的召回率(recall)值为 0.994 726 313 875 25，可以看到整体上模型准确率较高，下面来分析模型中起关键作用的因素有哪些，代码如下：

```
importances = classifier.feature_importances_
std = np.std([tree.feature_importances_ for tree in classifier.estimators_], axis = 0)
indices = np.argsort(importances)[::-1]

print("Feature importance ranking:")

for f in range(X.shape[1]):
    print(" %d. feature %d (%f)" % (f + 1, indices[f], importances[indices[f]]))
```

```
plt.figure()
plt.title("Feature importances")
plt.bar(range(X.shape[1]), importances[indices],color = "r", yerr = std[indices], align = "
center")
plt.xticks(range(X.shape[1]), indices)
plt.xlim([-1, X.shape[1]])
plt.show()
```

其中,先将模型(classifier)的重要特征(importances)列出,并计算每个子树上特征的标准差,然后按照重要性进行排序,实现原理与学习失败预警一章相同,其输出结果如下:

```
Feature importance ranking:
1. feature 7 (0.261951)
2. feature 4 (0.195509)
3. feature 17 (0.066556)
4. feature 5 (0.063954)
5. feature 8 (0.061621)
6. feature 10 (0.050574)
7. feature 20 (0.039143)
8. feature 3 (0.038785)
9. feature 9 (0.036651)
10. feature 21 (0.029760)
11. feature 19 (0.028875)
12. feature 13 (0.026523)
13. feature 2 (0.026009)
14. feature 0 (0.018834)
15. feature 1 (0.015563)
16. feature 18 (0.012770)
17. feature 11 (0.009848)
18. feature 6 (0.008766)
19. feature 15 (0.004681)
20. feature 12 (0.002041)
21. feature 14 (0.001587)
22. feature 16 (0.000000)
```

可以看到重要的特征有7、4、17、5、8、10等,对这些特征进行可视化的结果如图7.10所示。

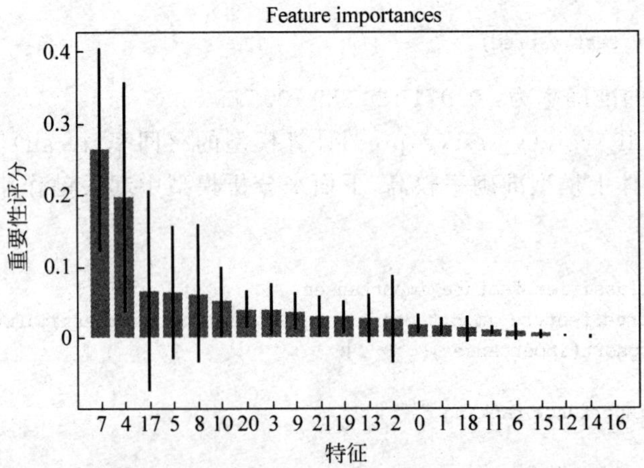

图7.10 用户流失风险预测特征可视化

从图 7.10 中可以看到特征 17 的标准差较大，说明其取值差异较大，结合权重值，特征 7 和 4 相对比较稳定。下面将各项特征反向映射，得到可直观阅读的特征名称列表及其重要性权重值，实现代码如下：

```
result_importances = list(zip(df.columns[0:len(df.columns.tolist()) - 1], classifier.
feature_importances_))
result_importances.sort(key = lambda x: x[1], reverse = True)
result_importances
```

其中在 sort 方法中，可以指定 reverse＝True 来实现倒序排列，经过 Jupyter notebook 运行之后得到的结果如下：

```
[('IntegralAvgPointsDay', 0.2619508003579977),
('IntegralUsed', 0.1955086076418798),
('OrderProvinceCity', 0.06655589111473768),
('IngegralTotal', 0.0639541263173892),
('IntegralScanCount', 0.0616210852817881),
('IntegralScanFrequency', 0.05057391482971949),
('User_iCreator', 0.039143195662593 5),
('IntegralCurrentPoints', 0.03878533158312189),
('IntegralScanTotal', 0.03665103602296919),
('ClientCode', 0.029760421140781784),
('BabyCount', 0.02887450486853515),
('OrderCount', 0.026522972870029353),
('ActivityUsed', 0.02600935610823992),
('ActivityCount', 0.01883351609648937),
('ActivityKeep', 0.015562696480693547),
('OrderAvgPoint', 0.012769791685092291),
('IntegralCheckinCount', 0.00984763787410308),
('IntegralFrequency', 0.008766353281737662),
('OrderItemCount', 0.004680541595420443),
('IntegralCheckinFrequency', 0.0020412685205906077),
('OrderFrequency', 0.0015869506660900882),
('OrderAvgPrice', 0.0)]
```

可以看到最重要的特征是平均每天保有的积分值、使用积分值、所在地区、总积分值等，其中所在地区即前面说的特征 17，说明地区因素虽然权重值较高，但是存在较大的差异，如果采集样本更多，可能此项因素的重要性会降低。

为了进一步分析这些影响因素，通过对所有用户进行统计得到用户平均每天保有的积分值，其结果为自然流失用户的平均保有积分值，该值为 8.12，而主动流失的平均保有值为 372.16，可通过对积分的保有值进行监控，或进一步分析其出现差异的深层原因。

对使用积分值进行统计，其中自然流失用户的积分使用均值为 4640.77，而主动流失的用户积分使用均值为 1091.17，也从侧面看到当用户积分消费量达到 4600 以上时，其流失的风险较低。

对所在城市进行分析，自然流失用户量最多的前 9 城市列表如下：

山东省-临沂市　113

安徽省-宣城市　97

江西省-吉安市 83
四川省-泸州市 80
安徽省-六安市 78
山东省-菏泽市 73
浙江省-台州市 67
浙江省-嘉兴市 63
重庆市 62

其中第二列是流失的用户数量,可以看到山东省临沂市、安徽省宣城市用户较多,由于自然流失属于正常合理情况,例如:一般婴儿 3 岁后不再喝配方奶粉,所以对于奶粉产品,用户购买奶粉 3 年后不再购买属于正常的流失。所以从自然流失用户数据可以看出用户对于产品的认可程度。这说明临沂和宣城两个地方的用户对当前品牌厂商而言,消费者的认可度较高。

主动流失是指用户在产品使用周期之内主动放弃购买本产品,排名靠前的 9 个城市为:

山东省-临沂市 6075
江西省-吉安市 4904
江西省-赣州市 4837
山东省-枣庄市 3703
浙江省-嘉兴市 3620
浙江省-温州市 3498
山东省-济宁市 3387
重庆市 3171

通过对比上面两个城市列表,可以发现江西赣州、山东枣庄、浙江温州、山东济宁这几个地方更容易流失客户(未出现在自然流失列表中),而安徽宣城、四川泸州、安徽六安、山东菏泽、浙江台州这几个地方客户忠诚度较高,客户不易流失。可结合上述情况适当调整经营或营销策略。

对扫码次数进行统计,得到自然流失用户的扫码量在 23.83 次,而主动流失用户的扫码量只有 6.89 次,此值与积分保有量和使用量存在相关关系,从此值的角度来看,当用户的扫码量达到 24 次时,此用户流失风险较低。

将训练好的模型保存为文件,代码如下:

```
joblib.dump(classifier,'randomforestmodel.pkl')
```

下一步就可以建立流失风险预警模型,并提供相应代码进行应用系统集成了。

7.3.2 流失风险预警模型集成

将训练完成的模型集成于业务系统中,通过 Flask 组件封装成 API 接口,使用 tornado 作为容器,现有业务系统通过接口方式进行调用,接口参数为用户编号,然后查询相关的用户行为及基础属性,调用模型进行预测,并将结果以 JSON 的格式返回,详细代码如下:

```
from flask import Flask,jsonify,Response,request
import os
```

```
import loggings
import pandas as pd
import pymysql
from sklearn.preprocessing import StandardScaler
from sklearn.externals import joblib
from tornado.wsgi import WSGIContainer
from tornado.httpserver import HTTPServer
from tornado.ioloop import IOLoop

app = Flask(__name__)

class Singleton(type):
    _instances = {}
    def __call__(cls, *args, **kwargs):
        if cls not in cls._instances:
            cls._instances[cls] = super(Singleton, cls).__call__(*args, **kwargs)
        return cls._instances[cls]

class LostModel(metaclass = Singleton):
    def __init__(self):
        self.conn = pymysql.connect(host = hostname, port = int(port), user = username,
passwd = pwd, db = database, unix_socket = "/tmp/mysql.sock", charset = 'utf8')
        self.clf = joblib.load('model/randomforestmodel.pkl')

    def detectIsLost(self, uid):
        if uid == None: return jsonify({'result': '-1'})
        if len(uid)<1: return jsonify({'result': '-2'})

        newdf = pd.read_sql("select ActivityCount, ActivityKeep, ActivityUsed,
                                IntegralCurrentPoints, IntegralUsed, IngegralTotal,
IntegralFrequency, IntegralAvgPointsDay, IntegralScanCount, IntegralScanTotal,
IntegralScanFrequency, IntegralCheckinCount,
                                IntegralCheckinFrequency, OrderCount, OrderFrequency,
                                OrderItemCount, OrderAvgPrice, OrderProvinceCity,
                                OrderAvgPoint, BabyCount, User_iCreator, ClientCode,
                    LoyaltyIsAutoLost from fwide_users where userid = " + uid, con = self.conn)
        if newdf.shape[0] <= 0 : return jsonify({'result': '-3'})

        newdf = newdf.fillna(0)
        factor = pd.factorize(newdf['OrderProvinceCity'])
        newdf.OrderProvinceCity = factor[0]

        X = newdf.iloc[:, 0:len(newdf.columns.tolist()) - 1].values

        scaler = StandardScaler()
        x_input = scaler.fit_transform(X)
        y_pred = self.clf.predict(x_input)

        return jsonify({'result': str(y_pred[0])})

@app.route('/api/v1.0/islost/<uid>', methods = ['GET'])
```

```
def detectIsLost(uid):
    tager = LostModel()
    return tager.detectIsLost(uid)

if __name__ == '__main__':
    tager = LostModel()
    http_server = HTTPServer(WSGIContainer(app))
    http_server.listen(5000)
    IOLoop.instance().start()
```

首先，定义单例类(Singleton)和风险评估模型(LostModel)，使用风险评估模型继承单例类，业务系统采用 mysql 数据库，使用 pymysql 组件(pip3 install pymysql)连接 mysql 数据库，以支持按用户编号查询其基本信息和行为属性信息。

采用 joblib 组件加载预训练的模型文件，在 detectIsLost 方法中定义了如何使用模型，在传入用户编号的情况下，查询其活动参与次数(ActivityCount)、活动优惠持有数量(ActivityKeep)、活动优惠使用量(ActivityUsed)等指标，将其存入 DataFrame 中，如果没有查到数据，则直接返回错误码。

利用 DataFrame 的 fillna 方法将其中所有空值用 0 填充，将订单省份城市进行因子化(pd.factorize)转化为数值变量，读取 DataFrame 中前 $n-1$ 列作为输入变量 X，对输入变量进行标准化处理(scaler.fit_transform)，然后对经过处理的输入变量传入模型进行预测(clf.predict)，并将结果以 JSON 的形式返回(jsonify)。

在程序启动时，Flask 会监听 5000 端口，开放 HTTP 访问接口，在浏览器中输入 http://localhost:5000/api/v1.0/islost/100004 即可查询用户编号为 100004 的会员是否存在流失风险，如果存在流失风险则返回结果为{"result": "0"}，反之，返回{"result": "1"}。

本章主要介绍了如何基于用户行为和基础数据对用户进行画像，实现流失风险评估，并建立评估接口供应用系统集成和调用，实现自动化预警。

第 8 章 基于深度学习的图片识别系统

在服装、制造等传统行业中，由于保密、安全、信息化水平等条件限制，使得在工作中有大量的表格需要在现场手工填写，然后再回录到信息系统中，存在重复工作且复录时容易录错。而采用中文手写体对相应表格内容进行实时识别和自动录入，人工进行检查校验即可，可减少大量人工工作量。图片识别技术称为光学字符识别（Optical Character Recognition，OCR），它是计算机视觉领域中重要的研究分支，其较常见的应用是印刷体和手写体文本的识别，前者都是打印字体，相对比较规整，但是在印刷过程中设备和纸张的原因导致的印刷质量问题，会对 OCR 模型的输入产生噪声影响，另外，由于印刷样式、底纹背景和拍摄光线等也会对识别结果产生干扰。而手写体识别由于写字风格不一，没有明显的规范，可以认为每个人写的都是一种字体，所以其识别准确率相较于印刷体更低，也是目前 OCR 领域中研究的难点。

基于深度学习的文字识别技术的优势是针对手写的数字、日期、字母、汉字等进行文本识别，通过计算机图形学对表格进行识别，并将单元格进行切分，对每个单元格的图片，通过采用深度学习算法实现文本识别，可减少大量特征提取和处理的工作，并能提高模型训练的准确率。

8.1 业务背景分析

某制造企业需要在生产现场填写较多的产品工艺流程数据，大部分数据以表格格式记录，现在需要对表格中记录的日期、数值、型号、备注等信息进行识别，并将识别结果存储于业务系统中，目标是实现机打的表格与系统数据库中的格式一一对应，自动将数据录入数据库，为了防止因为 OCR 识别错误导致数据录错，需要由人工进行确认和结果修正。

在当前任务要求中，主要有以下核心技术及实现思路：

1）表格识别

由于工作现场会存在多种表格需要录入，并且由于施工过程中不保证表格类别一定按照要求进行拍照，所以需要在识别之前对其进行验证，并识别是哪一类表格，然后采用OpenCV对不同类型的表格进行识别和裁剪，将表格单元格作为识别单位交给文本识别模型。

2）训练数据生成

由于手写数字存在较多字体或写法，人工手写来实现训练样本的生成存在较大的工作量，所以需要基于手写数字、字母、汉字通过变形、扭曲、合并等操作自动生成训练样本，并且使生成的训练样本尽可能贴合实际的写法和模式。与此同时，为了在生产过程中不断调整文本识别模型的准确率，还要设计一套动态训练框架，将生产过程中识别错误的样本放入训练集，进行模型调优，不断提升模型的准确率。

3）文本识别模型训练

在深度学习算法中，采用密集连接卷积网络（DenseNet）对样本进行训练，其激活函数使用CTC损失，通过对数字、字母、日期、文字等格式的图片进行整体训练得到统一的识别模型。

4）识别结果修正

由于手写体识别存在较高的难度，准确率远低于印刷文本，所以在识别模型的预测结果之后，迭加业务规则，通过语言模型和业务规则对识别结果进行修正，例如某一列为日期，则其为数值列，即不存在汉字或字母的可能性，且年、月、日等均存在一定的取值范围，通过施加这种限制提高最终的识别正确率。

8.2 图片识别技术方案

图片识别的基本思路是先做图片预处理，对图片进行校正和去噪，然后对图片进行切割，最后进行识别和修正。

1）表格模板检测与识别

不同表格的判断，通过对表格特征的学习来判断是哪一类型的表格，然后对其进行确认，如果表格类型与用户指定的格式不一致，可能是由于用户误操作所致，需要向其提示此表格格式有误。

2）图片预处理

将图片进行二值化和降噪处理，并对其进行腐蚀和膨胀以突出显示横向和纵向的表格线，计算不同横线的平均倾斜角度，将表格进行旋转，转化为水平表格。

3）分割单元格

将图片中的表格全部定位出来，然后按单元格裁剪成一个个小图片，以便后续识别；其中识别单元格的方法有多种方式，可通过OpenCV识别区域的方法将所有闭环形状的区域全部识别，然后过滤其中非单元格区域，剩下的便是表格单元格；也可通过表格进行定位，确定表格的四个角位置信息，通过计算横线和竖线之间的交点来确定单元格的位置，进而进行切分。将单元格中的文本区域裁剪出来之后，还需要去除单元格的线条，以减少单元格的噪声，避免影响识别模型的准确率。

4）利用深度学习模型进行文本识别

采用DenseNet网络对训练样本进行学习，建立文字、数字、日期、字母及其混合的文本识别模型，并结合业务规则对表格结果进行纠正，进一步提升模型性能。

5）识别结果输出

模型采用 Python 语言中的 Flask 组件进行 Web 接口封装，将图片文件上传、表格识别、文本识别等功能进行开放，通过 JSON 的形式输出给业务终端，供用户确认和修正。

表格内容的识别过程如图 8.1 所示。其中，表格识别和文本识别分为两个子模型，文本识别需要采用第三方素材进行迁移学习和训练。

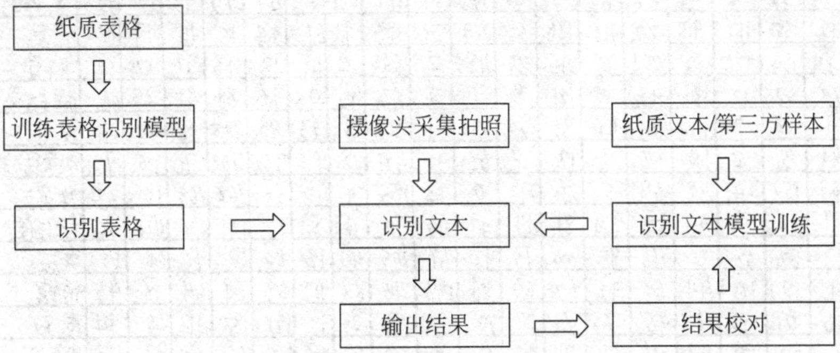

图 8.1 图片识别基本流程

（1）对现有表格人工进行录入，构建一批训练素材，数量在 200～500 张左右，针对现有的表格类别进行标记，不同表格在表格右上角和左上角增加特殊标记，表示不同的表格类别。

（2）构建表格类识别模型，将表格及待识别的内容（行/列）进行定位，确定识别的输出结果及形式。

（3）训练文本识别模型，经过 PC 外接摄像头采集的照片，检测并识别其中特定行列单元中的内容，通过深度学习算法进行识别，并将结果以 RESTful 的形式输出，供调用程序采集展示给人工，用于结果校对和确认。

为了迭代训练模型，对于识别出错的样本，进行标记和记录，加入到模型后续训练过程中，在累积一定数量新样本之后（如 300 条），增量训练文本识别模型，使模型准确性不断提高。

8.3 图片预处理——表格旋转

在图片预处理过程中主要使用 OpenCV（Open Source Computer Vision Library）技术，它是一个开源计算机视觉套件，实现了计算机视觉方面的很多通用算法，包括底层的图像处理、中层的图像分析和高层的视觉处理等，拥有包括 300 多个不依赖于其他外部库的 C 函数跨平台 API。OpenCV 已经应用于增强现实、人脸识别、手势识别、人机交互、动作识别、运动跟踪、物体识别、图像分割和机器人等各个计算机视觉领域，涵盖方向极广。其可使用的模块包括核心功能（Core Functionality）、图像处理（Image Processing）、视频分析（Video Analysis）、相机校准和 3D 重建（Calib3D）、二维特征点（Features2D）、对象侦查（ObjDetect）、高层图像用户界面（HighGUI）、视频输入输出（VideoIO）、GPU 加速、机器学习（ML）等。

在 Python 环境中，如果需要调用 OpenCV 的处理接口，可先通过 pip3 install opencv-python 安装相应的组件库，首先将表格图片进行旋转，使其成为水平方向显示的图片，原始的表格图像如图 8.2 所示。

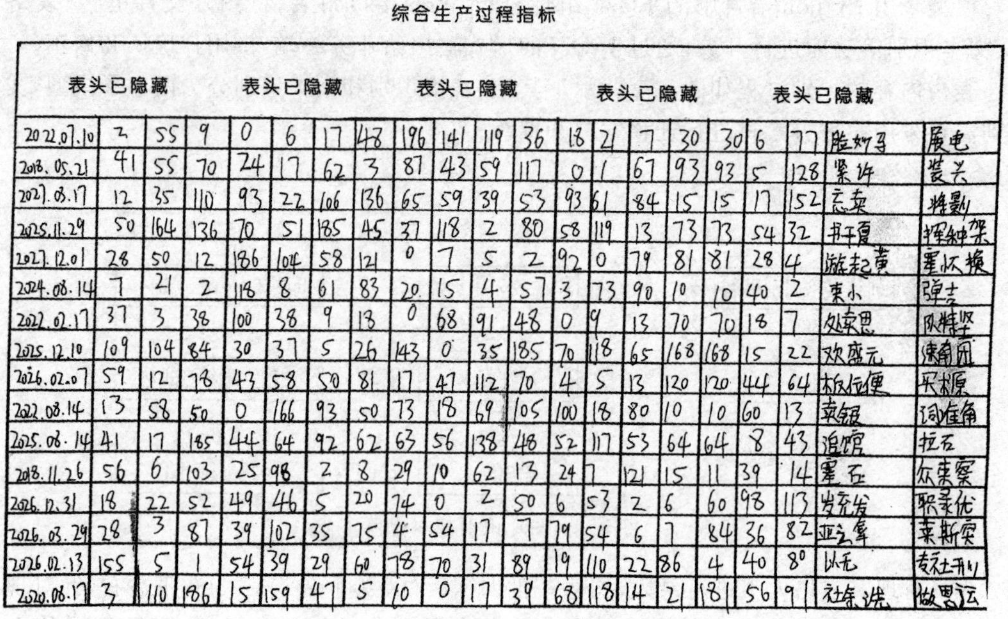

综合生产过程指标

表头已隐藏					表头已隐藏				表头已隐藏					表头已隐藏				表头已隐藏		
2022.07.10	2	55	9	0	6	17	48	196	141	119	36	18	21	7	30	30	6	77	脏灯导	展电
2018.05.21	41	55	70	24	17	62	3	87	43	59	117	0	1	67	93	93	5	128	紧许	装关
2027.03.17	12	35	110	93	22	106	136	65	59	39	53	93	61	84	15	15	17	152	忘秦	将影
2025.11.29	50	164	136	70	51	185	45	37	118	2	80	58	119	13	73	73	54	32	书干夏	挥缺架
2027.12.01	28	50	12	186	104	58	121	0	7	5	2	92	0	79	81	81	28	4	游起黄	星怀换
2024.08.14	7	21	2	118	8	61	83	20	15	4	57	3	73	90	10	10	40	2	束小	弹去
2022.02.17	37	3	38	100	38	9	13	0	68	91	48	0	9	13	70	70	18	7	处荣思	队特坚
2025.12.10	109	104	84	30	37	5	26	143	0	35	185	70	118	65	168	168	15	22	欢盛元	速剧园
2026.02.07	59	12	78	43	58	50	81	17	47	112	70	4	5	13	120	120	44	64	板位便	买楼原
2022.08.14	13	58	50	0	166	93	50	73	18	69	105	100	18	80	10	10	60	13	乘银	词准角
2025.08.14	41	17	185	44	64	92	62	63	56	138	48	52	117	53	64	64	8	43	追馆	拉石
2018.11.26	56	6	103	25	98	2	8	29	10	62	13	24	7	121	15	11	39	14	罩丘	众来案
2026.12.31	18	22	52	49	46	5	20	74	0	2	50	6	53	2	6	60	98	113	发充发	职录优
2026.03.29	28	3	87	39	102	35	75	4	54	17	7	79	54	6	7	84	36	82	亚之拿	莱斯实
2026.02.13	155	5	1	54	39	29	60	78	70	31	89	19	110	22	86	4	40	80	以毛	专社刑
2020.08.17	3	110	186	15	159	47	5	10	0	17	39	68	118	14	21	181	56	91	社条洗	做思运

图 8.2 原始手写表格图像

其表头部分为机打内容，在实际识别过程中并不需要对表头进行识别，出于企业信息隐私方面的考虑，已将其做了脱敏处理。由于采用高速影像拍摄仪对表格进行拍照采集，可能存在表格出现倾斜的情况，需要对表格进行旋转处理，核心代码如下：

```
import cv2
import imutils
import numpy as np
import math
from math import *
from scipy import ndimage

def rotate_image(self, img_for_box_extraction_path):
    image_height = 1080
    image = cv2.imread(img_for_box_extraction_path)
    img = imutils.resize(image, height = image_height)

    gray = cv2.cvtColor(img, cv2.COLOR_BGR2GRAY)
    (thresh, blur_gray) = cv2.threshold(gray, 128, 255, cv2.THRESH_BINARY_INV | cv2.THRESH_OTSU)

    kernel = cv2.getStructuringElement(cv2.MORPH_RECT, (30, 1))
    morhp_img = cv2.morphologyEx(blur_gray, cv2.MORPH_OPEN, kernel, (-1, -1))
    cv2.imwrite('tmp/linesDetected.jpg', morhp_img)

    kernel = cv2.getStructuringElement(cv2.MORPH_RECT, (3, 3), (-1, -1))
    lines_img = cv2.dilate(morhp_img, kernel, iterations = 1)
    cv2.imwrite("tmp/lines_dilated.jpg", lines_img)
```

```
    low_threshold = 50
    high_threshold = 150
    edges = cv2.Canny(lines_img, low_threshold, high_threshold)

    lines = cv2.HoughLinesP(edges, rho = 1, theta = np.pi / 180, threshold = 15, lines = np.
array([]),minLineLength = 50, maxLineGap = 20)

    angles = []
    for line in lines:
        for x1, y1, x2, y2 in line:
            angle = math.degrees(math.atan2(y2 - y1, x2 - x1))
            angles.append(angle)

    median_angle = np.median(angles)
    img_rotated = ndimage.rotate(img, median_angle)
    print("Angle is {}".format(median_angle))
    cv2.imwrite('tmp/rotated.jpg', img_rotated)
    return img_rotated
```

首先,引入相关的组件包,其中 scipy 是基于 Numpy 构建的一个集成了多种数学算法和函数的 Python 模块,其中的 ndimage 类主要用于图片的旋转。通过 cv2.imread 读取图片,由于图片大小不一,且通常拍照的像素比较高,需要将图片调整到某一固定尺寸,使用 imutils 图像处理工具包的 imutils.resize 方法将图片的高度调整为 1080 像素,宽度按比例自动适应。imutils 工具除了可以实现调整图像大小外,还可用于对图像进行平移、旋转、骨架化等操作。

使用 cv2.cvtColor 方法对图像的颜色空间进行变换,这是因为在 OpenCV 中,图像不是按常规的 RGB 颜色通道来存储的,而是在读取图片时默认采用 BGR 顺序,其参数 cv2.COLOR_BGR2GRAY 是指将 BGR 图像转化为单通道的灰度图,在 OpenCV 中除了 RGB 和 BGR 之外,颜色空间还有 HSI、HSL、HSV、HSB、YCrCb、CIE XYZ、CIE Lab 等,例如在处理与颜色相关的任务中可选择 HSV 空间,因为它会更加突出图像的颜色值。

使用 cv2.threshold 方法实现对灰度图的阈值处理,使其变成像素值更简单和单一的图像。此函数有 4 个参数,第 1 个是待处理图像,第 2 个(thresh)是进行分类的阈值,第 3 个(maxval)是高于(低于)阈值时赋予的新值,第 4 个(type)是方法选择参数,可选 cv2.THRESH_BINARY(黑白二值)、cv2.THRESH_BINARY_INV(黑白二值反转)、cv2.THRESH_TRUNC(截断数值化)、cv2.THRESH_TOZERO(超过阈值置为 0)、cv2.THRESH_TOZERO_INV(低于阈值置为 0)。对于 THRESH_BINARY_INV 方法是当值小于 64(thresh 值)时,将其置为 255(maxval 值),而 THRESH_BINARY 则是当值大于 64(thresh 值)时,将其置为 255。在实际处理过程中,通常会在第 4 个参数中加上 cv2.THRESH_OTSU 自动从图像灰度直方图的双峰中寻找一个值作为阈值,并将此值作为第 1 个参数返回,其结果就是 thresh 的值。

cv2.threshold 这种简单阈值的处理方法一般用于图像色彩模式比较固定的情况,其他情况可用自适应的方法,即 cv2.adaptiveThreshold 方法,其第 1 个参数是原始图像,第 2 个参数是 maxval,第 3 个参数是自适应的实现方法,主要有 cv2.ADAPTIVE_THRESH_MEAN_C 和 cv2.ADAPTIVE_THRESH_GAUSSIAN_C 两种,前者是将采用域内均值,后者是采用高斯函数的域内像素点加权和，第 4 个参数为高于或低于参数 3 中计算的阈值时，对其处理的策略有 cv2. THRESH_BINARY 和 cv2. THRESH_BINARY_INV 两种方式，其实现的功能与简单阈值方法中的功能相同。第 5 个参数是邻域正方形空间的大小，第 6 个参数是常数 C，将参数 3 中求得的阈值减去此值以实现值空间的取值范围限制。在 8.4 节中基于此方法对表格进行预处理，从而实现表格的提取。

使用 cv2. getStructuringElement 获取指定形状的结构元素，用于图像形态学处理，其第 1 个参数 cv2. MORPH_RECT 表示矩形，除此之外还可用交叉形（MORPH_CROSS）、椭圆形（MORPH_ELLIPSE），第 2 个参数是结构元素的大小，（30，1）是为了获得横向的线条。得到的结构元素作为 cv2. morphologyEx 方法的参数，通过开运算（cv2. MORPH_OPEN）将结构元素进行膨胀。为了使横向的线条更加明显，使用 cv2. dilate 方法对其再次进行膨胀，其中 iterations 表示执行膨胀的次数，其值越大，膨胀的效果越强，经过膨胀之后的结果如图 8.3(a)所示。

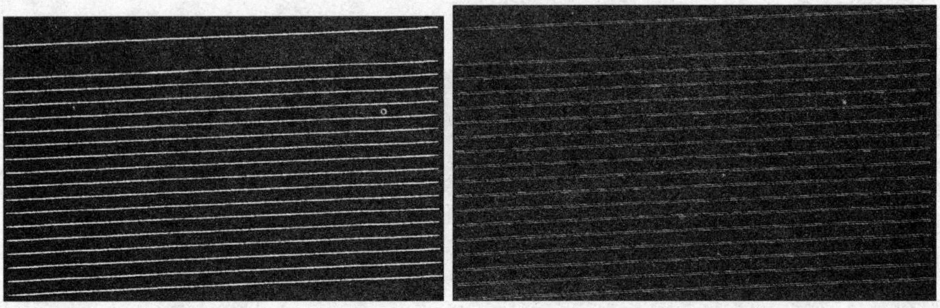

(a) 膨胀结果　　(b) 边缘检测结果

图 8.3　原始手写表格图像膨胀后横行线条

可以看到其中线条元素显示明显，将其继续使用 cv2. Canny 方法进行边缘检测，其第 1 个参数为原始单通道的灰度图像，第 2 个参数 threshold1 是小阈值，用于控制边缘的连接，threshold2 是大阈值，用于控制强边缘的初始分割，分割方法是当图像的灰梯度值高于 threshold2 时才被认为是边界，而低于 threshold1 时则被抛弃，在两者之间时通过分析这一点是否与边界点相连接来确定是否将其保留。经过边缘检测之后的结果如图 8.3(b)所示。

使用霍夫曼直线检测（cv2. HoughLinesP）查找图中的所有直线段，其第 1 个参数是输入的待处理灰度图，第 2 个参数 rho 是以像素为单位的距离精度，默认是 1 像素；第 3 个参数 theta 是以弧度为单位的角度精度，推荐值为 np. pi/180；第 4 个参数 threshold 是投票数的累加值，超过此值才会被认为是直线，其值越大，识别出来的线段越长；第 5 个参数 lines 是直线的输出向量；第 6 个参数 minLineLength 是最短线段长度，第 7 个参数 maxLineGap 是判定两条中间存在隔断的线段是否为同一线段的最大线段间距值，值越大，允许线段上的断裂越大，越有可能检出潜在的线段，当然也有可能将本不连接的线认作是一条线段。

通过 math. degrees 方法计算霍夫曼直线检测到的每一条线段的倾斜角度，并累加求其均值 median_angle，然后使用 ndimage. rotate 将图像进行旋转，并将结果保存，如图 8.4 所示。

从图 8.4 中可以看到，整个纸张上的表格和标题整体进行了旋转，使其在水平方向上成为标准表格。这样在后续应用中，可以减少误差，例如通过识别表格的标题，通过判断标题的特征进行表格类型的验证等。

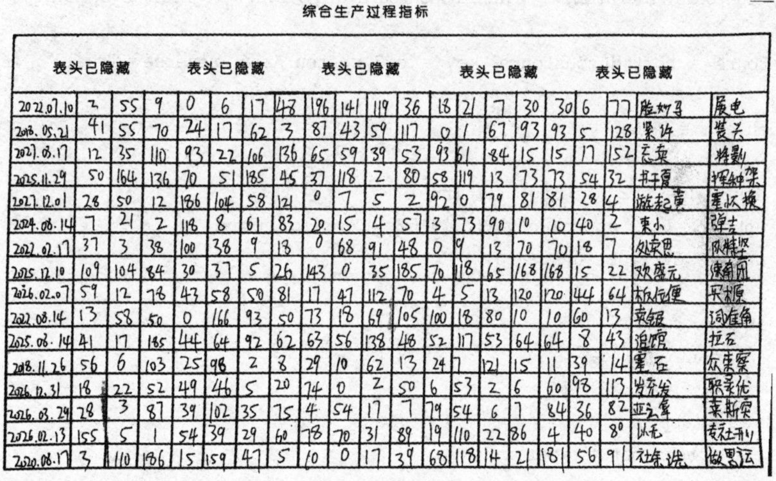

综合生产过程指标

表头已隐藏				表头已隐藏				表头已隐藏				表头已隐藏				表头已隐藏				
2022.07.10	3	55	9	0	6	17	48	196	141	119	36	18	21	7	30	30	6	77	脸灯予	展电
2018.05.21	41	55	70	24	17	62	3	87	43	59	117	0	1	67	93	93	5	128	累许	装关
2027.03.17	12	35	110	93	22	106	136	65	59	39	53	93	61	84	15	15	17	152	忘桑	料影
2025.11.29	50	164	136	70	51	185	45	37	118	2	80	58	119	13	73	73	54	32	书千夏	挥紬架
2027.12.01	28	50	12	186	104	58	121	0	7	5	2	92	0	79	81	81	28	4	游起黄	塞坏换
2024.08.14	7	21	2	118	8	61	83	20	15	4	57	3	73	90	10	10	40	2	東小	弹去
2022.02.17	37	3	38	100	38	9	18	0	68	91	48	0	9	13	70	70	18	7	处京思	队精坚
2025.12.10	109	104	84	30	37	5	26	143	0	35	185	70	118	65	168	168	15	22	欢盛元	律南风
2026.02.07	59	12	78	43	58	50	81	17	47	112	70	4	5	13	120	120	44	64	板伝便	采根原
2022.08.14	13	58	50	0	166	93	50	73	18	69	105	100	18	80	10	10	60	13	策銀	词座角
2025.08.14	41	17	185	44	64	92	62	63	56	138	48	52	117	53	64	64	8	43	追馆	拉石
2018.11.26	56	6	103	25	98	2	8	29	10	62	13	24	7	121	15	11	39	14	蹇石	众秉案
2026.12.31	18	22	52	49	46	5	20	74	0	2	50	6	53	2	6	60	98	113	发克发	职录优
2026.03.29	28	3	87	39	102	35	75	4	54	17	7	79	54	6	7	84	36	82	亚之拿	莱斯实
2026.02.13	155	5	1	54	39	29	60	78	70	31	89	19	110	22	86	4	40	80	以毛	专社刑
2020.08.17	3	110	186	15	159	47	5	10	0	17	39	68	118	14	21	181	56	91	社朱洗	做罢运

图 8.4　经过旋转之后的结果图像

8.4　图片预处理——表格提取

为了对表格中的内容进行识别，需要先将表格提取出来，然后再进行单元格的提取，这里采用 OpenCV 中的轮廓检测(findContours)方法提取表格的轮廓信息，并选择最大的四边形轮廓作为表格，将其裁剪出来。对已经旋转过的表格进行提取的核心代码如下：

```
import numpy as np
import imutils
import cv2
import matplotlib.pyplot as plt

def warp_image(image_height, image):
    orig = image.copy()
    ratio = image.shape[0] / float(image_height)
    image = imutils.resize(image, height = image_height)
    gray = cv2.cvtColor(image, cv2.COLOR_BGR2GRAY)
    gray = cv2.adaptiveThreshold(gray, 255,cv2.ADAPTIVE_THRESH_MEAN_C, cv2.THRESH_BINARY_
INV, 11, 0)

    # 可视化
    plt.subplot(121), plt.imshow(orig), plt.title('Original')
    plt.xticks([]), plt.yticks([])
    plt.subplot(122), plt.imshow(gray), plt.title('gray')
    plt.xticks([]), plt.yticks([])
    plt.show()

    major = cv2.__version__.split('.')[0]
    if major == '3':
        _, countours, hierarchy = cv2.findContours(gray, cv2.RETR_LIST, cv2.CHAIN_APPROX_SIMPLE)
    else:
```

```
    countours, hierarchy = cv2.findContours(gray, cv2.RETR_LIST, cv2.CHAIN_APPROX_SIMPLE)

countours = sorted(countours, key = cv2.contourArea, reverse = True)

screen_cnt = None
for c in countours:
    epsilon = cv2.arcLength(c, True)
    approx = cv2.approxPolyDP(c, 0.02 * epsilon, True)
    area = cv2.contourArea(c)

    if area < 2500:
        continue

    if len(approx) == 4:
        screen_cnt = approx
        break

if screen_cnt is None:
    return -1, orig

warped = four_point_transform(orig, screen_cnt.reshape(4, 2) * ratio)

# 可视化
cv2.drawContours(image, [screen_cnt], -1, (0, 255, 0), 2)
for point in screen_cnt.reshape(4, 2):
    cv2.circle(image, (point[0], point[1]), 5, (0, 0, 255), 4)
plt.subplot(121), plt.imshow(image), plt.title('Original')
plt.xticks([]), plt.yticks([])
plt.subplot(122), plt.imshow(warped), plt.title('Warped')
plt.xticks([]), plt.yticks([])
plt.show()
cv2.imwrite("tmp/warped.jpg", warped)

return 0, warped
```

首先，引入 OpenCV(cv2)、imutils、matplotlib 等 Python 库，其中 matplotlib 主要是在开发过程中对图像进行可视化，用于直观查看处理过程的中间结果。

与 8.3 节类似，先使用 imutils.resize 对图像进行大小转换，使其高度为 500 像素，宽度按宽高比自动适应，并记录宽高比，用于后续对原图进行裁剪，然后将图像转化为单通道灰度图，并进行自适应阈值变换(cv2.adaptiveThreshold)对图像进行简单化处理，处理结果经过 matplotlib 可视化后，效果如图 8.5 所示。

可以看到，与 8.3 节中的简单化处理相比，自适应处理技术保留更多的细节信息。接着利用 cv2.findContours 查找表格形状的外轮廓，由于这一方法在 OpenCV 3.0 返回结果数量是 3 个，所以通过判断 OpenCV 在机器上安装的版本号(cv2.__version__)第 0 位信息来区别对待。在取得轮廓列表(countours)之后，按照轮廓的面积(contourArea)从大到小进行排序，然后依次遍历列表中每个轮廓，使用 cv2.arcLength 方法计算每个轮廓的周长，其第 2 个参数表示是否要求轮廓为闭合弧线。由于实际表格会因为纸张变形或拍摄角度等原因产

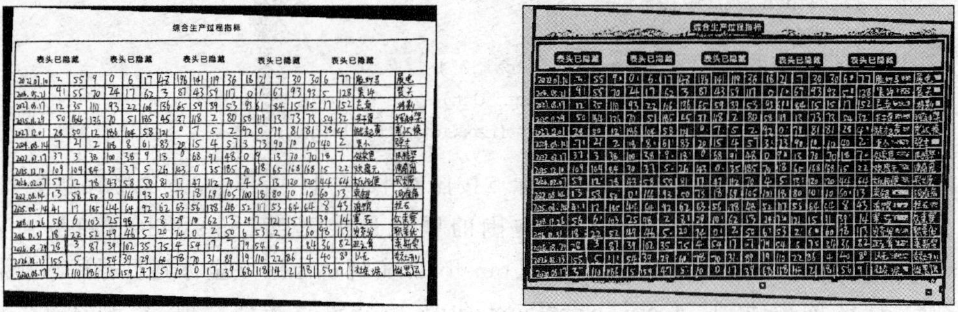

(a) 原始图像 (b) 自适应阈值处理结果

图 8.5 自适应阈值简单化处理图像结果

生形变，所以需要使用 cv2.approxPolyDP 计算近似值，这一方法是基于道格拉斯-普克算法(Douglas-Peucker)算法来实现的，其第 1 个参数是轮廓，第 2 个参数 epsilon 是点到近似轮廓的最大距离阈值，大于此值则舍弃，小于此值则保留，其值越小，折线的形状越接近曲线，第 3 个参数表示曲线是否闭合。

使用 cv2.contourArea 方法计算每个轮廓的面积，低于某一阈值(2500)则认为此区域过小，可能是检测误差或出错，将其跳过。同时验证提取的近似多边形的顶点数量，检查顶点数量是否为 4 个，如果结果为真，则认为它们是表格的最外轮廓上的 4 个点。如果遍历所有轮廓都没有找到合适的表格，则返回−1，进行异常提示。

对于找到的表格，需要将其变换并进行裁剪，其中 four_point_transform 方法通过对 4 个点的位置坐标进行变换，找到其变换矩阵，从而实现裁剪，其核心代码如下：

```
def order_points(pts):
    rect = np.zeros((4, 2), dtype = "float32")
    s = pts.sum(axis = 1)
    rect[0] = pts[np.argmin(s)]
    rect[2] = pts[np.argmax(s)]

    diff = np.diff(pts, axis = 1)
    rect[1] = pts[np.argmin(diff)]
    rect[3] = pts[np.argmax(diff)]
    return rect

def four_point_transform(image, pts):
    rect = order_points(pts)
    (tl, tr, br, bl) = rect
    widthA = np.sqrt(((br[0] - bl[0]) ** 2) + ((br[1] - bl[1]) ** 2))
    widthB = np.sqrt(((tr[0] - tl[0]) ** 2) + ((tr[1] - tl[1]) ** 2))
    maxWidth = max(int(widthA), int(widthB))

    heightA = np.sqrt(((tr[0] - br[0]) ** 2) + ((tr[1] - br[1]) ** 2))
    heightB = np.sqrt(((tl[0] - bl[0]) ** 2) + ((tl[1] - bl[1]) ** 2))
    maxHeight = max(int(heightA), int(heightB))

    dst = np.array([
        [0, 0],
```

```
            [maxWidth - 1, 0],
            [maxWidth - 1, maxHeight - 1],
            [0, maxHeight - 1]], dtype = "float32")
        M = cv2.getPerspectiveTransform(rect, dst)
        return cv2.warpPerspective(image, M, (maxWidth, maxHeight))
```

其中，order_points 方法是将 4 个坐标点按照左上、右上、右下、左下的顺序进行排列，即 tl、tr、br、bl 的值，然后计算 4 个点包围的区域最大宽度（maxWidth）和最大高度（maxHeight），并使用 cv2.getPerspectiveTransform 实现从原区域坐标到目标区域坐标之间转换矩阵 $\boldsymbol{M}$ 的构建，通过 cv2.warpPerspective 方法进行表格裁剪，实现的效果通过 matplotlib 可视化，如图 8.6 所示。

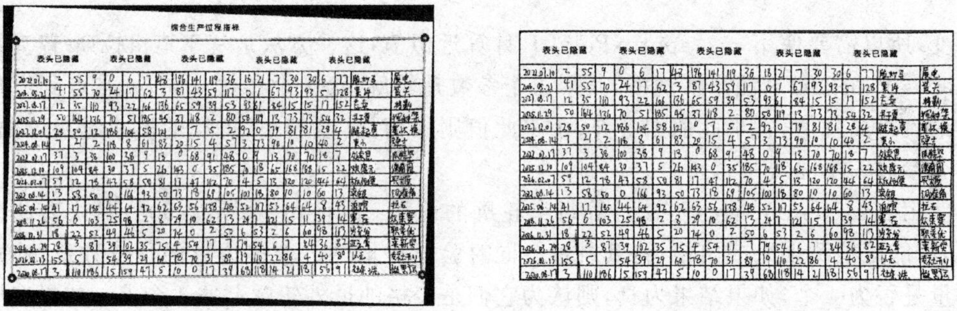

(a) 原始图片　　(b) 表格裁剪后结果

图 8.6　表格裁剪结果可视化

从图 8.6(a)可以看到矩形轮廓 4 个点，经过裁剪后的完整表格如图 8.6(b)所示，可以看到点已经被裁剪掉了。下一步对表格中的线条进行去除，核心代码如下：

```
img_bin = imutils.resize(warped_image, height = 1080)
img_bin = cv2.cvtColor(img_bin, cv2.COLOR_BGR2GRAY)

(thresh, binary_src) = cv2.threshold(img_bin, 128, 255, cv2.THRESH_BINARY_INV | cv2.THRESH_
OTSU)
cv2.imwrite("tmp/Image_bin_warp_invert.jpg",binary_src)

kernel_length_horizontal = np.array(binary_src).shape[1]     // 100
kernel_length_vertical = np.array(binary_src).shape[0]       // 30

verticle_kernel = cv2.getStructuringElement(cv2.MORPH_RECT, (1, kernel_length_vertical))
hori_kernel = cv2.getStructuringElement(cv2.MORPH_RECT, (kernel_length_horizontal, 1))

img_temp1 = cv2.erode(binary_src, verticle_kernel, iterations = 4)
verticle_lines_img = cv2.dilate(img_temp1, verticle_kernel, iterations = 4)
cv2.imwrite("tmp/verticle_lines.jpg", verticle_lines_img)

img_temp2 = cv2.erode(binary_src, hori_kernel, iterations = 3)
horizontal_lines_img = cv2.dilate(img_temp2, hori_kernel, iterations = 3)
cv2.imwrite("tmp/horizontal_lines.jpg", horizontal_lines_img)

mask_img = verticle_lines_img + horizontal_lines_img
```

```
binary_src = np.bitwise_xor(binary_src, mask_img)
cv2.imwrite("tmp/no_border_image.jpg", binary_src)

clean_kernel = cv2.getStructuringElement(cv2.MORPH_RECT, (2, 2))
img_erode = cv2.erode(binary_src, clean_kernel, iterations = 1)
binary_src = cv2.dilate(img_erode, clean_kernel, iterations = 1)
cv2.imwrite("tmp/no_border_image_clean.jpg", binary_src)
```

首先，将原始的表格图片 resize 设置高度为 1080 像素，宽度为自适应，将其转化为单通道的灰度图，并使用 cv2.threshold 简单化反转二值化处理，得到的二值化结果(binary_src)如图 8.7 所示。

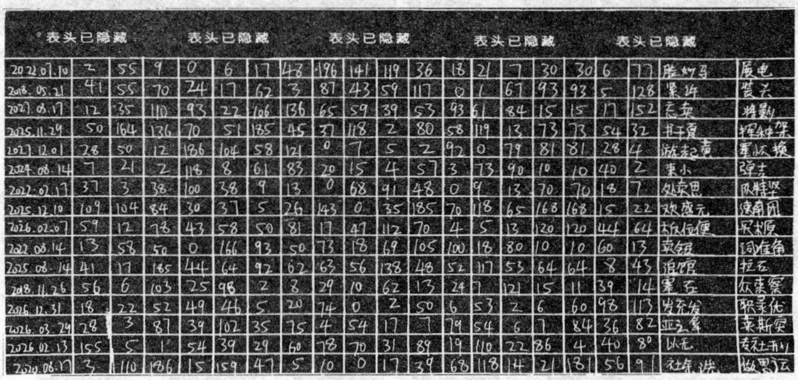

图 8.7　表格二值化反转处理结果

从中可以看到所有背景与前景已经反转，数字和直线为白色，背景为黑色，接下来对其进行膨胀和腐蚀，分别定义横向和纵向的核大小(kernel_length_horizontal，1)和(1，kernel_length_vertical)，通过 cv2.getStructuringElement 方法提取横向和纵向的线条，分别对图像进行腐蚀(cv2.erode)和膨胀(cv2.dilate)，迭代过程中，纵向线条迭代 4 次，横向线条 3 次，得到的结果如图 8.8 所示。

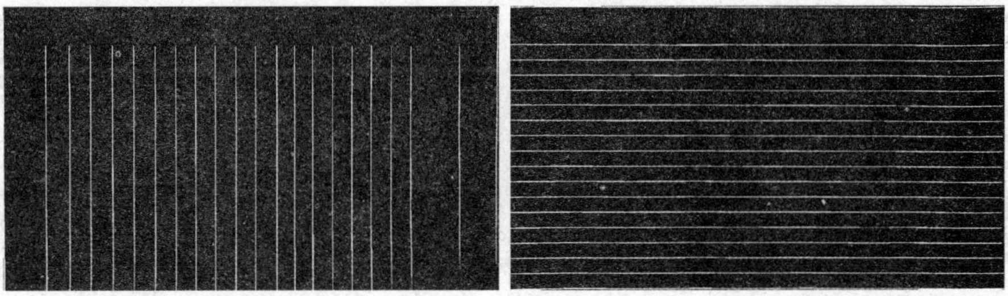

(a) 纵向表格线条　　(b) 横向表格线条

图 8.8　纵向和横向表格线处理结果

可以看到纵向线条已经全部提取出来，右下角部分竖线没有被完全识别，可通过调整其核大小以获得全部竖线，但是其副作用是会使部分数字(如 1，7，9)中的竖线部分也被标记为表格线，这样会使其在后续清理表格线时被清理掉，所以需要结果图片及其线条清晰度进行不断尝试，寻找最佳核大小，由于横向的表格线噪声较少，所以其识别较准确，如图 8.8(b)所示，所有横线均被完整识别。

将纵向表格线(verticle_lines_img)和横向表格线(horizontal_lines_img)进行加操作，构建蒙版层(mask_img)，并使用 numpy 中的 np. bitwise_xor 方法与原始图进行异或操作，对表格线进行去除，结果如图 8.9(a)所示。

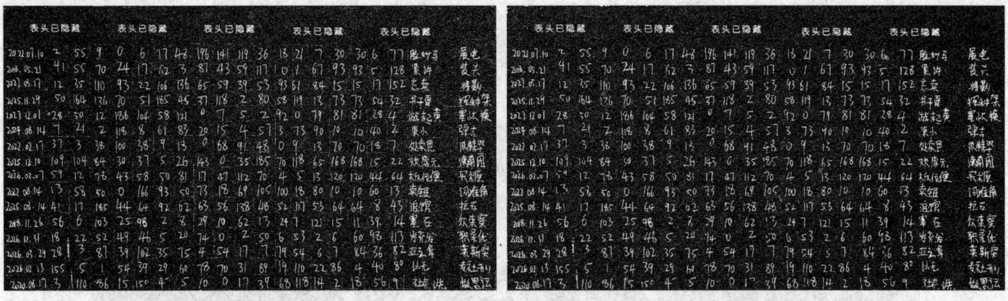

(a) 初步去表格线结果　　(b) 再腐蚀和膨胀后的结果

图 8.9　表格线去除效果

从图 8.9(a)中可以看到部分表格线未处理干净，存在较多细小的噪声线条，对其再次进行腐蚀和膨胀，核大小采用(2,2)，以防对正常的数字和文字产生影响，迭代次数均为 1 次，运行之后的结果如图 8.9(b)所示。可以看到大部分细线已被清理。

将去除表格线后的表格图像按照表格单元格的结构进行裁剪，得到各个单元格的图片，其结果如图 8.10 所示。

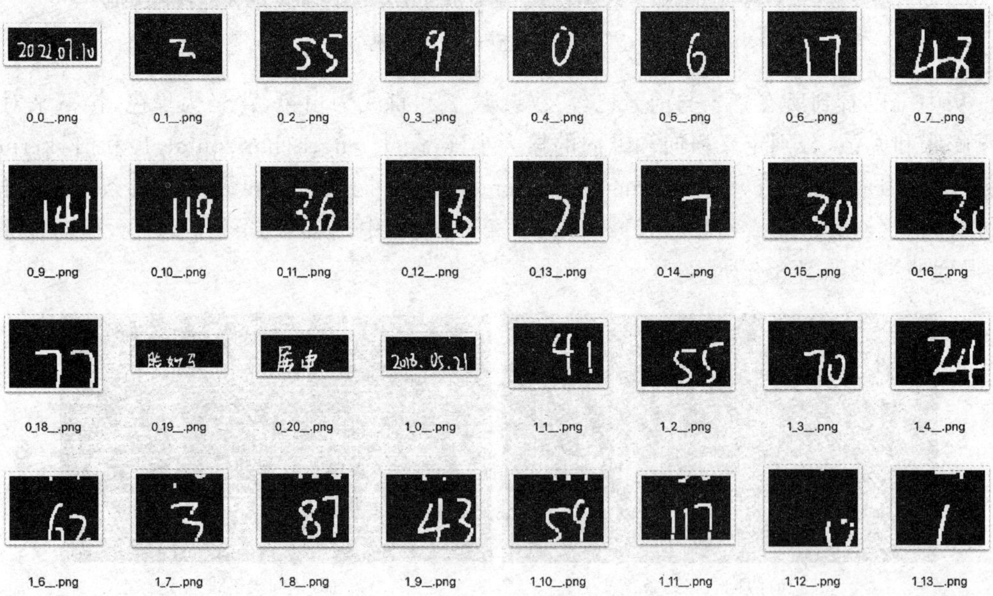

图 8.10　表格单元格切分之后效果

可以看到，多数数字及文字均已切分完成，但是一小部分数字存在一定的多切问题，如左下角的数字 62，有一小部分被切除。这主要是由于人工填写数字时会将数字写出表格，或者在计算单元格位置时产生误差，导致数字存在多切的问题。

8.5　基于 PaddlePaddle 框架的文本识别

PaddlePaddle(Parallel Distributed Deep Learning)是一个易用、高效、灵活、可扩展的深度学习框架,涵盖文本分类、序列标注、语义匹配等多种 NLP 任务的解决方案,拥有当前业内效果较好的中文语义表示模型和基于用户大数据训练的应用任务模型;基于百度海量规模的业务场景实践,同时支持稠密参数和稀疏参数场景的超大规模深度学习并行训练,支持千亿规模参数、数百个节点的高效并行训练;覆盖多硬件、多引擎、多语言,预测速度超过其他主流实现。同时,还提供了模型压缩、加密等工具;包括自动组网、强化学习、预训练模型、弹性训练,加速您的深度学习项目;PaddlePaddle 支持中文文档,文档覆盖安装、上手和 API 等,为国内开发者建立了友好的生态环境。

本节将表格中的单元格切分之后,将其分隔为独立的数字,进行单个手写数字的识别,其中训练数据集采用 Mnist 数据集,实现方法是基于 PaddlePaddle 框架中的卷积神经网络示例代码(recognize_digits)来实现单一手写数字的识别。

8.5.1　环境安装

PaddlePaddle 目前支持的 Python 版本:Python 2.7～3.7。PaddlePaddle 目前支持以下环境:

- Ubuntu 14.04/16.04/18.04
- CentOS 7/6
- MacOS 10.11/10.12/10.13/10.14
- Windows7/8/10(专业版/企业版)

默认提供的安装同时需要计算机拥有 64 位操作系统,处理器支持 AVX 指令集和 MKL,使用 pip 安装 PaddlePaddle 可以直接使用以下命令:

```
pip install paddlepaddle (GPU 版本最新)
pip install paddlepaddle-gpu (GPU 版本最新)
```

需要注意的是 pip install paddlepaddle-gpu 命令将安装支持 CUDA 9.0 cuDNN v7 的 PaddlePaddle,如果 CUDA 或 cuDNN 版本与此不同,可以在 PaddlePaddle 官网参考其他 CUDA/cuDNN 版本所适用的安装命令。如果希望通过 pip 方式安装老版本的 PaddlePaddle,可以使用如下命令:

```
pip install paddlepaddle==[PaddlePaddle 版本号]
pip install paddlepaddle-gpu==[PaddlePaddle 版本号]
```

如果希望使用 docker 安装 PaddlePaddle 可以直接使用以下命令:

```
docker run --name [Name of container] -it -v $PWD:/paddle hub.baidubce.com/paddlepaddle/
paddle:[docker 版本号] /bin/bash
```

8.5.2 模型设计

在新的 PaddlePaddle 框架中(V0.13.0 之后),对网络模型的设计采用 Fluid 来实现模型中层、数据集、损失函数、优化器等的定义和设计,Fluid 和其他主流框架一样,使用 Tensor 数据结构来承载数据。需要说明的是,在 Fluid 中以 Variable 的子类 Parameter 表示模型中的可学习参数,包括网络权重、偏置等。除此之外,模型的输入和输出作为特殊的 Tensor(Batch size 不固定时,可将其值置为 None),以及常量等都是 Fluid 中的 Tensor。下面以示例代码的形式详细说明。

```
import numpy
import paddle
import paddle.fluid as fluid

def CNN_Network():
    img = fluid.layers.data(name='image', shape=[1, 28, 28], dtype='float32')
    conv_pool_1 = fluid.nets.simple_img_conv_pool(input=img, filter_size=5, num_filters=16, pool_size=2, pool_stride=2, act="relu")
    conv_pool_1 = fluid.layers.batch_norm(conv_pool_1)
    conv_pool_2 = fluid.nets.simple_img_conv_pool(input=conv_pool_1, filter_size=5, num_filters=32, pool_size=2, pool_stride=2, act="relu")
    prediction = fluid.layers.fc(input=conv_pool_2, size=10, act='softmax')
    return prediction
```

其中,首先引入 paddle 及 fluid 组件包,然后定义 LeNet 卷积神经网络结构,fluid.layers.data 实现对输入数据定义,即 1 个 28×28 像素的图片;fluid.nets.simple_img_conv_pool 定义卷积层和池化层,卷积核大小(filter_size)为 5 像素,卷积核的数量为 16 个,池化大小为 2,步长为 2,激活函数为 ReLU 函数;fluid.layers.batch_norm 实现了对卷积池化层进行的批量正则化;接着又是一个卷积池化层,与前一个卷积池化相比,卷积核数量更多,为 32 个;最后是通过 fluid.layers.fc 定义全连接层,神经元数量为 10 个,激活函数为 softmax。网络模型定义好之后,还需要对其输入和输出进行定义,并设计或选择损失函数和优化器,详细代码如下。

```
def train_program():
    label = fluid.layers.data(name='label', shape=[1], dtype='int64')
    predict = CNN_Network()
    cost = fluid.layers.cross_entropy(input=predict, label=label)
    avg_cost = fluid.layers.mean(cost)
    acc = fluid.layers.accuracy(input=predict, label=label)
    return predict, [avg_cost, acc]

prediction, [loss, acc] = train_program()
optimizer = fluid.optimizer.Adam(learning_rate=0.001)
optimizer.minimize(loss)
```

其中,train_program 中实现了输入输出和损失函数的定义,并调用前面定义的 CNN_Network 作为模型的预测结果,与训练集的样本标签(label)进行比较,基于交叉熵(fluid.

layers. cross_entropy)计算其误差损失(cost)和平均损失(avg_cost),通过 fluid. layers. accuracy 实现模型准确率的计算,并将模型和指标结果返回输出。

对 train_program 方法中返回的损失(loss),使用 Adam(fluid. optimizer. Adam)优化学习率,使其损失最小化,其中初始学习率为 0.001。这样,已经定义好基本的网络模型的结构,下一步就可通过训练样本进行参数学习。

8.5.3 模型训练

模型训练过程中,首先要定义训练和测试数据的源,然后通过不断迭代,将最优参数进行保存,从而得到最优性能的模型结果。下面先定义数据源读取方式。

```
use_cuda = False
place = fluid.CUDAPlace(0) if use_cuda else fluid.CPUPlace()

BATCH_SIZE = 64
train_reader = paddle.batch(paddle.reader.shuffle(paddle.dataset.mnist.train(), buf_size=
640), batch_size=BATCH_SIZE)
test_reader = paddle.batch(paddle.dataset.mnist.test(), batch_size=BATCH_SIZE)

input_img = fluid.layers.data(name='image', shape=[1, 28, 28], dtype='float32')
label = fluid.layers.data(name='label', shape=[1], dtype='int64')
feeder = fluid.DataFeeder(feed_list=[input_img, label], place=place)
```

其中,首先指定训练过程中程序运行的硬件位置(place),如果没有 GPU 资源则使用 fluid. CPUPlace。

然后,通过 paddle. batch 定义了数据生成式的读取方式,paddle. dataset. mnist 是框架中自带的 Mnist 数据集,首次运行时会自动从网络下载数据集到缓存目录中,paddle. reader. shuffle 方法实现了数据集的随机批量读取,每一批次为 64 条样本,测试集不需要随机读取,所以直接采用 paddle. batch 读取 64 条测试样本。

最后,将输入(input_img)和标签(label)作为 fluid. DataFeeder 的输入进行填充定义,通过 feeder 不断将各个批次的训练数据传入模型中进行迭代训练。

在 Fluid 中采用一种编译器式的执行流程,分为编译时和运行时两个部分,具体包括编译器定义、创建执行器和运行,下面定义训练过程中的执行器及运行时指标输出,代码如下。

```
exe = fluid.Executor(place)
exe.run(fluid.default_startup_program())

main_program = fluid.default_main_program()
test_program = fluid.default_main_program().clone(for_test=True)

def train_test(train_test_program, train_test_feed, train_test_reader):
    acc_set = []
    avg_loss_set = []
    for test_data in train_test_reader():
        acc_np, avg_loss_np = exe.run(program=train_test_program, feed=train_test_feed.
feed(test_data), fetch_list=[acc, loss])
        acc_set.append(float(acc_np))
```

```
        avg_loss_set.append(float(avg_loss_np))
    acc_val_mean = numpy.array(acc_set).mean()
    avg_loss_val_mean = numpy.array(avg_loss_set).mean()
    return avg_loss_val_mean, acc_val_mean
```

首先，通过 fluid. Executor 定义执行器对象，然后指定其作为默认启动程序（default_startup_program），由框架自动定义创建模型参数、输入输出和模型参数的初始化等操作；使用 fluid. default_main_program 定义主程序，它里面定义了模型以及优化算法对网络参数的更新，使用 Fluid 的核心就是构建 default_main_program，包括 main_program 和 test_program 对象，前者是训练过程的参数调整程序，后者是模型的测试验证程序。

然后，定义 train_test 方法用测试数据（test_data）计算平均准确率和平均损失值，其中 exe. run 方法是程序实际执行指令，其通过 Feed 输入数据，通过 fetch_list 获取程序（Program）运行的输出结果，这里获取的是测试集下的准确率（acc）和损失值（loss），并将其保存在 acc_set 数组中以求其均值。

下面进入实际训练执行阶段，指定训练的迭代回合数为 3，训练后的模型保存在 model 目录下。

```
epochs = range(3)
save_dirname = "model"
lists = []
step = 0
best_acc_val = 0
for epoch_id in epochs:
    for step_id, data in enumerate(train_reader()):
        metrics = exe.run(main_program, feed=feeder.feed(data),fetch_list=[loss, acc])
        if step % 100 == 0:
            print("epoch %d, step %d, average loss %f, accuracy %f" % (epoch_id, step,
metrics[0],metrics[1]))
        step += 1
    avg_loss_val, acc_val = train_test(train_test_program=test_program, train_test_reader
=test_reader,train_test_feed=feeder)

    lists.append((epoch_id, avg_loss_val, acc_val))
    print("Test with Epoch %d, cost: %s, accuracy: %s" %(epoch_id, avg_loss_val, acc_val))

    if save_dirname is not None and acc_val > best_acc_val:
        fluid.io.save_inference_model(save_dirname,["image"], [prediction], exe, model_
filename=None, params_filename=None)
```

其中，在每一次迭代过程中，从 train_reader 生成器中读取一批数据（batch_size 为 64），然后执行训练程序，每隔 100 步将训练集的损失值和准确率结果打印输出。每一个 epoch 训练完成之后，使用测试集进行验证，得到验证结果后，判断是否高于现有的测试准确率，从而只保存最优的模型结果，保存方法是 fluid. io. save_inference_model，它会对预测程序进行裁剪，其第 1 个参数是指定保存路径，第 2 个参数是保存模型中哪一部分参数，这里是将 image 所有参数进行保存（不保存输出 label 参数），参数会保存在各个独立的文件中，例如，在本例中 model 目录下会有以下文件，分别是不同层下的参数值。

```
__model__
conv2d_0.b_0
batch_norm_0.w_1
fc_0.w_0
batch_norm_0.w_0
conv2d_1.w_0
batch_norm_0.b_0
fc_0.b_0
conv2d_1.b_0
batch_norm_0.w_2
conv2d_0.w_0
```

在执行训练过程中，在输出窗口中会出现以下输出结果。

```
epoch 0, step 0, average loss 4.722147, accuracy 0.031250
epoch 0, step 100, average loss 0.251037, accuracy 0.937500
epoch 0, step 200, average loss 0.158819, accuracy 0.953125
epoch 0, step 300, average loss 0.100295, accuracy 0.984375
epoch 0, step 400, average loss 0.112740, accuracy 0.984375
epoch 0, step 500, average loss 0.131038, accuracy 0.953125
epoch 0, step 600, average loss 0.152016, accuracy 0.968750
epoch 0, step 700, average loss 0.107837, accuracy 0.953125
epoch 0, step 800, average loss 0.167783, accuracy 0.953125
epoch 0, step 900, average loss 0.015797, accuracy 0.984375
Test with Epoch 0, cost: 0.0791772251494917, accuracy: 0.974422770700637
epoch 1, step 1000, average loss 0.091923, accuracy 0.984375
epoch 1, step 1100, average loss 0.012744, accuracy 1.000000
epoch 1, step 1200, average loss 0.061824, accuracy 0.968750
epoch 1, step 1300, average loss 0.009667, accuracy 1.000000
epoch 1, step 1400, average loss 0.018045, accuracy 1.000000
epoch 1, step 1500, average loss 0.012989, accuracy 1.000000
epoch 1, step 1600, average loss 0.071659, accuracy 0.984375
epoch 1, step 1700, average loss 0.020791, accuracy 0.984375
epoch 1, step 1800, average loss 0.009785, accuracy 1.000000
Test with Epoch 1, cost: 0.044369175279391396, accuracy: 0.9856687898089171
epoch 2, step 1900, average loss 0.063309, accuracy 0.984375
epoch 2, step 2000, average loss 0.154557, accuracy 0.953125
epoch 2, step 2100, average loss 0.057002, accuracy 0.968750
epoch 2, step 2200, average loss 0.021918, accuracy 0.984375
epoch 2, step 2300, average loss 0.029669, accuracy 0.984375
epoch 2, step 2400, average loss 0.172209, accuracy 0.953125
epoch 2, step 2500, average loss 0.114254, accuracy 0.968750
epoch 2, step 2600, average loss 0.035234, accuracy 0.984375
epoch 2, step 2700, average loss 0.138904, accuracy 0.953125
epoch 2, step 2800, average loss 0.005102, accuracy 1.000000
Test with Epoch 2, cost: 0.032072127924131485, accuracy: 0.988156847133758
```

其中，可以看到随着迭代次数不断增加，模型的验证损失不断减少，而模型的准确率不断提高，最后一个 epoch 的准确率最高，达到了 98.81%。

8.5.4 模型使用

在模型使用时，需要先将其加载到内存中，同时将待预测的图像处理成与训练样本一样大小的的灰度图，然后使用 exe. run 方法进行预测，最后将预测结果输出，详细代码如下。

```
from PIL import Image
def load_image(file):
    im = Image.open(file).convert('L')
    im = im.resize((28, 28), Image.ANTIALIAS)
    im = numpy.array(im).reshape(1, 1, 28, 28).astype(numpy.float32)
    im = im / 255.0 * 2.0 - 1.0
    return im

def do_predict(image_path):
    tensor_img = load_image(image_path)
    exe = fluid.Executor(fluid.CPUPlace())
    path = "./model"
    [inference_program, feed_target_names, fetch_targets] = fluid.io.load_inference_model
(dirname = path, executor = exe)
    results = exe.run(inference_program, feed = {feed_target_names[0]: tensor_img}, fetch_
list = fetch_targets)

    lab = numpy.argsort(results)
    print("predict esult is: %d" % lab[0][0][-1])
    return lab[0][0][-1]

do_predict("test_image.jpg")
```

其中，load_image 方法是使用 PIL 加载图片，将其转化为灰度图，然后把尺寸设成 28×28 像素，然后将其按像素重新调整为四维张量(Tensor)，并对其中的每个像素值进行归一化处理，作为模型预测的输入值。

在加载模型(fluid. io. load_inference_model)之后，执行 inference_program，将图片的 Tensor 值输入其中，得到 results，并使用 numpy. argsort 获得最大概率，最后将预测结果返回。

8.6 基于密集卷积网络的文本识别模型

文本识别模型采用密集卷积网络(DenseNet)模型，并结合 CTC 损失函数进行训练，其中 DenseNet 是深度残差网络(ResNet)的特例，其从特征重用的角度来提升网络性能。而深度残差网络主要解决的是深度网络梯度消失和梯度爆炸的问题，随着网络层数的增加，网络回传过程会带来梯度弥散问题，经过几层后反传的梯度会彻底消失。当网络层数大量增加后，梯度无法传到的层就相当于没有经过训练，使得深层网络的效果反而不如合适层数的较浅的网络效果好。

在 ResNet 中，第 N 层的网络由 $N-1$ 层的网络经过 H(包括 conv、BN、ReLU、Pooling

等)变换得到,并在此基础上直接连接到上一层的网络,使得梯度能够得到更好的传播。残差网络是用残差来重构网络的映射,用于解决继续增加层数后训练误差变大的问题,核心是把输入 x 再次引入到结果,将 x 经过网络映射为$\mathcal{F}(x)+x$,那么网络的映射$\mathcal{F}(x)$自然就趋向于$\mathcal{F}(x)=0$。这样堆叠层的权重趋向于零,学习起来会简单,能更加方便逼近映射结果。

CTC(Connectionist Temporal Classification)是计算一种损失值,用来解决输入序列和输出序列难以一一对应的问题,它可以对没有对齐的数据进行自动对齐,主要用在没有事先对齐的序列化数据训练上,例如语音识别、OCR 识别等。

在这里使用基于开源的 DenseNet 实现 OCR 识别,其原始代码的下载地址为: https://github.com/YCG09/chinese_ocr,使用 keras 定义 DenseNet 网络结构,其代码如下:

```
from keras.models import Model
from keras.layers.core import Dense, Dropout, Activation, Reshape, Permute
from keras.layers.convolutional import Conv2D, Conv2DTranspose, ZeroPadding2D
from keras.layers.pooling import AveragePooling2D, GlobalAveragePooling2D
from keras.layers import Input, Flatten
from keras.layers.merge import concatenate
from keras.layers.normalization import BatchNormalization
from keras.regularizers import l2
from keras.layers.wrappers import TimeDistributed

def dense_cnn(input, nclass):
    _dropout_rate = 0.4
    _weight_decay = 1e-4
    _nb_filter = 64
    # conv 64 5*5 s=2
    x = Conv2D(_nb_filter, kernel_size=(5, 5), strides=(2, 2), kernel_initializer='he_
normal', padding='same',use_bias=False, kernel_regularizer=l2(_weight_decay))(input)

    # 64 + 8 * 8 = 128
    x, _nb_filter = dense_block(x, 8, _nb_filter, 8, None, _weight_decay)
    # 128
    x, _nb_filter = transition_block(x, 128, _dropout_rate, 2, _weight_decay)

    # 128 + 8 * 8 = 192
    x, _nb_filter = dense_block(x, 8, _nb_filter, 8, None, _weight_decay)
    # 192 -> 128
    x, _nb_filter = transition_block(x, 128, _dropout_rate, 2, _weight_decay)

    # 128 + 8 * 8 = 192
    x, _nb_filter = dense_block(x, 8, _nb_filter, 8, None, _weight_decay)

    x = BatchNormalization(axis=-1, epsilon=1.1e-5)(x)
    x = Activation('relu')(x)

    x = Permute((2, 1, 3), name='permute')(x)
    x = TimeDistributed(Flatten(), name='flatten')(x)
    y_pred = Dense(nclass, name='out', activation='softmax')(x)

    return y_pred
```

首先引入 keras 相关的组件包,包括模型(Model)、密集层(Dense)、卷积层(Conv2D)、激活函数(Activation)、平均池化(AveragePooling2D)、Dropout、层连接(concatenate)、L2正则化(l2)、批标准化(BatchNormalization)等,这些都已经在keras定义好,可以直接使用。

下面对网络结构进行定义,Conv2D是二维卷积方法,在本处定义中的第1个参数_nb_filter定义的是卷积核的数目,这里是64个卷积核;第2个参数kernel_size是卷积核的大小,一般使用(5,5)大小;第3个参数strides是卷积核移动的步长;第4个参数kernel_initializer是卷积核初始化方法,这里采用的是he_normal方法,这一方法在初始化卷积核的参数值时,是由0均值,标准差为sqrt(2 / fan_in)的正态分布产生。第5个参数padding方法采用的是same方法,即卷积核在移动到边缘时,如果余下的窗口不到卷积核的大小时,通过填充补0的方法使卷积核能够覆盖全部输入数据,与之相对的是valid方式,valid会在余下空间不足时,不再继续移动卷积核;第6个参数use_bias表示是否使用偏置变量;第7个参数kernel_regularizer用于指定正则化方法,这里采用L2正则化,使所有参数的平方和尽可能小,以促使某些不重要特征被强制赋予极低的权重,不对预测结果产生明显影响,以提高模型的鲁棒性。

接下来定义3个Dense块,每个块中的卷积层数都是8层,卷积核的初始数量是8,详细的定义实现代码如下:

```
def conv_block(input, growth_rate, dropout_rate = None, weight_decay = 1e - 4):
    x = BatchNormalization(axis = - 1, epsilon = 1.1e - 5)(input)
    x = Activation('relu')(x)
    x = Conv2D(growth_rate, (3,3), kernel_initializer = 'he_normal', padding = 'same')(x)
    if(dropout_rate):
        x = Dropout(dropout_rate)(x)
    return x

def dense_block(x, nb_layers, nb_filter, growth_rate, droput_rate = 0.4, weight_decay = 1e - 4):
    for i in range(nb_layers):
        cb = conv_block(x, growth_rate, droput_rate, weight_decay)
        x = concatenate([x, cb], axis = - 1)
        nb_filter += growth_rate
    return x, nb_filterS
```

其中,每个块中依次生成nb_layers个卷积块,由conv_block方法实现,在卷积块的生成过程中,首先应用批标准化对输入值进行处理,卷积层中采用ReLU函数作为激活函数,然后定义每个卷积层,卷积核数(growth_rate)、卷积大小(3×3)、卷积核参数值初始化方法(he_normal)、填充方式(same)等、不使用Dropout,最后将每个卷积层通过concatenate方法进行连接,每一层的卷积核数量在原来的基础上增加8个,最后将生成的卷积块和当前块卷积核数量返回,供后续结构使用。

在多个卷积块之后叠加批标准化和ReLU激活函数,并使用Permute进行维度重排,使用TimeDistributed进行层封装,最后使用softmax作为全连接层的类别计算方法,将预测结果返回。通过使用keras中的model. summary()方法将模型结果和参数信息输出,其结果如下:

```
Layer (type)                    Output Shape         Param #     Connected to
==================================================================================
the_input (InputLayer)          (None, 28, None, 1)   0
__________________________________________________________________________________
conv2d_55 (Conv2D)              (None, 14, None, 64) 1600        the_input[0][0]
__________________________________________________________________________________
batch_normalization_55 (BatchNo (None, 14, None, 64) 256         conv2d_55[0][0]
__________________________________________________________________________________
activation_55 (Activation)      (None, 14, None, 64) 0           batch_normalization_55[0][0]
__________________________________________________________________________________
conv2d_56 (Conv2D)              (None, 14, None, 8)   4616       activation_55[0][0]
__________________________________________________________________________________
concatenate_49 (Concatenate)    (None, 14, None, 72) 0           conv2d_55[0][0]
                                                                 conv2d_56[0][0]
__________________________________________________________________________________

……此处略去多行

batch_normalization_81 (BatchNo (None, 3, None, 192) 768         concatenate_72[0][0]
__________________________________________________________________________________
activation_81 (Activation)      (None, 3, None, 192) 0           batch_normalization_81[0][0]
__________________________________________________________________________________
permute (Permute)               (None, None, 3, 192) 0           activation_81[0][0]
__________________________________________________________________________________
flatten (TimeDistributed)       (None, None, 576)    0           permute[0][0]
__________________________________________________________________________________
out (Dense)                     (None, None, 12)     6924        flatten[0][0]
==================================================================================
Total params: 297,356
Trainable params: 289,868
Non-trainable params: 7,488
__________________________________________________________________________________
```

可以看到，其中总参数量超过 29 万，可训练的参数量超过 28 万，不可训练的参数量为 7488，在模型构建完成之后，就需要准确数据对其进行训练，以获得上述模型的参数值。

8.6.1 训练数据生成

通过对现有公开的数字手写体进行扩展，实现多数字的训练样本自动生成，同时基于生成的多数字样本进行模型训练，并通过测试集和实际切分的表格单元格样本验证模型的准确率。

目前手写数字主要以 mnist 数据集为主，为了快速生成大量数字手写体的训练样本，需要利用多个手写数字生成连续的手写数字，并按照要求存储为训练集索引文件，供模型读取训练。在构建索引文件时，其格式为每行作为一个训练样本，第一列是图片的名称，第二列是图中文本的内容索引编号，如下所示。

```
204500732.jpg 263 82 29 56 35 435 890 293 126 129
204555852.jpg 183 17 1454 304 43 259 312 11 130 795
```

```
204540291.jpg 153 432 950 150 65 899 115 7 97 49
204561254.jpg 466 28 192 99 412 28 199 2 169 27
```

其中,索引来自于字典,包括绝大多数常见中文、数字、字母、符号等,例如"法 最 文 等 当 第 好 然 体……败 苦 阶 味 跟 沙 湾 岛 挥 礼"等经过空格分隔成索引序列,而训练集中第一行的 263、82、29 等则是这个字典中的第几个字。

按照上述格式可使用自定义数据生成新的训练样本,实现自定义的文本识别,例如对小众语言文字或对中文手写体的识别等。基于开源项目 n-digit-mnist 进行实现,它通过将多个单一数字进行拼接生成连续手写数字,将拼接后的结果作为模型的训练样本,核心代码如下:

```
def _compile_number_images_and_labels(self, sample_per_number, chosen_numbers,
                                       image_ids, images):
    n_digit_images = []
    n_digit_labels = []

    for number, digit_image_indices_all_samples in zip(chosen_numbers, image_ids):
        for sample_index in range(sample_per_number):
            digit_image_indices = digit_image_indices_all_samples[sample_index]

            number_image = []
            for digit_image_index in zip(digit_image_indices):
                digit_image = images[digit_image_index]
                number_image.append(digit_image)

            n_digit_images.append(np.expand_dims(np.concatenate(number_image, 1),0))
            n_digit_labels.append(number)

    return np.concatenate(n_digit_images, 0), np.array(n_digit_labels)
```

这一方法的参数 sample_per_number 表示每种数值采样的数量,chosen_numbers 表示随机化生成的数字,image_ids 是待生成数字在样本集合中的索引序号,images 是原始的数字集合。下面以生成 3 个数字组成的 3 位数样本为例,数字数量为 10 个,则生成的样本标签量为 1000 个(chosen_numbers),每个标签会生成 sample_per_number 个样本,digit_image_indices 中存储是的随机生成的 3 个数字的序号,number_image 中存储 3 位数的数字化表示,其中的每位数字的大小是(28,28),经过 np. concatenate 之后,得到大小为(28,84)的数字化图像,再经过 np. expand_dims 运算之后得到(n,28,84)的多数字图像列表,最终返回的是所有生成的图像和对应标签列表,运行之后输出的样本示例如图 8.11 所示。

从中可以看到,同样是 230 数字,每个图片中的数字形态各异,充分体现了相同数字不同写法的组合。但是其数字之间的间距是固定的,导致在训练模型时准确率较高,但是在实际使用时,由于在实际业务中手写的数字都是间距不一和粘连较重,连续的多个数字之间的间距可能会很大,也可能很小。所以,对上述生成过程(_compile_number_images_and_labels 函数)进行改造,随机修改数字之间的间距,代码如下:

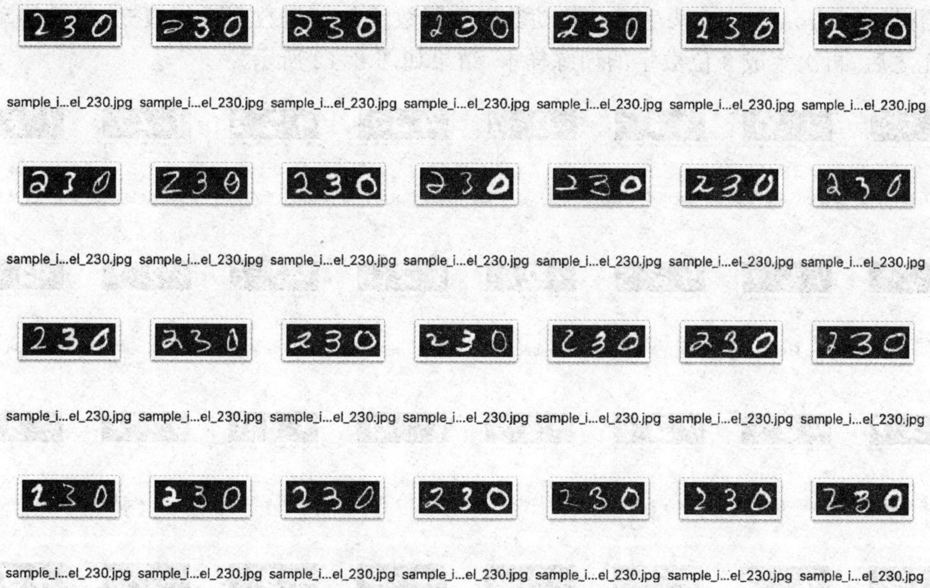

图 8.11　随机生成的 3 位连续数字示例

```
for digit_image_index in zip(digit_image_indices):
    digit_image = images[digit_image_index]
    shift_width = random.randint(-7,7)
    digit_image = self.roll_zeropad(digit_image, shift_width, axis = 1)
    number_image.append(digit_image)
```

其中 roll_zeropad 方法是由 Ken Arnold 编写的，与 numpy.roll 方法相比，它将数字向上、下、左、右移动一定位置，但是用 0 补齐空缺的列(行)，其实现过程的代码如下：

```
def roll_zeropad(self, a, shift, axis = None):
  a = np.asanyarray(a)
  if shift == 0: return a
  if axis is None:
      n = a.size
      reshape = True
  else:
      n = a.shape[axis]
      reshape = False
  if np.abs(shift) > n:
      res = np.zeros_like(a)
  elif shift < 0:
      shift += n
      zeros = np.zeros_like(a.take(np.arange(n - shift), axis))
      res = np.concatenate((a.take(np.arange(n - shift, n), axis), zeros), axis)
  else:
      zeros = np.zeros_like(a.take(np.arange(n - shift, n), axis))
      res = np.concatenate((zeros, a.take(np.arange(n - shift), axis)), axis)
  if reshape:
      return res.reshape(a.shape)
  else:
      return res
```

通过 np. zeros_like 方法生成与移动数列相同数量的 0 值数列进行填充，经过移动和 0 值填充之后，再次生成 3 位数字的训练样本，结果如图 8.12 所示。

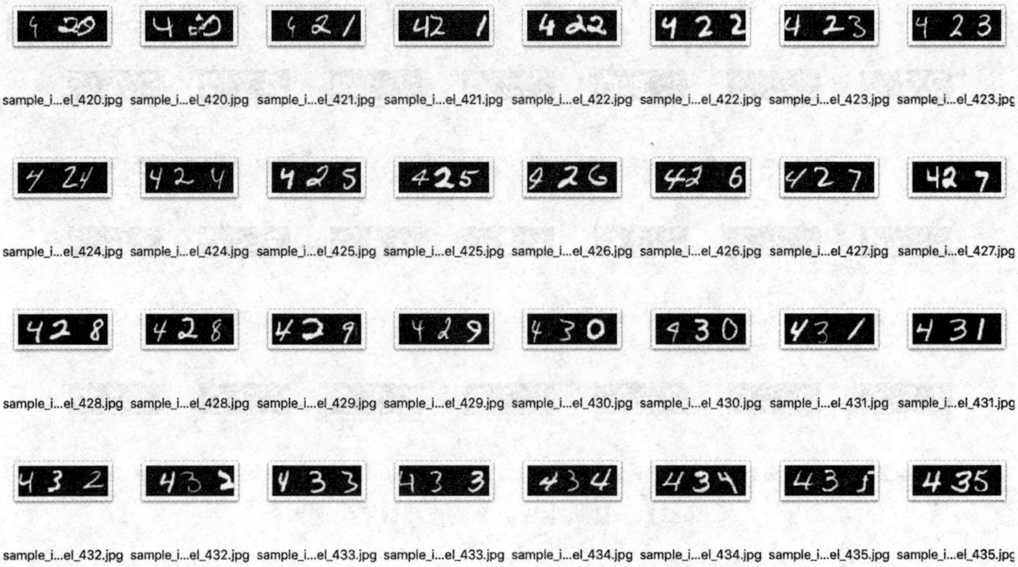

图 8.12 经过平移之后生成的多数字效果

从中可以看到数字之间随机左右移动，像第一个 420 中数字 2 与 0 距离非常接近，与实际手写样式比较吻合，并且部分数字存在一定的切割，即数字的一小部分可能会补移出图像，只保留数字的大部分内容，这也与实际样本一致。

使用相同的方法再生成 2 位、4 位、5 位连续数字各 5000 个，并使用如下方法构建训练集索引文件和生成图片格式的训练样本。

```
with open("data_train.txt", 'w') as infile:
    for i in range(len(images)):
        im = Image.fromarray(images[i])
        im.save(os.path.join(visualize_dir,
                             'sample_image_%d_label_%d.jpg' % (i, labels[i])))
        word_index_list = [str(int(index) + 1) for index in str(labels[i])]
        infile.write('sample_image_%d_label_%d.jpg' % (i, labels[i]) + " " + " ".join(word_
index_list) + "\n")
```

其中 labels 为索引字典，将图片文件名、图中各数字在字典中的索引序号以空格隔开，每行一个样本写入到 data_train. txt 中，同时，将数字的值也写到文件名中，以方便在开发过程中查错。

8.6.2 DenseNet 模型训练

训练样本准备好之后，利用如下代码进行 DenseNet 模型训练。首先引入相应的组件包，包括 keras 中与模型及模型训练相关的包，例如提前终止（EarlyStopping）、模型存储（ModelCheckpoint），学习率调整（LearningRateScheduler）、训练日志板（TensorBoard），引入前面定义的文本识别模型（densenet）及像图片处理相关的组件等。

```
import numpy as np
from PIL import Image
import tensorflow as tf
from keras import backend as K
from keras.layers import Input, Dense, Flatten
from keras.layers.core import Reshape, Masking, Lambda, Permute
from keras.models import Model
from keras.callbacks import EarlyStopping, ModelCheckpoint, LearningRateScheduler, TensorBoard
from imp import reload
import densenet
```

下面是模型构建的方法(get_model),其输入是图片的高度值和训练样本的类别数量,类别数量即字典(lables)数字的数量。

```
def get_model(img_h, nclass):
    input = Input(shape = (img_h, None, 1), name = 'the_input')
    y_pred = densenet.dense_cnn(input, nclass)

    labels = Input(name = 'the_labels', shape = [None], dtype = 'float32')
    input_length = Input(name = 'input_length', shape = [1], dtype = 'int64')
    label_length = Input(name = 'label_length', shape = [1], dtype = 'int64')

    loss_out = Lambda(ctc_lambda_func, output_shape = (1,), name = 'ctc')([y_pred, labels,
input_length, label_length])

    model = Model(inputs = [input, labels, input_length, label_length], outputs = loss_out)
    model.compile(loss = {'ctc': lambda y_true, y_pred: y_pred}, optimizer = 'adam', metrics =
['accuracy'])
    return model
```

其中,densenet.dense_cnn 是利用 8.6 节中定义的原始 DenseNet 生成网络结构,使用 ctc_lambda_func 构建 CTC 损失函数,其详细的定义方法如下:

```
def ctc_lambda_func(args):
    y_pred, labels, input_length, label_length = args
    return K.ctc_batch_cost(labels, y_pred, input_length, label_length)
```

其中,ctc_batch_cost 是 keras 中的内置方法,只要将对应参数传入即可求得 CTC 损失值,其中 y_pred 是模型的输出,是按顺序输出的 11 个数字的概率(含空格),labels 是标签结果数字;input_length 表示 y_pred 的长度;label_length 表示 labels 的长度。定义模型的优化器为 Adam,这一策略的优点是实现简单、高效,并且对内存需求少,可自动调整学习率,指定准确率作为模型的评测指标。模型构建完成之后,进入训练阶段,代码如下:

```
img_height = 28
img_width = 84
batch_size = 128
char_set = open('labels.txt', 'r', encoding = 'utf - 8').readlines()
char_set = ''.join([ch.strip('\n') for ch in char_set][1:] + ['卍'])
num_class = len(char_set)
```

```
K.set_session(get_session())
reload(densenet)
model = get_model(img_height, num_class)

train_set_file = 'images1/data_train_3_train.txt'
test_set_file = 'images1/data_train_3_test.txt'
train_loader = gen(train_set_file, './images1/train', batchsize = batch_size, maxlabellength
= num_class, imagesize = (img_height, img_width))
test_loader = gen(test_set_file, './images1/test', batchsize = batch_size, maxlabellength =
num_class, imagesize = (img_height, img_width))

checkpoint = ModelCheckpoint(filepath = './models/weights_densenet - {epoch:02d} - {val_loss:.
2f}.h5', monitor = 'val_loss', save_best_only = True, save_weights_only = True)
lr_schedule = lambda epoch: 0.0005 * 0.1 * * epoch
learning_rate = np.array([lr_schedule(i) for i in range(9)])
changelr = LearningRateScheduler(lambda epoch: float(learning_rate[epoch]))
earlystop = EarlyStopping(monitor = 'val_loss', patience = 10, verbose = 1)

train_num_lines = sum(1 for line in open(train_set_file))
test_num_lines = sum(1 for line in open(test_set_file))

model.fit_generator(train_loader,
    steps_per_epoch = train_num_lines // batch_size,
    epochs = 20,
    initial_epoch = 0,
    validation_data = test_loader,
    validation_steps = test_num_lines // batch_size,
    callbacks = [checkpoint, earlystop, changelr])
```

读取标签词典，统计标签数量，即单个独立数字的数量，加载模型的初始结构，并建立训练集、测试集生成器，定义模型的保存策略，以验证损失的结果为指标评价标准，只保存最优结果的参数作为模型，保存时将训练回合(epoch)和验证损失保存到模型的文件名中。初始学习率为 0.0005，并随训练回合数增加而逐渐衰减，在验证损失开始下降时，最多再训练 10 个回合就终止训练过程。总的训练回合数量是 20，批大小为 128，经过训练之后，模型存于 models 目录中。

8.6.3 文本识别模型调用

模型使用过程中采用 Web 接口方式向外提供服务，使用 Flask 封装，并使用单例模式定义识别类(OCRModel)，接口同时支持 POST 和 GET 两种方式，如果没有使用 POST 传参数，则会返回 html 页面，内置表单(Form)提交功能，可以直接通过其上传表格图片，调用识别方法的核心代码如下：

```
class OCRModel(metaclass = Singleton):
    def __init__(self):
        self.table_recognizer = TableRecognizer()
        return 0
    def do_ocr(self, table_pic_path, table_type, rules_json):
```

```
        ret, results = self.table_recognizer.box_extraction(table_pic_path, table_type,
rules_json)
        return ret,results
def allowed_file(filename):
    return '.' in filename and \
        filename.rsplit('.', 1)[1].lower() in ALLOWED_EXTENSIONS

@app.route('/api/v1.0/table', methods = ['POST','GET'])
def upload_file():
    if request.method == 'POST':
        if 'file' not in request.files:
            flash('No file part')
            return redirect(request.url)
        file = request.files['file']
        if file.filename == '':
            flash('No selected file')
            return redirect(request.url)
        if file and allowed_file(file.filename):
            filename = secure_filename(file.filename)
            file_path = os.path.join(app.config['UPLOAD_FOLDER'], filename)
            file.save(file_path)
            tager = OCRModel()
            ret,result = tager.do_ocr(file_path,rule_json)
            response = app.response_class(
                response = json.dumps({"result": {"status" : ret, "text": "|".join(result)}}),
                status = 200,
                mimetype = 'application/json'
            )
            return response
    return '''
        <!doctype html>
        <title>OCR Demo</title>
        <h1>上传表格图片</h1>
        <form method = post enctype = multipart/form - data>
        表格图片: <input type = file name = file>
        <input type = submit value = "上传">
        </form>
'''
if __name__ == '__main__':
    tager = OCRModeleModel()
    http_server = HTTPServer(WSGIContainer(app))
    http_server.listen(5000) # flask 默认的端口
    IOLoop.instance().start()
```

首先,识别模型 OCRModeleModel 中主要使用 TableRecognizer 进行表格切分,对于表格切分之后的单元格进行识别,并将识别结果进行组合,构造一个 JSON 格式的返回结果,

表格的行之间用竖线("|")分隔。其中,识别模型的加载和使用代码如下:

```
class PredictModel(metaclass = Singleton):
    def __init__(self):
        print('loading model...')
        model_path = 'densenet/models/weights_densenet - 04 - 0.14.h5'
        reload(densenet)

        input = Input(shape = (28, None, 1), name = 'the_input')
        y_pred = densenet.dense_cnn(input, nclass)
        self.basemodel = Model(inputs = input, outputs = y_pred)

        modelPath = os.path.join(os.getcwd(), model_path)
        if os.path.exists(modelPath):
            self.basemodel.load_weights(modelPath)
        else:
            print("error: model not exists!")

    def predict(self, img):
        width, height = img.size[0], img.size[1]
        scale = height * 1.0 / 28.0
        width = int(width / scale)

        if height <= 0 or width <= 0: return ""
        img = img.resize([width, 28], Image.ANTIALIAS)
        img = np.array(img).astype(np.float32) / 255.0 - 0.5
        X = img.reshape([1, 28, width, 1])

        y_pred = self.basemodel.predict(X)
        y_pred = y_pred[:, :, :]

        char_list = []
        pred_text = y_pred.argmax(axis = 2)[0]
        for i in range(len(pred_text)):
            if pred_text[i] != nclass - 1 and ((not (i > 0 and pred_text[i] == pred_text
[i - 1])) or (i > 1 and pred_text[i] == pred_text[i - 2])):
                char_list.append(characters[pred_text[i] - 1])

        return u''.join(char_list)
```

其中,模型 weights_densenet-04-0.14.h5 训练了 4 个 epoch,验证损失为 0.14,在系统启动初始化时,通过 Model.load_weights 方法将其加载到内存中,由于 PredictModel 实现了单例模式,所以多次生成此类对象不会重新加载模型。

在使用模型进行识别图像时,调用 predict 方法,由于训练样本的高度为 28 像素,宽度自适应,所以在识别时要先调整图像大小,使其成为高度是 28 像素,宽度按比例缩放,并且将图像的维度调整(reshape)为[1,28,width,1]的形式,即 1 个 28×width 的样本,需要预测 1 个结果值,使用 basemodel.predict 方法进行预测之后,得到的是字典中的索引序号值,需要将结果进行翻译,从词典中找到对应的数字,然后拼接之后作为识别结果返回给调用程序。

本章主要介绍了图像识别相关的预处理技术、训练样本生成、DenseNet 模型训练及使用等相关技术，从中可以理解图像处理过程中的常见问题及解决策略。由于业务处理中对于识别效率要求较高，在涉及识别结果修正时，采用独立的日期、文字、字母、数字等模型识别，在不指定表格中单元格格式的情况下采用综合模型识别，除此之外，可结合语言模型对识别结果的合理性进行判断，语言模型的输出结果为困惑度值，其值越高说明越不常见，不合理的可能越高。如果得到其困惑度值较高，基于最佳概率替换，以修正初始结果。

综合来看，通过本章学习可对基本的图像处理相关技术有初步了解，为将来从事图像处理相关领域工作打下基础，除本章介绍的相关技术外，有兴趣的读者可深度阅读文本检测相关技术，如 CTPN(Connectionist Text Proposal Network)等，用于复杂环境下文本内容的检测与识别。

第 9 章

超分辨率图像重建

在计算机视觉领域,图像超分辨率(Image Super Resolution)重建技术很重要。图像的分辨率高意味着图像有着更高的清晰度,视觉上会捕获更多的细节信息。低分辨率的图像更为粗糙,一定程度上影响了信息的传递。由于技术或环境的影响,例如早期摄像设备的分辨率较低、拍摄环境光线不充分、拍摄中抖动等原因,低分辨率图像无可避免。图像超分辨率技术就是在低分辨率图像的基础上,重建出高分辨的图像。图像超分辨率有非常多的应用场景,例如在医学影像中,利用图像超分辨率技术可以将诊断报告进一步清晰化,便于医生诊断病灶;在卫星遥感领域,图像超分辨率技术可以重建由于天气原因模糊的卫星图像;在视频影像领域,图像超分辨率技术可以为年代较为长远的视频提升清晰度,在今天重现于荧幕上;在军事领域,图像超分辨技术可以使战场上侦察的图像有更多的细节信息,帮助军队决策;在监控领域,监控常常会被噪声污染,超分辨率重建可以帮助监控清晰化,有助于侦破案件。

图像超分辨率技术已经有了几十年的发展,经典的方法是基于插值的方法,这种方法原理非常简单,即通过一定的先验知识对拓展后的像素点进行填充,常见的最近邻插值就是将像素点最近的像素灰度值赋予目标像素点,其他的方法包括双线性插值、双平方插值、双立方插值等。基于插值的方法原理简单计算速度快,但效果较差,锯齿效果较明显,无法满足实际应用的高要求。另一类方法是基于重建的方法,包括了凸集投影法、最大后验概率估计法等,这类方法虽然一定程度上提升了重建后的图像质量,但是算法的参数很难估计,计算量也较大。深度学习的崛起为图像超分辨率提供了新的思路,该方法试图学习低分辨率图像与高分辨率图像之间的映射关系,以 CNN 作为主要的建模方式。最近几年使用深度学习进行图像超分辨率重建成为计算机视觉领域的热门话题,大量的网络被提出,超分辨率技术也有了质的飞跃。

本章节将使用卷积神经网络、生成对抗网络、残差网络等模型对图像进行超分辨率重建。

9.1 数据探索

本节以 CelebA 数据集作为示例。CelebA 是香港中文大学开放的人脸识别数据，包括 10 177 个名人的 202 599 张图片，并有 5 个位置标记和 40 个属性标记，可以作为人脸检测、人脸属性识别、人脸位置定位等任务的数据集。本节使用该数据集中的 img_align_celeba.zip 文件，选择了其中前 10 661 张图片，每张图片根据人像双眼的位置调整为 219×178 像素(72ppi)。解压后的部分图片如图 9.1 所示。

图 9.1 初始数据集

本节需要得到图 9.1 中图像的低分辨率图像，并通过深度学习将这些低分辨率图像提升为高分辨率图像，最后与图 9.1 中的原图进行对比查看模型的效果。

可选择的其他数据集包括：

(1) DIV2K 数据集，本数据集包括了 1000 张 2000 像素(72ppi)分辨率的图像，图像内容涉及风景、人物、动物等类型，并提供了原始高分辨率图像和使用不同插值方法得到的低分辨率图像。

(2) Yahoo MirFlickr 数据集，本数据集是在摄影网站 Flickr 上通过其公共 API 下载的 25 000 张图像，并提供了完整的手工标注。数据包括了多种类别的图像。

(3) COCO 数据集，该数据集由微软公司发布，包括 33 万张图像、80 种类别的 150 万种对象。同时提供了对应的标签数据。

在图像超分辨率问题中，理论上可以选择任意的图像数据，但是使用有更多细节纹理的图像可能会有更好的效果，使用无损压缩格式的 PNG 格式图像比 JPG 格式图像效果好。

9.2 数据预处理

数据预处理需要将图 9.1 中的原始图像整理为神经网络的对应输入与输出，并对输入做数据增强。在预处理前，将最后五张图像移动到新的文件夹中作为测试图像，其余图像作为训练图像。

9.2.1 图像尺寸调整

图 9.1 中图像尺寸为 219×178px(72ppi),为了提升实验效率和效果,首先将训练与测试图像尺寸调整到 128×128 像素(72ppi)。这里使用了 PIL(Python Imaging Library)进行图像处理,并且没有直接使用 resize 函数,因为 resize 函数进行下采样会降低图像的分辨率,这里使用了 crop 函数在图像中间进行裁剪,并将最后裁剪后的图像持久化保存,代码如下:

```
def resize_data():
    train_files = tf.gfile.ListDirectory(train_hr_dir)
    test_files = tf.gfile.ListDirectory(test_hr_dir)
    isr_util.delete_or_makedir(resize_train_dir)
    isr_util.delete_or_makedir(resize_test_dir)
    for file in train_files:
        isr_util.resize_image(file, train_hr_dir, resize_train_dir)
    for file in test_files:
        isr_util.resize_image(file, test_hr_dir, resize_test_dir)
def resize_image(filename, hr_dir, resize_dir):
    image_size = 128
    image = Image.open(os.path.join(hr_dir, filename))
    half_the_width = image.size[0] / 2
    half_the_height = image.size[1] / 2
    image = image.crop(
        (
            half_the_width - 64,
            half_the_height - 64,
            half_the_width + 64,
            half_the_height + 64
        )
    )
    file, ext = os.path.splitext(filename)
    image.save(os.path.join(resize_dir, file + '-resized.png'))
```

9.2.2 载入数据

在神经网络训练过程中,每一次迭代将会在测试集上检验当前模型的效果,因此在每一次训练前需要将训练环境重置。这里没有对 checkpoint 文件夹进行清空,因此保留了训练过程中保存下的模型,代码如下:

```
def prepare_train_dirs(checkpoint_dir, train_log_dir, delete_train_log_dir = False):
    # Create checkpoint dir (do not delete anything)
    if not tf.gfile.Exists(checkpoint_dir):
        tf.gfile.MakeDirs(checkpoint_dir)
    # Cleanup train log dir
    if delete_train_log_dir:
        delete_or_makedir(train_log_dir)
```

实验中使用 TensorFlow 的 Dataset API,该 API 对数据集进行了高级的封装,可以对数据进行批量载入、预处理、批次读取、shuffle、prefetch 等操作。其中 prefetch 操作对内存有要求，内存不足可以不进行 prefetch。由于后续的网络结构较深，因此对显存有相当高的要求，这里的 batch 设为 30，如果显存足够或不足可以适当进行调整，代码如下：

```
def load_data(data_dir, training = False):
    filenames = tf.gfile.ListDirectory(data_dir)
    filenames = [os.path.join(data_dir, f) for f in filenames]
    random.shuffle(filenames)
    image_count = len(filenames)
    print(image_count)
    image_ds = tf.data.Dataset.from_tensor_slices(filenames)
    image_ds = image_ds.map(lambda image_path: preprocess_image(image_path, training = 
training))
    BATCH_SIZE = 30
    image_ds = image_ds.batch(BATCH_SIZE)
    # image_ds = image_ds.prefetch(buffer_size = 400)
    return image_ds
```

9.2.3 图像预处理

在图像处理中，常常在图像输入网络前对图像进行数据增强。数据增强有两个主要目的：一是通过对图像的随机变换增加训练数据，二是通过增强使训练出的模型尽可能少地受到无关因素的影响，增加模型的泛化能力。这里首先在文件中读取前文裁剪后的图像；然后对训练图像进行随机的左右翻转；并在一定范围内随机调整图像的饱和度、亮度、对比度和色相；然后将读取的 RGB 值规范化到[−1,1]区间；最后使用双三次插值的方法将图像下采样四倍到 32×32 像素(72ppi)，代码如下：

```
def preprocess_image(image_path, training = False):
    image_size = 128
    k_downscale = 4
    downsampled_size = image_size // k_downscale
    image = tf.read_file(image_path)
    image = tf.image.decode_jpeg(image, channels = 3)
    if training:
        image = tf.image.random_flip_left_right(image)
        image = tf.image.random_saturation(image, 0.95, 1.05)           # 饱和度
        image = tf.image.random_brightness(image, 0.05)                 # 亮度
        image = tf.image.random_contrast(image, 0.95, 1.05)             # 对比度
        image = tf.image.random_hue(image, 0.05)                        # 色相
    label = (tf.cast(image, tf.float32) - 127.5) / 127.5 # normalize to [ - 1,1] range
    feature = tf.image.resize_images(image, [downsampled_size, downsampled_size], tf.
image.ResizeMethod.BICUBIC)
    feature = (tf.cast(feature, tf.float32) - 127.5) / 127.5 # normalize to [ - 1,1] range
    # if training:
    #     feature = feature + tf.random.normal(feature.get_shape(), stddev = 0.03)
    return feature, label
```

9.2.4 持久化测试数据

在预处理后，实验将把测试集的特征和标签数据持久化到本地，以便在后续的训练中与模型的输出对比，代码如下：

```
def save_feature_label(train_log_dir, test_image_ds):
    feature_batch, label_batch = next(iter(test_image_ds))
    feature_dir = train_log_dir + '0_feature/'
    label_dir = train_log_dir + '0_label/'
    delete_or_makedir(feature_dir)
    delete_or_makedir(label_dir)
    for i, feature in enumerate(feature_batch):
        if i > 5:
            break
        misc.imsave(feature_dir + '{:02d}.png'.format(i), feature)
    for i, label in enumerate(label_batch):
        if i > 5:
            break
        misc.imsave(label_dir + '{:02d}.png'.format(i), label)
```

9.3 模型设计

本节使用GAN、CNN和ResNet的组合构建超分辨率模型。首先介绍GAN的生成器中使用到的残差块与上采样的PixelShuffle，然后分别介绍GAN中的生成器与判别器，最后介绍模型的训练过程。

9.3.1 残差块

深度学习的网络模型往往比较深，但是网络的加深并不一定意味着模型效果更好。将常规的网络(Plain Network)进行多层堆叠，对图像识别的结果进行检验，可以发现随着网络的加深，模型的表现越来越好。但是当网络深度达到某一数目后，模型效果开始有显著的下降，更深的模型变得更难训练。深层网络难以训练的原因是链式求导更新梯度中，梯度随着网络层次的加深在前面的层中会衰减到很低的值，就无法再对参数进行有效的调整，也就是出现了梯度消失的问题。

残差网络的出现一定程度上解决了上述问题。残差网络假设在浅层的网络中模型有了较好的表现，那么在浅层网络之后堆叠几个恒等映射层(Identity Mapping)，这样会导致网络更深，但是网络的误差不会增加。基于这样的假设，ResNet引入了残差块的设计，如图9.2所示。残差块的输入为 x，正常的模型设计的输出是两层神经网络的输出 $F(x)$，残差块将输入的 x 与两层的输出 $F(x)$

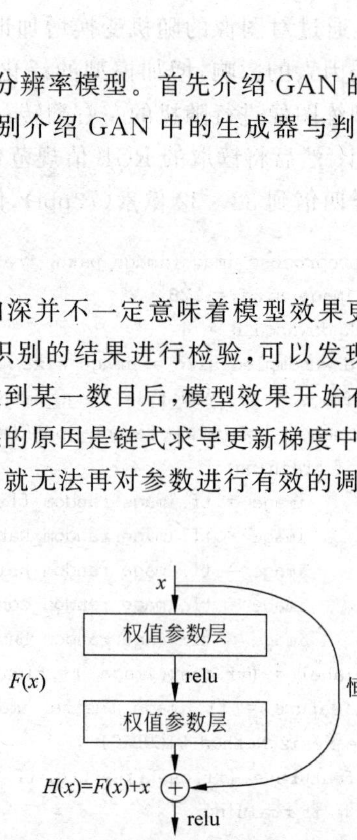

图9.2 残差块

相加的结果 $H(x)$作为残差块的输出。这样的设计达到了前面假设的目的,训练的目标是使得残差 $F(x)=H(x)-x$ 逼近于0,即 $H(x)$与 x 尽可能的近似。随着网络层次的加深,这样的设计保证了在后续的层次中网络的准确度不会下降。

在本节中,图 9.2 残差块中权值参数层(weight layer)有 64 个特征图输出、卷积核大小为 3×3,步长为 1 的卷积层,并设置了 Batch Normalization 层,ReLU 激活函数也改为 PReLU,代码如下:

```
class _IdentityBlock(tf.keras.Model):
    def __init__(self, filter, stride, data_format):
        super(_IdentityBlock, self).__init__(name = '')
        bn_axis = 1 if data_format == 'channels_first' else 3
        self.conv2a = tf.keras.layers.Conv2D(
            filter, (3, 3), strides = stride, data_format = data_format, padding = 'same', use_
bias = False)
        # self.bn2a = tf.keras.layers.BatchNormalization(axis = bn_axis)
        self.prelu2a = tf.keras.layers.PReLU(shared_axes = [1, 2])
        self.conv2b = tf.keras.layers.Conv2D(
            filter, (3, 3), strides = stride, data_format = data_format, padding = 'same', use_
bias = False)
        # self.bn2b = tf.keras.layers.BatchNormalization(axis = bn_axis)
    def call(self, input_tensor):
        x = self.conv2a(input_tensor)
        # x = self.bn2a(x)
        x = self.prelu2a(x)
        x = self.conv2b(x)
        # x = self.bn2b(x)
        x = x + input_tensor
        return x
```

9.3.2 上采样 PixelShuffler

目标是将 32×32 像素(72ppi)的低分辨率图像变换成超分辨率到 128×128 像素(72ppi),因此模型无可避免需要做上采样的操作。在模型设计阶段,使用了 Conv2DTranspose 方法。该方法是反卷积,即卷积操作的逆,但是实验结果发现该方法会造成非常明显的噪声像素;第二种上采样方法是 TensorFlow UpSampling2D+Conv2D 的方法,该方法是 CNN 中常见的 max pooling 的逆操作,实验结果发现该方法损失了较多的信息,实验效果不佳。这里选择了 PixelShuffle 作为上采样的方法。PixelShuffle 操作如图 9.3 所示。输入为 H×W 像素(72ppi)的低分辨率图像,首先通过卷积操作得到 r^2 个特征图(r 为上采样因子,即图像放大的倍数),其中特征图的大小与低分辨率图的大小一致,然后通过周期筛选(periodic shuffing)得到高分辨率的图像。

将卷积部分的操作放到了 GAN 的生成器中,下面的代码展示了如何在 r^2 个特征图上做周期筛选得到目标高分辨率图像的输出。

```
def pixelShuffler(inputs, scale = 2):
    size = tf.shape(inputs)
    batch_size = size[0]
```

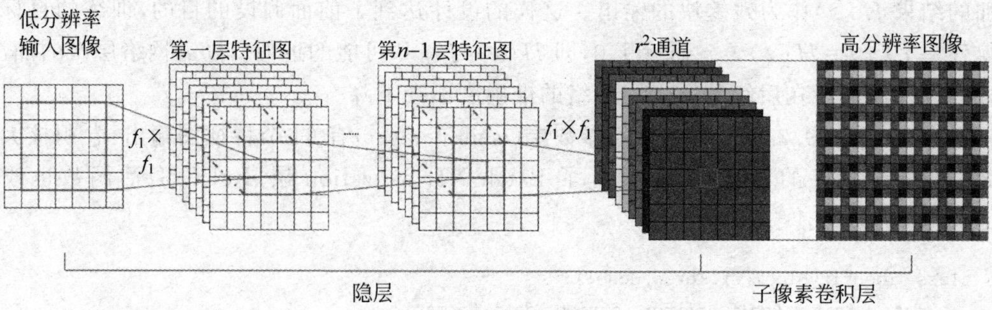

图 9.3 PixelShuffle 操作

```
    h = size[1]
    w = size[2]
    c = inputs.get_shape().as_list()[-1]
    # Get the target channel size
    channel_target = c // (scale * scale)
    channel_factor = c // channel_target
    shape_1 = [batch_size, h, w, channel_factor // scale, channel_factor // scale]
    shape_2 = [batch_size, h * scale, w * scale, 1]
    # Reshape and transpose for periodic shuffling for each channel
    input_split = tf.split(inputs, channel_target, axis=3)
    output = tf.concat([phaseShift(x, scale, shape_1, shape_2) for x in input_split], axis=3)
    return output
def phaseShift(inputs, scale, shape_1, shape_2):
    # Tackle the condition when the batch is None
    X = tf.reshape(inputs, shape_1)
    X = tf.transpose(X, [0, 1, 3, 2, 4])
    return tf.reshape(X, shape_2)
```

9.3.3 生成器

本实验使用的基本模型是GAN，在GAN的生成器部分将从低分辨率的输入产生高分辨率的模型输出。生成器由五个部分构成：

（1）特征图为64个，卷积核大小为9×9，步长为1的卷积层。该层在输入层后，是模型的第一个卷积层。

（2）残差块部分。该部分一共有64个残差块，每一个是如9.3.1节中所述的包括两个卷积层和一个捷径连接的残差块。

（3）特征图为64个，卷积核大小为3×3，步长为1的卷积层。该层的输出将与第一个卷积层的输出做捷径连接。

（4）上采样模块，该部分进行两次上采样，每一次将图像大小扩大两倍。每一次上采样包括了一个卷积层和一次如9.3.2节所述的PixelShuffle操作。

（5）特征图为3个像素，卷积核大小为9×9，步长为1的卷积层。该层将特征图大小缩小到目标的RGB三个维度，获得最终的生成器输出。

该部分的代码如下：

```
class Generator(tf.keras.Model):
    def __init__(self, data_format = 'channels_last'):
        super(Generator, self).__init__(name = '')
        if data_format == 'channels_first':
            self._input_shape = [-1, 3, 32, 32]
            self.bn_axis = 1
        else:
            assert data_format == 'channels_last'
            self._input_shape = [-1, 32, 32, 3]
            self.bn_axis = 3
        self.conv1 = tf.keras.layers.Conv2D(
            64, kernel_size = 9, strides = 1, padding = 'SAME', data_format = data_format)
        self.prelu1 = tf.keras.layers.PReLU(shared_axes = [1, 2])

        self.res_blocks = [_IdentityBlock(64, 1, data_format) for _ in range(16)]
        self.conv2 = tf.keras.layers.Conv2D(
            64, kernel_size = 3, strides = 1, padding = 'SAME', data_format = data_format)
        self.upconv1 = tf.keras.layers.Conv2D(
            256, kernel_size = 3, strides = 1, padding = 'SAME', data_format = data_format)
        self.prelu2 = tf.keras.layers.PReLU(shared_axes = [1, 2])
        self.upconv2 = tf.keras.layers.Conv2D(
            256, kernel_size = 3, strides = 1, padding = 'SAME', data_format = data_format)
        self.prelu3 = tf.keras.layers.PReLU(shared_axes = [1, 2])
        self.conv4 = tf.keras.layers.Conv2D(
            3, kernel_size = 9, strides = 1, padding = 'SAME', data_format = data_format)
    def call(self, inputs):
        x = tf.reshape(inputs, self._input_shape)
        x = self.conv1(x)
        x = self.prelu1(x)
        x_start = x
        for i in range(len(self.res_blocks)):
            x = self.res_blocks[i](x)
        x = self.conv2(x)
        x = x + x_start
        x = self.upconv1(x)
        x = pixelShuffler(x)
        x = self.prelu2(x)
        x = self.upconv2(x)
        x = pixelShuffler(x)
        x = self.prelu3(x)
        x = self.conv4(x)
        x = tf.nn.tanh(x)
        return x
```

9.3.4 判别器

GAN 判别器的输入是一张 128×128 像素(72ppi)的图像，目标输出是一个布尔值，也就是判断输入的图像是真的图像还是通过模型伪造的图像。本实验设计的生成器是由全卷积网络实现，由五个部分组成：

(1) 两个卷积层,第一个是特征图为 64 个,卷积核大小为 3×3,步长为 1 的卷积层;第二个是特征图大小为 64 个,卷积核大小为 3×3,步长为 2 的卷积层。通过该部分,图像的尺寸将会由 128×128 像素(72ppi)降低到 64×64 像素(72ppi)。

(2) 两个卷积层,第一个是特征图为 128 个,卷积核大小为 3×3,步长为 1 的卷积层;第二个是特征图为 128 个,卷积核大小为 3×3,步长为 2 的卷积层。通过该部分,图像的尺寸将会由 64×64 像素(72ppi)降低到 32×32 像素(72ppi)。

(3) 两个卷积层,第一个是特征图为 256 个,卷积核大小为 3×3,步长为 1 的卷积层;第二个是特征图为 256 个,卷积核大小为 3×3,步长为 2 的卷积层。通过该部分,图像的尺寸将会由 32×32 像素(72ppi)降低到 16×16 像素(72ppi)。

(4) 两个卷积层,第一个是特征图为 512 个,卷积核大小为 3×3,步长为 1 的卷积层;第二个是特征图大小为 512 卷积核大小为 3×3,步长为 2 的卷积层。通过该部分,图像的尺寸将会由 16×16 像素(72ppi)降低到 8×8 像素(72ppi)。

(5) 两个 Dense 层,第一个长度为 1024 个,第二个长度为 1 个,注意最后的输出没有进行 Sigmoid 映射,这部分将在损失函数部分处理。

判别器中各层的激活函数使用的是 Leaky ReLU,实验还添加了相应了 Batch Normalization 层,可自定义是否保留,代码如下:

```
class Discriminator(tf.keras.Model):
    def __init__(self, data_format = 'channels_last'):
        super(Discriminator, self).__init__(name = '')
        if data_format == 'channels_first':
            self._input_shape = [-1, 3, 128, 128]
            self.bn_axis = 1
        else:
            assert data_format == 'channels_last'
            self._input_shape = [-1, 128, 128, 3]
            self.bn_axis = 3
        self.conv1 = tf.keras.layers.Conv2D(
            64, kernel_size = 3, strides = 1, padding = 'SAME', data_format = data_format)
        self.conv2 = tf.keras.layers.Conv2D(
            64, kernel_size = 3, strides = 2, padding = 'SAME', data_format = data_format)
        # self.bn2 = tf.keras.layers.BatchNormalization(axis = self.bn_axis)
        self.conv3 = tf.keras.layers.Conv2D(
            128, kernel_size = 3, strides = 1, padding = 'SAME', data_format = data_format)
        # self.bn3 = tf.keras.layers.BatchNormalization(axis = self.bn_axis)
        self.conv4 = tf.keras.layers.Conv2D(
            128, kernel_size = 3, strides = 2, padding = 'SAME', data_format = data_format)
        # self.bn4 = tf.keras.layers.BatchNormalization(axis = self.bn_axis)
        self.conv5 = tf.keras.layers.Conv2D(
            256, kernel_size = 3, strides = 1, padding = 'SAME', data_format = data_format)
        # self.bn5 = tf.keras.layers.BatchNormalization(axis = self.bn_axis)
        self.conv6 = tf.keras.layers.Conv2D(
            256, kernel_size = 3, strides = 2, padding = 'SAME', data_format = data_format)
        # self.bn6 = tf.keras.layers.BatchNormalization(axis = self.bn_axis)
        self.conv7 = tf.keras.layers.Conv2D(
            512, kernel_size = 3, strides = 1, padding = 'SAME', data_format = data_format)
```

```
        # self.bn7 = tf.keras.layers.BatchNormalization(axis = self.bn_axis)
        self.conv8 = tf.keras.layers.Conv2D(
            512, kernel_size = 3, strides = 2, padding = 'SAME', data_format = data_format)
        # self.bn8 = tf.keras.layers.BatchNormalization(axis = self.bn_axis)
        self.fc1 = tf.keras.layers.Dense(1024)
        self.fc2 = tf.keras.layers.Dense(1)
    def call(self, inputs):
        x = tf.reshape(inputs, self._input_shape)
        x = self.conv1(x)
        x = tf.nn.leaky_relu(x)
        x = self.conv2(x)
        # x = self.bn2(x)
        x = tf.nn.leaky_relu(x)
        x = self.conv3(x)
        # x = self.bn3(x)
        x = tf.nn.leaky_relu(x)
        x = self.conv4(x)
        # x = self.bn4(x)
        x = tf.nn.leaky_relu(x)
        x = self.conv5(x)
        # x = self.bn5(x)
        x = tf.nn.leaky_relu(x)
        x = self.conv6(x)
        # x = self.bn6(x)
        x = tf.nn.leaky_relu(x)
        x = self.conv7(x)
        # x = self.bn7(x)
        x = tf.nn.leaky_relu(x)
        x = self.conv8(x)
        # x = self.bn8(x)
        x = tf.nn.leaky_relu(x)
        x = self.fc1(x)
        x = tf.nn.leaky_relu(x)
        x = self.fc2(x)
        return x
```

9.3.5 损失函数与优化器定义

在常规的 GAN 中,生成器的损失函数为对抗损失,目标是生成让判别器无法区分的数据分布,即让判别器将生成器生成的图像判定为真实图像的概率尽可能高。但是在超分辨率任务中,这样的损失定义很难帮助生成器去生成细节足够真实的图像。因此本实验为生成器添加了额外的内容损失。内容损失的定义有两种方式:一种是经典的均方误差损失,即对生成器生成的网络与真实图像直接求均方误差,可以得到很高的信噪比,但是图像在高频细节上有缺失。第二种内容损失是以预训练的 VGG 19 网络的 ReLU 激活层结果作为基础的 VGG loss,然后通过求生成图像和原始图像特征表示的欧氏距离来计算当前的内容损失。

本实验选择了 VGG loss 作为内容损失,最终的生成器损失定义为内容损失和对抗损

失的加权和,代码如下(首先定义用于计算内容损失的 VGG 19 网络):

```
def vgg19():
    vgg19 = tf.keras.applications.vgg19.VGG19(include_top = False, weights = 'imagenet',
input_shape = (128, 128, 3))
    vgg19.trainable = False
    for l in vgg19.layers:
        l.trainable = False
    loss_model = tf.keras.Model(inputs = vgg19.input, outputs = vgg19.get_layer('block5_
conv4').output)
    loss_model.trainable = False
    return loss_model
def create_g_loss(d_output, g_output, labels, loss_model):
    gene_ce_loss = tf.losses.sigmoid_cross_entropy(tf.ones_like(d_output), d_output)
    vgg_loss = tf.keras.backend.mean(tf.keras.backend.square(loss_model(labels) - loss_
model(g_output)))
    # mse_loss = tf.keras.backend.mean(tf.keras.backend.square(labels - g_output))
    g_loss = vgg_loss + 1e-3 * gene_ce_loss
    # g_loss = mse_loss + 1e-3 * gene_ce_loss
    return g_loss
```

判别器损失与传统的 GAN 判别器损失类似,目标是将生成器生成的伪造图像尽可能判定为假的,将真实的原始图像尽可能判断为真的。最终的判别器损失是两部分的损失之和,代码如下:

```
def create_d_loss(disc_real_output, disc_fake_output):
    disc_real_loss = tf.losses.sigmoid_cross_entropy(tf.ones_like(disc_real_output), disc_
real_output)
    disc_fake_loss = tf.losses.sigmoid_cross_entropy(tf.zeros_like(disc_fake_output), disc
_fake_output)
    disc_loss = tf.add(disc_real_loss, disc_fake_loss)
    return disc_loss
```

优化器选择 Adam,beta1 设为 0.9,beta2 设为 0.999,epsilon 设为 1e−8,以减少震荡。代码如下:

```
def create_optimizers():
    g_optimizer = tf.train.AdamOptimizer(learning_rate = 1e-4, beta1 = 0.9, beta2 = 0.999,
epsilon = 1e-8)
    d_optimizer = tf.train.AdamOptimizer(learning_rate = 1e-4, beta1 = 0.9, beta2 = 0.999,
epsilon = 1e-8)
    return g_optimizer, d_optimizer
```

9.3.6 训练过程

在上文中已经定义了实验的输入输出数据、生成器与判别器模型以及相应的优化器,下面介绍训练的过程。首先导入上文的数据、模型与判别器,然后定义 checkpoint 以持久化保存模型,一个批次一个批次地读取数据,进行每一步的训练。总体训练流程代码如下:

```
def train(train_log_dir, train_image_ds, test_image_ds, epochs, checkpoint_dir):
    generator = isr_model.Generator()
    discriminator = isr_model.Discriminator()
    g_optimizer, d_optimizer = isr_model.create_optimizers()
    checkpoint_prefix = os.path.join(checkpoint_dir, "ckpt")
    checkpoint = tf.train.Checkpoint(g_optimizer = g_optimizer,
                                     d_optimizer = d_optimizer,
                                     generator = generator,
                                     discriminator = discriminator)
    loss_model = isr_util.vgg19()
    for epoch in range(epochs):
        all_g_cost = all_d_cost = 0
        step = 0
        it = iter(train_image_ds)
        while True:
            try:
                image_batch, label_batch = next(it)
                step = step + 1
                  g_loss, d_loss = train_step(image_batch, label_batch, loss_model,
generator, discriminator,
                                          g_optimizer, d_optimizer)
                all_g_cost = all_g_cost + g_loss
                all_d_cost = all_d_cost + d_loss
            except StopIteration:
                break
        generate_and_save_images(train_log_dir, generator, epoch + 1, test_image_ds)
        # saving (checkpoint) the model every 20 epochs
        if (epoch + 1) % 20 == 0:
            checkpoint.save(file_prefix = checkpoint_prefix)
```

在每一步的训练中，首先通过生成器获得伪造的高分辨率图像，然后分别计算生成器与判别器的损失，再更新生成器与判别器的参数，注意这里生成器与判别器的训练次数比例是1∶1，代码如下：

```
def train_step(feature, label, loss_model, generator, discriminator, g_optimizer, d_
optimizer):
    with tf.GradientTape() as g_tape, tf.GradientTape() as d_tape:
        generated_images = generator(feature)
        real_output = discriminator(label)
        generated_output = discriminator(generated_images)
        g_loss = isr_model.create_g_loss(generated_output, generated_images, label, loss_
model)
        d_loss = isr_model.create_d_loss(real_output, generated_output)
    gradients_of_generator = g_tape.gradient(g_loss, generator.variables)
    gradients_of_discriminator = d_tape.gradient(d_loss, discriminator.variables)
    g_optimizer.apply_gradients(zip(gradients_of_generator, generator.variables))
    d_optimizer.apply_gradients(zip(gradients_of_discriminator, discriminator.variables))
    return g_loss, d_loss
```

在全部训练数据迭代完一个批次后，将在测试集上验证当前的生成器模型，并将结果保

存到本地供后续查看,代码如下:

```
def generate_and_save_images(train_dir, model, epoch, test_image_ds):
    dir = train_dir + str(epoch) + '/'
    feature_batch, _ = next(iter(test_image_ds))
    if tf.gfile.Exists(dir):
        tf.gfile.DeleteRecursively(dir)
    tf.gfile.MakeDirs(dir)
    predictions = model(feature_batch)
    for i, pred in enumerate(predictions):
        if i > 5:
            break
        misc.imsave(dir + 'image_{:02d}.png'.format(i), pred)
```

9.4 实验评估

评估将对比低分辨率图片、模型生成的高分辨率图片和原始图片的区别。本实验的训练数据有 10 656 张图片,测试数据为 5 张图片。由于实验评估图像分辨率的提升效果,因此不需要按照一定比例划分训练集和测试集,而较多的训练数据也有更好的建模效果。按照本实验现在的模型,需要的显存约为 6.8GB,如果增大批次数量,增加卷积层特征图数量,加深网络或增大原始图片分辨率,将进一步增加显存。

在本实验中,使用的是 TensorFlow GPU 版本,实验的 GPU 是 NVIDIA GeForce GTX 1080,显存大小为 8GB。当前实验的各项超参数已经达到该显卡的最大可用显存。当前训练集一次迭代约需要 7~8 分钟,20 次迭代的训练将持续约 2.5 小时。本实验前 60 次迭代的训练损失如图 9.4 所示。

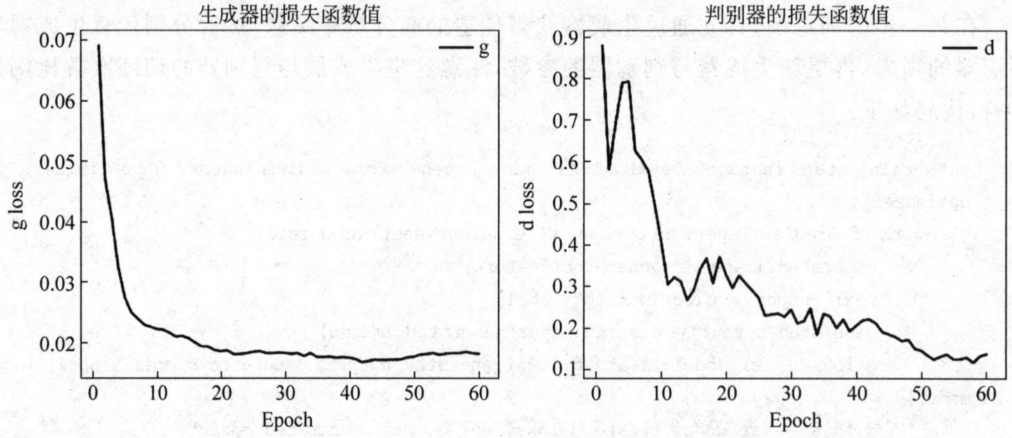

图 9.4 训练损失图

图 9.4 中生成器的损失在前 20 次迭代迅速下降,其后在 0.02 上下波动,损失进一步下降,变得缓慢。判别器的损失下降较为明显,但是注意到有多次震荡情况的出现。继续增大迭代次数可能会有更好的损失表现。表 9.2 显示了迭代 42 次和迭代 60 次后的模型在测试集上的表现对比。

表 9.1 对比图

输入低分辨率图像	42次迭代后输出	60次迭代后输出	原始高分辨率图像
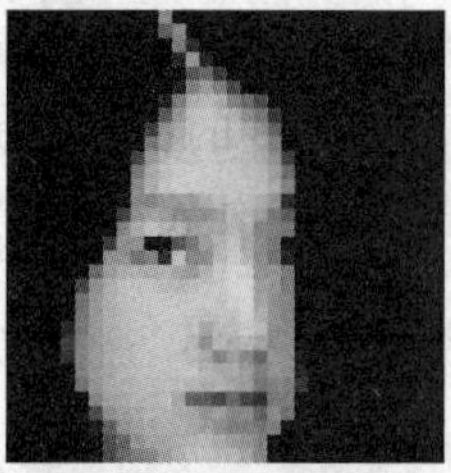			
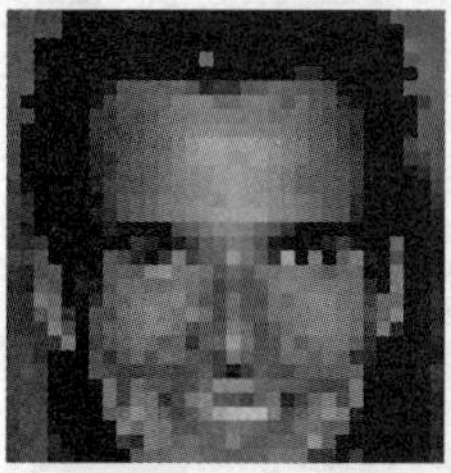			

从表 9.1 可见模型对分辨率有非常明显的提升，第一列低分辨率图像在放大后细节部分非常模糊，而第二列迭代 42 次与第三列迭代 60 次后，图像在一些细节部分例如头发、五官等有了更加清晰的轮廓。但是模型与原始图相比仍然还有差距，不能做到以假乱真。这一方面是因为实验只是在迭代 60 次后的模型上进行评估；另一方面是因为原图是以 JPG 格式存储的，所以相比 PNG 无损格式的图片在细节上有先天的不足；还有原因是本实验将图片剪裁到了 128×128 像素(72ppi)，这是考虑到显存大小的权宜之计，更高的原始分辨率

会有更丰富的细节信息。

本实验以CV领域一个热门的话题——图像超分辨率作为主题，使用CelebA数据集作为实验数据，在一系列数据预处理的基础上，通过构建以GAN为基础的CNN、GAN和ResNet的混合模型作为超分辨率模型实现，在迭代训练60次后有明显的效果。但是限于GPU算力、训练时间等客观因素，模型的输出相比原图仍然不够完美，进一步的实验思路包括使用更好的机器、调大图像原始尺寸、使用原始PNG格式图像、增加迭代次数、进一步调参等，相信经过这些处理能有更优秀的表现。

第10章 人类活动识别

人类活动识别(Human Activity Recognition)是指计算机系统自动识别出人类的日常行为活动(例如步行、静坐、上下楼梯等状态；乘车、开车、骑车等使用交通的方式；吃饭、工作、睡眠等)人类活动识别在日常的生产生活中有重要的作用。在医疗领域,为急重症或慢性病患者佩戴嵌入式的医疗设备,捕获他们的日常活动数据,通过统计分析可以找到潜在的病因,或为异常情况及时预警。对于有监控需要的人群,可以实时识别其活动,避免意外情况发生。

10.1 业务背景分析

人类活动识别在近几年发展迅速,很大部分原因源于智能手机的发展。当前越来越多的传感器被直接植入到智能手机内部,例如气压计可以测量当前环境下的大气压强值,从而可以推算出当前用户所在的海拔高度,这对 GPS 有着辅助作用,一方面可以测试更精确的垂直高度的变化,在室内定位、水压测试等方面都有关键的作用。三轴陀螺仪是智能手机中常用的传感器,可以计算用户在三个维度上的角速度变换,用于测量角度或维持方向。加速度感应器本质上是一个振荡系统,可以用来测量运动加速度,通常与三轴陀螺仪配合使用。三轴陀螺仪将用户活动转换成坐标系中的转角,然后将加速感应器测得的加速度分解到所需的坐标轴上,就可以获得用户在一段时间内的位移方向和距离,反映用户的运动情况。环境光与距离传感器现在已经成为智能手机的标配,前者用于感知当前环境下光线的强度,后者用于感知手机与临近位置的距离长度。

对智能手机传感器数据的分析当前尚处于萌芽阶段,由于传感器数据种类繁多,数量庞大,对其大规模的实时计算和处理要求非常高。深度学习技术的发展对识别准确度也有非常大的提升。本章就是使用深度学习算法探索人类活动识别的应用(参考了文献 Davide Anguita, Alessandro Ghio, Luca Oneto, et al. A Public Domain Dataset for Human Activity Recognition Using Smartphones. Proceedings of 21th European Symposium on

Artificial Neural Networks, Computational Intelligence and Machine Learning, 2013. Bruges, Belgium, pp24-26 的思路)。

10.2 数据探索

本章使用 UCI 数据库中智能手机收集的人类活动识别的数据,可通过链接(http://archive.ics.uci.edu/ml/datasets/Human+Activity+Recognition+Using+Smartphones)下载。数据是从一组年龄在 19～48 岁之间的 30 名志愿者中收集的,其中每个人都在腰部佩戴了一部智能手机(三星 Galaxy S Ⅱ),通过行走、上楼、下楼、静坐、站立、平躺等活动,利用智能手机中的嵌入式加速度计和陀螺仪获取每个活动的数据,以 50Hz 的恒定频率捕获 3 轴线性加速度和 3 轴角速度的行为数据,并通过观察活动视频人工标记了行为类别。获得的数据将被分为两组,其中 70%的数据用于训练,30%的数据用于测试。

由于下载的数据已经应用噪声滤波器对加速度计和陀螺仪的传感器信号进行预处理,现在以 2.56s 和 50%重叠的固定宽度滑动窗口(128 次读取/窗口)进行采样。传感器加速度信号具有重力和身体运动的分量,因此使用 Butterworth low-pass 滤波器分离成身体加速度和重力。假设重力仅具有低频分量,因此使用具有 0.3Hz 截止频率的滤波器。对于每个窗口通过计算来自时域和频域的变量来获得特征向量。此外,数据被规范化为[-1,1]的数据区间,每一行数据都是一个特征向量。

本章没有使用数据集中直接提供的训练集数据,因为该数据包含了很多冗余的数据,例如均值、最大最小值等统计信息,而是使用了原始的加速传感器和陀螺仪提供预处理后的数据,它们在数据集的 UCI HAR Dataset/train/Inertial Signals 和 UCI HAR Dataset/test/Inertial Signals 两个文件夹下。

数据的基本情况如表 10.1 所示,其中移动窗口数量可以视为由 128 个连续的活动值组成,因此可以作为后续建模中的序列。数据来源包括总的加速度、分解后的身体加速度和陀螺仪在 x、y、z 三个维度上的值。最终的识别目标有 6 种。

表 10.1 数据基本数量信息

数据类型	值
训练集数据量	7352
测试集数据量	2947
移动窗口数量	128
数据来源类别	9
活动类别	6

对标签数据进行统计分析,行走(walking)、平躺(laying)、站立(standing)、静坐(sitting)、上楼(walking_upstairs)和下楼(walking_downstairs)6 种行为的分布较为均衡,其中上下楼的数据略微少一些,站立和平躺的数据稍多,但是最多与最少的数据在训练集中也仅差 7%,所以总的标签数据分布情况较为均衡。

10.3 数据预处理

本实验使用百度的 PaddlePaddle 平台，首先需要从原始数据中读取数据构建成 numpy 的数组，代码如下所示：

```
def get_x_data(x_signals_paths):
    x_signals = []
    for signal_type_path in x_signals_paths:
        with open(signal_type_path, 'r', encoding = 'utf - 8') as r:
            x_signals.append([np.array(i, dtype = np.float64) for i in [row.replace('', '').
strip().split('') for row in r]])
    x_signals = np.asarray(x_signals, dtype = np.float64)
    return np.transpose(x_signals, (1, 2, 0))
def get_y_data(y_path):
    with open(y_path, 'r', encoding = 'utf - 8') as r:
        y_ = np.array( [i for i in [row.replace('', '').strip().split('') for row in r]],dtype
 = np.int32
        )
    return y_ - 1
```

原始特征数据分布在 9 个文件中，因此需要逐个读出组合在一起，这样组成后的数组维度为 9×7352×128，但是通常的机器学习框架需要的特征数据一般是 batch size 在前，特征维度在后，因此需要将数组转为 7352×128×9 的形式。在标签数据读取中，数据标签是从 0 开始编号。

然后根据上面的辅助函数，分别读取训练集和测试集。下载的数据集直接提供组装好的训练集数据，但是考虑到该训练集中有过多的冗余数据，因此本章没有直接使用该训练集，而是自行组装训练集。测试集的情况类似。训练集和测试集的标签数据都没有再做处理，因为只有一个维度的标签。

```
def get_train_data(dataset_path, train_path):
    inertial_signals = ['body_acc_x_', 'body_acc_y_', 'body_acc_z_', 'body_gyro_x_', 'body_gyro
_y_', 'body_gyro_z_','total_acc_x_', 'total_acc_y_', 'total_acc_z_']
    x_train_signals_paths = [dataset_path + train_path + 'Inertial Signals/' + signal +
'train.txt' for signal in inertial_signals]
    x_train = get_x_data(x_train_signals_paths)
    y_train_path = dataset_path + train_path + 'y_train.txt'
    y_train = get_y_data(y_train_path)
    return x_train, y_train
def get_test_data(dataset_path, test_path):
    inertial_signals = ['body_acc_x_','body_acc_y_','body_acc_z_','body_gyro_x_', 'body_gyro_
y_','body_gyro_z_','total_acc_x_','total_acc_y_','total_acc_z_']
    x_test_signals_paths = [dataset_path + test_path + 'Inertial Signals/' + signal +
'test.txt' for signal in inertial_signals]
    x_test  = get_x_data(x_test_signals_paths)
    y_test_path = dataset_path + test_path + 'y_test.txt'
    y_test = get_y_data(y_test_path)
    return x_test, y_test
```

因为本章是分类问题，所以对于标签数据，进行 one_hot 编码，以便于最后的损失和正确率计算。

```
def one_hot(y, n_classes = 6):
    y = y.reshape(len(y))
    return np.eye(n_classes)[np.array(y, dtype = np.int32)]
```

由于数据量较大，因此一般不会直接将所有数据进行训练，而是分为几个批次分别处理。本章采用分批处理的方式。PaddlePaddle 提供了 batch 的接口，但需要与其 reader 配合使用，本章选择自行实现 batch。注意到最后一个 batch 可能剩余的样本数达不到一个 batch 的要求，本章继续从头遍历数据拼凑到一个 batch size 的数据。

```
def get_batch_data(data, iter, batch_size):
    shape = list(data.shape)
    shape[0] = batch_size
    batch_s = np.empty(shape)
    for i in range(batch_size):
        index = ((iter - 1) * batch_size + i) % len(data)
        batch_s[i] = data[index]
    return batch_s
```

10.4 模型构建

在数据探索阶段可以发现数据有着非常明显的时间特征，因此考虑选择 RNN 模型。使用深度学习算法，无论是常用的卷积神经网络，还是 RNN 模型可以帮助用户提取数据中的特征，而不需要利用传统机器学习算法由人工提取特征。原始的 RNN 模型在每一个时间步的计算时都与前面 N 次的时间步的结果相关，一旦时间步延展到很长，计算量会成指数级增长，导致训练时间大幅增加，并且容易导致梯度消失的问题，因此当前一般将 LSTM 作为 RNN 的替代。LSTM(Long Short-Term Memory)模型是一种 RNN 的变体。

LSTM 在 RNN 的基础上，添加了门控和细胞状态。有三类不同的门控，分别是遗忘门、输入门和输出门，三种门控的打开和关闭以及开关的程度决定了有多少信息会在当前 LSTM 单元中流动。细胞状态代表了当前单元对信息的记忆。每一个时间步下的 LSTM 单元将从遗忘门接收上一个时间步 LSTM 单元的细胞状态，并通过 Sigmoid 函数决定有多少信息会被遗忘，剩余的信息将流入当前的细胞状态中。输入门将接收当前时间步的输入，而输出门将决定最终当前时间步的输出结果。LSTM 的长短期记忆功能就是通过这样的门控实现，如果需要记忆长期的结果，那么遗忘门将长期打开。而如果希望忽略前面的结果，那当前的遗忘门将会关闭。

本章使用 PaddlePaddle 1.1 版本，还未实现静态的 LSTM API，而动态 LSTM 仅支持 LodTensor 数据定义形式。因此本章将自行实现 LSTM 模型。该函数的输入包括了初始的输入、初始的隐层、初始的细胞状态以及定义的 LSTM 的层数。对于每一层构建出对应的权重和偏置，以及每一层的初始输入和初始细胞状态。初始化的权重和偏置将在后续的训练过程中得到梯度优化。代码中实现了三种门控。每个时间步的计算完成后，需要更新流动的细胞状态，并得到当前时间步的输出。对于LSTM的每一层，不同时间步共享同一个权重和偏置。最后，返回每一个时间步最终的输出和最终的细胞状态、最终的隐层。

```
def LSTM(_input,n_steps = 128, init_hidden = None, init_cell = None, n_layers = 1, n_hidden =
100, init_scale = 0.1):
    weight_arr = []
    bias_arr = []
    hidden_array = []
    cell_array = []
    for i in range(n_layers):
        weight_1 = fluid.layers.create_parameter([n_hidden * 2, n_hidden * 4], dtype =
"float64",name = "fc_weight1_" + str(i),
default_initializer = fluid.initializer.UniformInitializer(low = - init_scale, high = init_
scale))
        weight_arr.append(weight_1)
        bias_1 = fluid.layers.create_parameter(
            [n_hidden * 4],
            dtype = "float64",
            name = "fc_bias1_" + str(i),
            default_initializer = fluid.initializer.Constant(0.0))
        bias_arr.append(bias_1)
        pre_hidden = fluid.layers.slice(init_hidden, axes = [0], starts = [i], ends = [i + 1])
        pre_cell = fluid.layers.slice(init_cell, axes = [0], starts = [i], ends = [i + 1])
        pre_hidden = fluid.layers.reshape(pre_hidden, shape = [ - 1, n_hidden])
        pre_cell = fluid.layers.reshape(pre_cell, shape = [ - 1, n_hidden])
        hidden_array.append(pre_hidden)
        cell_array.append(pre_cell)
    res = []
    for index in range(n_steps):
        cur_input = fluid.layers.slice(_input, axes = [0], starts = [index], ends = [index + 1])
        cur_input = fluid.layers.reshape(cur_input, shape = [ - 1, n_hidden])
        for k in range(n_layers):
            pre_hidden = hidden_array[k]
            pre_cell = cell_array[k]
            weight = weight_arr[k]
            bias = bias_arr[k]
            nn = fluid.layers.concat([cur_input, pre_hidden], 1)
            gate_input = fluid.layers.matmul(x = nn, y = weight)
            gate_input = fluid.layers.elementwise_add(gate_input, bias)
            g_1, g_2, g_3, g_4 = fluid.layers.split(gate_input, num_or_sections = 4, dim = - 1)
            new_cell_state = pre_cell * fluid.layers.sigmoid(g_1) + fluid.layers.sigmoid
(g_2) * fluid.layers.tanh(g_3)
            out = fluid.layers.tanh(new_cell_state) * fluid.layers.sigmoid(g_4)
            hidden_array[k] = out
```

```
                cell_array[k] = new_cell_state
                cur_input = out
            res.append(fluid.layers.reshape(cur_input, shape = [1, -1, n_hidden]))
        final_res = fluid.layers.concat(res, 0)
        final_res = fluid.layers.transpose(x = final_res, perm = [1, 0, 2])
        last_hidden = fluid.layers.concat(hidden_array, 1)
        last_hidden = fluid.layers.reshape(last_hidden, shape = [-1, n_layers, n_hidden])
        last_hidden = fluid.layers.transpose(x = last_hidden, perm = [1, 0, 2])
        last_cell = fluid.layers.concat(cell_array, 1)
        last_cell = fluid.layers.reshape(last_cell, shape = [-1, n_layers, n_hidden])
        last_cell = fluid.layers.transpose(x = last_cell, perm = [1, 0, 2])
        return final_res, last_hidden, last_cell
```

在编写 LSTM 模型的代码后，就需要考虑如何将数据输入到模型中。在数据预处理阶段，得到的特征数据和标签数据分别为[batch_size×n_steps×n_input]和[batch_size×n_classes]，其中 n_steps 为时间步数，n_input 为特征个数，n_classes 为标签类数。因此使用 PaddlePaddle 的 API 定义输入的 x、y，以及 LSTM 需要的初始细胞状态和隐层。然后在输入与 LSTM 层之间还需要有一次 embedding 的过程，本章选择使用一个全连接层将输入变量映射到隐层。该全连接层的激活函数选择 ReLU，因为 ReLU 激活函数相比 Sigmoid 等函数计算量更小，同时会使得一部分神经元输出为 0，使得网络变得稀疏且减少了参数的相互依存关系，减少了过拟合的发生概率。

```
def network(n_input, n_hidden, n_steps, batch_size, n_layers, init_scale, n_classes):
    _x = fluid.layers.data(name = "x", shape = [batch_size, n_steps, n_input], dtype = 'float64', 
append_batch_size = False)
    _y = fluid.layers.data(name = "y", shape = [batch_size, n_classes], dtype = 'float64', append
_batch_size = False)
    _x = fluid.layers.fc(input = _x, size = n_hidden, num_flatten_dims = 2, act = "relu", param_
attr = fluid.ParamAttr(
        initializer = fluid.initializer.Uniform(low = -init_scale, high = init_scale), 
learning_rate = 10.0))
    _x = fluid.layers.transpose(_x, [1, 0, 2])
    _x = fluid.layers.reshape(_x, [n_steps, batch_size, n_hidden])
    init_hidden = fluid.layers.data(name = "init_hidden", shape = [n_layers, batch_size, n_
hidden], dtype = 'float64', append_batch_size = False)
    init_cell = fluid.layers.data(name = "init_cell", shape = [n_layers, batch_size, n_
hidden], dtype = 'float64', append_batch_size = False)
    output, last_hidden, last_cell = LSTM(_x, n_steps = n_steps, init_hidden = init_hidden, 
init_cell = init_cell, n_layers = n_layers, n_hidden = n_hidden, init_scale = init_scale)
```

LSTM 模型的输出是一个形如[n_step×batch_size×hidden_size]的数组，但人类活动识别是一个分类问题，因此只需要最后一个时间步的输出作为最终的分类形式。也就需要在 LSTM 的输出中抽取最后一步的数据。

```
output, last_hidden, last_cell = LSTM(_x, n_steps = n_steps, init_hidden = init_hidden, init_cell
 = init_cell, n_layers = n_layers, n_hidden = n_hidden, init_scale = init_scale)
```

```
    output = fluid.layers.transpose(output, perm = [1, 0, 2])
    output = fluid.layers.slice(output, axes = [0], starts = [ - 1], ends = [n_steps])
    output = fluid.layers.reshape(output, [batch_size, n_hidden])
```

上面代码的输出结果为形如[batch_size×hidden_size]的数组，因此需要添加一个映射层到最终的输出。映射可以使用一个全连接层实现，本章为了演示 PaddlePaddle 的基本算子操作，选择了如下所示的算子，构建最终的预测输出。

```
output = fluid.layers.reshape(output, [batch_size, n_hidden])
    out_weight = fluid.layers.create_parameter([n_hidden, n_classes], dtype = "float64",
name = "out_weight",
default_initializer = fluid.initializer.UniformInitializer(low = - init_scale, high = init_
scale))
    out_biases = fluid.layers.create_parameter([n_classes],dtype = "float64", name = "out_
biases",default_initializer = fluid.initializer.UniformInitializer(low = - init_scale, high
= init_scale))
    pred = fluid.layers.elementwise_add(fluid.layers.matmul(output, out_weight), out_
biases)
```

然后就可以根据网络的预测和实际标签值计算损失和分类准确度。本实验使用了 PaddlePaddle 提供的 softmax_with_cross_entropy 损失函数。

```
    pred = fluid.layers.elementwise_add(fluid.layers.matmul(output, out_weight), out_
biases)
    cost = fluid.layers.softmax_with_cross_entropy(logits = pred, label = _y, soft_label =
True)
    avg_cost = fluid.layers.mean(x = cost, name = 'avg_cost')
    correct_pred = fluid.layers.equal(fluid.layers.argmax(pred, 1), fluid.layers.argmax(_
y, 1))
    acc = fluid.layers.reduce_mean(fluid.layers.cast(correct_pred, dtype = 'float64'))
    return avg_cost, acc, pred
```

上述过程构建了完整的 LSTM 模型，下面将开始训练。本章选择了 Adagrad 作为优化方法，以最小化模型的损失。在训练完成后将模型保存到本地文件中，以供后续评测使用。

```
def train(x_train, y_train, input_num, hidden_num, timestep_num, batch_size, layer_num, init_
scale, class_num,learning_rate, train_iters, save_dir):
    avg_cost, acc, pred = net.network(input_num, hidden_num, timestep_num, batch_size, layer_
num,init_scale,class_num)
    optimizer = fluid.optimizer.Adagrad(learning_rate = learning_rate)
    optimizer.minimize(avg_cost)
    place = fluid.CPUPlace()
    exe = fluid.Executor(place)
    exe.run(fluid.default_startup_program())
    init_hidden = np.zeros((layer_num, batch_size, hidden_num), dtype = 'float64')
    init_cell = np.zeros((layer_num, batch_size, hidden_num), dtype = 'float64')
```

```
all_cost = [ ]
all_acc = [ ]
iter = 1
while iter * batch_size <= train_iters:
    batch_xs = utils.get_batch_data(x_train, iter, batch_size)
    batch_ys = utils.one_hot(utils.get_batch_data(y_train, iter, batch_size), class_num)
    ret = exe.run(
        feed = {
            'x': batch_xs,
            'y': batch_ys,
            'init_hidden': init_hidden,
            'init_cell': init_cell
        },
        fetch_list = [avg_cost.name, acc.name]
    )
    print_cost = np.mean(ret[0])
    print_acc = ret[1]
    if iter % 1 == 0:
        print("iter: % d cost: % .3f acc: % .3f" % (iter, print_cost, print_acc))
    all_cost.append(print_cost)
    all_acc.append(print_acc[0])
    iter += 1
feed_var_names = ["x", "y", 'init_hidden', 'init_cell']
fetch_vars = [avg_cost, acc, pred]
fluid.io.save_inference_model(save_dir, feed_var_names, fetch_vars, exe)
print("model saved in % s" % save_dir)
```

其中训练的参数的定义如下，部分的参数将在下文模型评估部分进行调整评估。

```
x_train, y_train = utils.get_train_data(dataset_path = 'data/UCI HAR Dataset/', train_path
= 'train/')train_data_num = len(x_train)
timestep_num = len(x_train[0])
input_num = len(x_train[0][0])
hidden_num = 50
class_num = 6
layer_num = 1
init_scale = 0.1
learning_rate = 0.1
train_iters = train_data_num * 100 # Loop 10 times on the dataset
batch_size = 500
save_dir = 'model - test_1_50'
```

10.5 模型评估

本章案例是一个典型的分类问题，目标变量是 6 种不同种类的人类活动，选择准确率作为模型的评测指标，即预测值中有多少是正确的预测。模型评估的代码如下。这里直接读取了在训练阶段保存到本地的模型，然后以相同的数据构造方式对测试集进行预测评估。

```
def evaluate(model_dir, x_test, y_test, batch_size, layer_num, hidden_num):
    init_hidden = np.zeros((layer_num, batch_size, hidden_num), dtype = 'float64')
    init_cell = np.zeros((layer_num, batch_size, hidden_num), dtype = 'float64')
    place = fluid.CPUPlace()
    exe = fluid.Executor(place)
    with fluid.scope_guard(fluid.core.Scope()):infer_program, feed_target_names, fetch_vars
 = fluid.io.load_inference_model(model_dir, exe)
        step = 0
        all_acc = 0
        while step * batch_size <= len(x_test):
            batch_xs = utils.get_batch_data(x_test, step, batch_size)
            batch_ys = utils.one_hot(utils.get_batch_data(y_test, step, batch_size))
            ret = exe.run(infer_program,
                          feed = {
                              'x': batch_xs,
                              'y': batch_ys,
                              'init_hidden': init_hidden,
                              'init_cell': init_cell
                          },
                          fetch_list = fetch_vars,
                          return_numpy = False
                          )
            acc = np.array(ret[1])
            all_acc += acc
            print('model: % s accuracy: % .6f' % (model_dir, acc))
            step += 1
        all_acc = all_acc/ step
        print('Average accuracy: % .6f' % all_acc)
```

在训练阶段有几类超参数需要调优，初始和评估阶段调整的超参数如表 10.2 所示。

表 10.2 超参数初始值与调整值

超 参 数	初 始 值	调 整 值
学习率(learning rate)	1.0	10.0 0.1 0.01 0.001
隐层神经元数量(hidden num)	50	25 100 200
迭代次数(epoch)	10	100

由于数据总量不大，因此不需要选择部分数据作为训练集进行训练，只需要设定批次大小对数据进行训练。首先对学习率进行调参，学习率对模型非常重要，过大容易导致损失值

偏大或损失值震荡，过小会导致模型过拟合，跳不出局部最优或收敛速度太慢。首先选定 1.0 作为初始学习率，保持其他超参数不变进行实验。可见损失函数值(cost)开始下降很快，但在 40 批次(batch num)后在 1.5 左右变动，并且准确率波动较大，但均在 0.5 以下。

调整学习率到 10.0，训练损失值和准确率变化如图 10.1 所示。可见进一步增大学习率不会导致分类准确率提升，反而会使得损失下降，并且震荡非常明显。因此需进一步降低学习率。

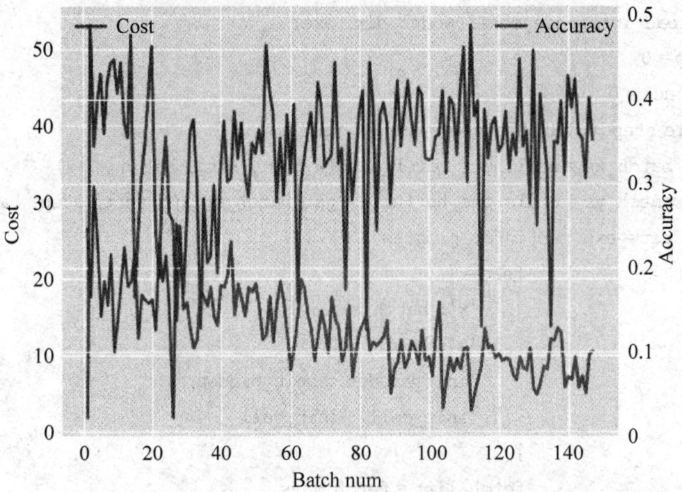

图 10.1　学习率为 10.0 时训练损失和准确率变化

调整学习率为 0.01，如图 10.2 所示，收敛速度加快，准确率有所提升。

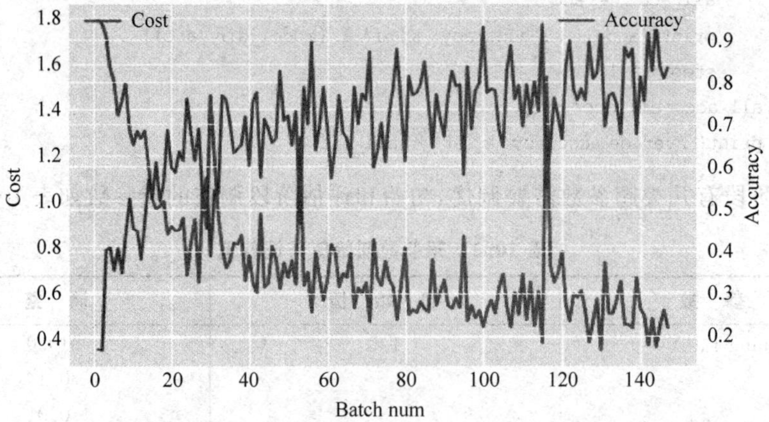

图 10.2　学习率为 0.01 时训练损失值和准确率变化

根据上述学习率的调参，最终选定了 0.01 作为较好的学习率，因为在该学习率下模型的收敛速度和结果都相对更平稳。然后调整模型的隐层神经元数量，发现在隐层数为 25 时，模型的损失值在较高的 0.7 左右震荡，分类准确率在 0.8 左右震荡。而隐层数增加到 100 和 200 时，损失值可下降到 0.4 左右，而准确率将提升到 0.9 左右。相比初始的隐层神经元数量 50，各种隐层的变化都没有更好的表现，因此模型的隐层神经元数量将保持在 50。

选定学习率为 0.01,隐层神经元数为 50,迭代次数为 10 次,得到如图 10.3 所示的训练损失值和准确率变化图。可见模型的损失值能够收敛到在 0～0.2 震荡,准确率能提升到 0.9～1.0。

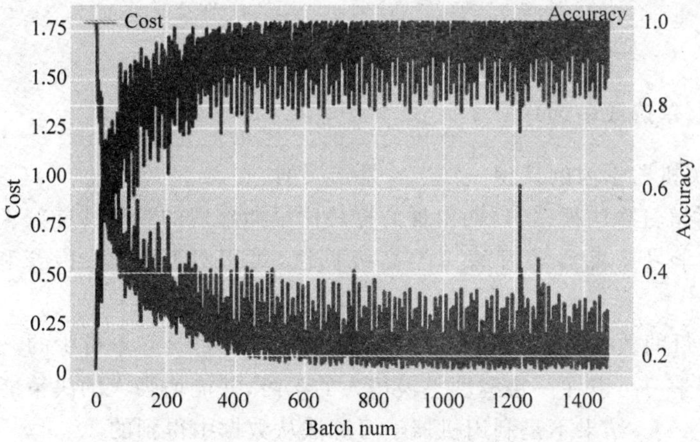

图 10.3 学习率为 0.01、迭代 10 次时训练损失值和准确率变化

在上述调参后,在测试集上对各个模型进行测试,评价其准确率的高低。用同样的数据构建了支持向量机(SVM)、决策树、随机森林、AdaBoost 和高斯朴素贝叶斯等分类模型。发现 LSTM 在准确率上比其他机器学习模型都高,即使在只迭代 10 次时也有比较高的准确率,这可能很大程度源于 LSTM 捕获了时序的信息,而其他机器学习方法忽略了这一信息,仅仅将所有数据等同处理。本章实现的 LSTM 模型在迭代 10 次、隐层数为 50、学习率为 0.01 时达到了比较好的准确率,在测试集上有比较好的表现。

附录　机器学习复习题

一、选择题(单选或多选)

1. 下面有关机器学习的认识________是错误的。
   A. 机器学习算法很多,后期出现的算法比早期出现的算法性能好。
   B. 深度学习是机器学习的一类高级算法,可以处理图像、声音和文本等复杂的数据。
   C. 高质量的数据、算力和算法对一个机器学习项目是必不可少的。
   D. 机器学习可以在一定程度上模仿人的学习,并能增强人的决策能力。
2. 下面________结果不是利用机器学习算法从数据中得到的。
   A. 神经网络　　B. 规则　　C. 回归模型　　D. 常识
3. 有关机器学习的过程认识正确的是________。
   A. 机器学习得到的结果需要通过检验样本的测试,甚至需要在现实中实验才能投入使用。
   B. 机器学习的问题一般都是用户给定的,因此不需要与用户交流和调研。
   C. 从A零售企业的客户行为数据分析得到的规律也可以直接用于B零售企业。
   D. 机器学习一般需要人的参与,只要把数据输入合适的算法就可以得到有用的结果。
4. 有关数据质量的认识正确的是________。
   A. 有些机器学习算法具有比较强的抗噪型,因此不需要预处理也能得到有用的规律。
   B. 数据预处理就是删除有问题的数据。
   C. 数据质量一般可以由机器自动完成,不需要数据分析人员参与。
   D. 各种数据质量问题对机器学习算法的影响很大,因此需要充分预处理才能进入建模阶段。
5. 下面________不是机器学习的应用领域。
   A. 为一幅画配一幅标题　　B. 到数据库查询满足条件的文章
   C. 通过智能音箱打开电视节目　　D. 银行的风控模型
6. 以下________情景可以使用机器学习技术。
   A. 预测某移动运营商客户转移到竞争对手的可能性
   B. 保险公司的骗保分析
   C. 为携程在线旅游公司的客户推荐度假产品
   D. 预测电商网站某商品未来的销售量
7. 下面有关机器学习正确的说法是________。
   A. 每种机器学习算法都有一定的使用范围,只能处理某类数据和问题。

B. 与数据挖掘不同，机器学习的数据都是来自于真实的业务系统。

C. 机器学习可以从有限的样本数据中得到有用的规律，并能对新样本进行一定的泛化预测。

D. 在机器学习过程中，需要人的经验指导数据的选择、噪声的消除、合适算法的选择以及调参等工作。

8. 有关机器学习的流派以下说法正确的是________。

A. 现实中一个复杂的问题可以综合几个流派的算法。

B. 机器学习的流派使用不同的方法，共同促进机器学习的发展。

C. 早期的一些流派算法基本没什么用了。

D. 不同的流派各有优势，可能处理不同的问题和数据。

9. 使用 Gini 指数作为决策树分支标准的决策树算法是________。

A. ID3 算法　　B. C4.5 算法　　C. CART 算法　　D. CHAID 算法

10. 以下________指标不能用于决策树的性能评价指标。

A. 决策树规则的数目　　B. 召回率

C. 准确率　　D. ROC 曲线下的面积 AUC

11. 下面有关随机森林的说法________是错误的。

A. 随机森林是一种集成算法，可以使用 CART 等基学习器提高分类的性能。

B. 随机森林训练后只须选择性能最好的树作为预测模型。

C. 类似装袋法的样本抽样方法，保证每棵树的学习样本集的多样性。

D. 每颗树都是从属性集随机抽取一定数目的属性作为候选的特征。

12. 下面________情景更适合使用决策树进行预测。

A. 预测银行客户的流失

B. 研究微博用户的情感与电影票房的关系

C. 分析客户性别与购物偏好的关系

D. 股票未来价格的预测

13. 决策树连续属性非监督离散化的常用方法有________方法。

A. 等频离散化　　B. 等宽离散化

C. 聚类离散化　　D. 最大信息增益率离散化

14. 提升法之所以能提高样本分类的正确率，是因为以下________原因。

A. 通过多轮分类获得多个分类模型。

B. 对新样本预测时采用多轮训练得到的分类模型的预测结果的加权平均值。

C. 每轮生成的模型都会减少错误样本的权重，使得分错的样本能在下一次重点学习。

D. 通过提高每轮训练得到的分类模型的准确率。

15. 如果发现决策树模型的检验结果达不到要求，可以执行下面________方法进行改进。

A. 补充或调整样本的选择，并加强样本的预处理。

B. 采用多种算法组合。

C. 对算法的选择以及参数的调整进行优化。

D. 修改用户的需求。

16. 有关神经网络训练时使用的学习率参数说法错误的是________。

A. 学习率可以与其他网络参数一起训练，对降低代价函数是有利的。

B. 学习率过大更容易导致训练陷入局部极小值。

C. 学习率随着训练误差动态调整效果更好。

D. 网络训练时刚开始学习率可以大一些，以便提高学习速度，随后应减少学习率，以免引起学习震荡。

17. 下面________选项不是神经网络训练过程中过拟合的防止方法。

A. 修改学习率的大小　　B. L2 正则化

C. dropout　　D. 提前终止

18. 有关神经网络训练过程的说法，错误的是________。

A. 使用增加训练次数的方法不一定可以减少代价函数的取值。

B. 分析问题确定后，神经网络合适的结构就可以确定。

C. 神经网络权重的初始化大小会影响网络的训练结果。

D. 对神经网络训练的优化需要综合考虑激活函数、网络结构、权重更新方法等多种因素。

19. 下面有关神经网络的说法，正确的是________。

A. 神经网络神经元的输出都是传给其他神经元，不能再反馈回来。

B. 神经网络的训练主要是针对神经元之间的权重和神经元的偏置进行一定的调整，使得代价函数极小化。

C. 均方差损失函数是神经网络常用的一种代价函数(损失函数)。

D. 神经网络不同层次的神经元可以使用不同的激活函数。

20. 激活函数通常具有________性质。

A. 单调性　　B. 非线性　　C. 计算简单　　D. 可微性

21. 在神经网络训练中，有关学习率调整说法错误的是________。

A. 学习率太小会使神经网络的训练迅速达到极小值。

B. 学习率可以根据损失函数(代价函数)减少的快慢动态调整。

C. 学习率设置不当会引起神经网络过拟合。

D. 固定学习率设置太大可能会使神经网络训练震荡不收敛。

22. 下面有关聚类的说法正确的是________。

A. 聚类需要根据样本的距离，距离近的分为一组，反之划分到不同的组。

B. 聚类与分类类似，需要把没有类别标签的样本根据距离分组。

C. 聚类的类别在分析前就很容易确定。

D. 对于同一批样本，使用不同聚类算法得到的结果是相同的。

23. 有关 Kmeans 算法，正确的说法是________。

A. Kmeans 只能处理凸型分布的非数值型样本。

B. Kmeans 算法需要在聚类前确定类数 K，这个 K 值需要有助于解释各类的业务含义。

C. Kmeans 聚类的过程与初始的 K 个假设的聚类中心的选择无关。

D. Kmeans 算法对异常样本非常敏感，因此在聚类前要把异常样本直接删除。

24. 下面________指标不是聚类算法的质量特征。
 A. 处理多种类型的数据。 B. 聚类的类别多少。
 C. 可伸缩性。 D. 对噪声数据的敏感性。

25. 以下有关聚类算法,不正确的说法是________。
 A. 在基于密度的聚类中,样本的邻域距离阈值参数不同,可能得到不同的聚类结果。
 B. 对于基于密度的聚类而言,不是根据样本的距离,而是根据样本的密度进行分组的。
 C. 在使用 Kmeans 聚类时,K 值总是很容易给出。
 D. 在聚类过程中,非数值型属性必须转为数值属性才能进行聚类分析。

26. 有关 Kmeans 算法,以下正确的说法有________。
 A. 初始聚类中心的选择会影响 kmeans 算法的收敛速度。
 B. Kmeans 需要多次迭代,因此对于大的样本集速度求解比较慢。
 C. 在确定样本集是否可以使用 Kmeans 算法时,可以先对数据集进行可视化观察样本集的大致分布。
 D. Kmeans 算法对于非凸型的聚类不能产生聚类结果。

27. 有关聚类的算法,以下正确的说法有________。
 A. 聚类的簇密度指样本的个数多少。
 B. 类似 Kmeans 基于划分的聚类与基于层次的聚类都是以样本的距离为划分基础。
 C. 聚类的结果要考虑业务的可解释性。
 D. 自底向上的层次聚类算法对样本的输入顺序比较敏感。

28. 以下关于可视化分析的说法正确的是________。
 A. 目前的可视化工具可以自动展示数据中的规律。
 B. 可视化分析前不用对数据进行预处理,因为可视化反映了数据的趋势和大致规律。
 C. 可视化就是简单的画图,美观就行。
 D. 可视化是一种基本的数据分析方法,需要选择合适的图表,展示数据中隐藏的信息。

29. 有关可视化分析的方法,下面错误的说法是________。
 A. 可视化只是表格数据的另一种简单呈现。
 B. 可视化分析在分析前,对数据进行一定的变换,可能会提升分析结果的有用性。
 C. 错误的数据如果不进行处理,可能会影响可视化分析的结果质量。
 D. 可视化分析有多种图形可供选择,每种图形只适用某些场合。

30. 有关可视化分析与其他机器学习方法的关系,错误的说法是________。
 A. 可视化分析可用于展示神经网络的训练过程,从中确定模型是否出现过拟合。
 B. 可视化分析可以为神经网络等分类算法初选重要的变量。
 C. 可视化分析可以作为决策树算法的预处理方法,从中找出错误或异常的数据。
 D. 可视化分析可以对分类模型的正确率进行评估。

31. 有关可视化分析错误的说法有________。

A. 可视化分析可以帮助决策者获得其以前没有意识到的规律。

B. 可视化分析的结果是否可用不需要人工检验。

C. 对于同样的数据、同样的问题，不同数据分析师给出的可视化分析结果是一样的。

D. 可视化分析可以与其他机器学习算法组合使用，可以应用于机器学习的各个阶段。

32. 有关箱(线)图的说法，正确的是________。

A. 箱图可用于分析变量A对变量B的影响程度，主要看A的不同取值对应B变化的箱子的大小和位置变化。

B. 若某变量的中位数是10，说明这个变量有一半的取值平均值小于10。

C. 从箱图可以发现变量的异常或噪声。

D. 在箱图中，某个变量上四分位和下四分位的差(四分位矩)越大，说明此变量的方差可能越小。

33. 在可视化分析的应用过程中，最终用户抱怨没有看到有用的信息，可能的原因有________。

A. 数据没有充分的预处理，展示出来的信息已经是事实。

B. 图画的不好看，未能引起用户的兴趣。

C. 图表展示出来了容易让人误解的信息，误导了用户。

D. 数据分析人员对业务理解不够，未能选好指标(变量)，给出的可视化难以看到有用的信息。

34. 以下有关关联算法错误的说法是________。

A. 关联算法是一种非监督学习算法。

B. 关联算法可用于分析新闻库中经常一起出现的人物。

C. 提升度是强关联规则的一个必要条件。

D. 关联算法主要由两个步骤组成：首先是求频繁项目集，然后再筛选满足最小置信度的关联规则。

35. 以下________情景最不适合用关联分析。

A. 在医疗诊断领域，对一种疾病确诊时提醒其他疾病的可能性。

B. 根据以前的股价预测未来的股价。

C. 分析一个论文集中相关的研究主题。

D. 在警务领域，发现有些罪犯会在一次犯罪的过程中实施多种罪行。

36. 在频繁项目集的分析过程中，以下说法________是正确的。

A. 如果一个项目集是非频繁的，那么它的子集肯定不是频繁的。

B. 频繁项目集的交集肯定是频繁的。

C. FP增长算法计算频繁项目集仅仅扫描1次样本集。

D. 两个频繁项目集的并集也一定是频繁的。

37. 以下有关关联分析的说法，正确的是________。

A. 提升度可以帮忙改进某些商品的推荐或营销效果。

B. 关联分析的结果表明在同次事务中，有关联的项目存在因果关系。

C. 关联分析本身就是一种推荐方法，用于网上商品的推荐，理由是购买某种商品的人在同次购物也可能会买其他商品。

D. 关联分析就是相关性分析。

38. 以下________领域比较适合使用关联分析。

A. 分析网上商品的评论和评分数据，讨论什么样的商品容易得到好的评分。

B. 从学生评教数据中，找到评分较好的课程相关重要因素。

C. 从公司应聘的候选人中选择可能适合某岗位的候选人。

D. 预测贷款的人群中哪些人可能会产生坏账。

39. 有关 Apriori 算法和 FP-增长算法，正确的说法是________。

A. Apriori 算法发现的关联规则要比 FP 增长算法多，因为前者扫描的次数多。

B. 对于同一个样本集，Apriori 算法和 FP 增长算法的结果是相同的。

C. 对于同样的样本集和算法参数（支持度和置信度等），Apriori 算法的速度一般要慢于 FP 增长算法。

D. 对于 Apriori 算法和 FP 增长算法，随着最小支持度的提高（最小置信度不变），得到的关联规则数会增加。

40. 下面有关回归分析正确的说法是哪个________。

A. R^2 只能评价线性回归的拟合效果。

B. 判断回归分析性能的主要指标是 R^2，这个数越小，表示回归方程的拟合效果越好。

C. 回归分析的自变量和因变量必须都是数值型变量。

D. 回归分析是一种拟合因变量和自变量之间关系的有监督学习方法。

41. 有关 Logistic 回归，正确的说法是________。

A. Logistic 回归的损失函数可以选用交叉熵，并且采用梯度下降法调整其中的参数。

B. Logistic 回归实际上是一种分类算法。

C. Logistic 回归通常用于处理多分类问题。

D. Logistic 回归属于线性回归模型。

42. 有关回归分析与分类算法的区别错误的说法是________。

A. CART 算法既可以做分类分析，也可以做回归预测。

B. 回归分析和分类算法的输入和输出都可以处理数值型的变量。

C. 分类算法不能做定量预测，回归分析只是做定量预测。

D. 分类算法和回归分析都要通过有监督的训练拟合输入和输出变量的关系。

43. 以下回归分析正确的说法是________。

A. 判断数值型自变量异常值可以使用可视化的方法。

B. 回归分析对训练样本的噪声非常敏感，因此预处理时尽量减少异常和错误的数据。

C. 落在一个变量平均值加减 3 倍标准差区间外的值可以视为异常。

D. 回归方程越复杂越好。

44. 对于多元线性回归方程，自变量之间存在相关性的处理方法有________。

A. 直接删除一些变量，无论这些变量与因变量是否相关。

B. 通过变换把自变量转化为相对独立的新变量，但可能破坏模型的可解释性。

C. LASSO 回归。

D. 岭回归。

45. 在多元回归分析时，可以采用以下________方法选择重要的自变量。

A. 计算自变量与因变量的相关系数，挑选少数相关系数比较大的变量。

B. 目测法。

C. 可以将变量逐次加入模型，看看变量的加入是否改进模型的性能。

D. 通过 F 检验逐次剔除对模型不显著的变量。

46. 下面有关向量空间模型(VSM)的描述中，错误的是________。

A. 文本特征词的向量权重可通过 TF-IDF 实现，从而保留文本词序结构信息。

B. 在向量空间模型中，当有新文档加入时，需要重新计算特征词的权重。

C. 基于向量的文本相似度计算中，除了内积外，还可以用夹角余弦等方法。

D. 以向量来表示文档后，两者的夹角余弦值越小说明相似度越高。

47. 下面________方法不是文本特征获取的方法。

A. 卡方统计量　　B. 互信息

C. one-hot 表示法　　D. 信息增益

48. 有关知识图谱的说法，错误的是________。

A. 知识图谱是知识的一种表示方法，其中通过丰富语义形成了概念、实体和属性的网络关系。

B. 利用知识图谱，可以推理得到两个实体的语义关系。

C. 知识图谱中重要的节点可以通过 PageRank 算法确定。

D. 确定复杂知识图谱两个实体之间的关系可以通过梯度下降法。

49. 下面关于词法分析的描述中，正确的说法是________。

A. 语义角色标注关注句子主要谓词的论元及谓词与论元之间的关系

B. 基于统计的命名实体识别方法目前还主要采用统计的方法

C. 语义依存分析主要用于分析词和词之间的依存关系，例如句子的主语、谓语、宾语等形式结构。

D. 基于词频统计的分词方法是一种无字典分词方法。

50. 下面________算法不能用于文本的分词。

A. 基于规则的分词　　B. 反向最大匹配法

C. 词嵌入　　D. TF-IDF 算法

51. 下面有关文本分析正确的说法是________。

A. 时间和日期都是需要识别的命名实体。

B. 文本分类可以通过贝叶斯分类器完成。

C. 信息抽取不需要了解实体之间的语义关系。

D. 句法分析可以表达组成句子的词语之间的搭配或修辞关系。

52. 有关分布式机器学习的说法,错误的是________。

A. 分布式机器学习面对的首要问题主要是数据量,而不是速度的问题。

B. 对运算速度要求高的机器学习算法可以优先使用 Spark 计算框架。

C. 分布式计算可以在单个常规的服务器上运行。

D. 分布式机器学习需要依赖 Hadoop、Spark 等分布式存储和计算框架。

53. 下面有关 MapReduce 和 Spark 的说法错误的是________。

A. 它们对机器学习算法的处理方法是一样的。

B. 它们都是支持大数据处理的分布式并行计算框架。

C. 它们都可以把大数据转化为小数据,然后分布在集群进行并行分析。

D. Haoop 支持模型并行,Spark 支持数据并行。

54. 下面关于分布式机器学习算法的说法是错误的________。

A. 常见的机器学习算法可以使用批处理的改造方式实现分布式计算。

B. 分布式机器学习利用并行计算可以提升算法的性能。

C. 并行决策树可以对每个属性的重要性分别进行计算。

D. 并行 K 均值算法在 map 程序中各个数据节点要共享各分组的几何重心(每次迭代产生的“聚类中心”)。

55. 以下有关遗传算法正确的说法是________。

A. 合适的变异率可以调整遗传算法收敛的效果。

B. 种群个数太少的情况下,选择与适应度成比例的选择方法容易导致局部最优值。

C. 种群个体可以采用实数的编码。

D. 遗传算法可以解决任意优化问题。

56. 下面________问题可以使用遗传算法求解。

A. 神经网络结构和参数的优化　　B. 交通导航

C. 估算某个变量的先验概率　　D. 一元非线性函数的最小值

57. 下面有关分布式机器学习正确的说法是________。

A. 在分布式计算环境中,每个数据节点的计算程序必须是一样的。

B. 在 Hadoop 环境中,各个数据节点的数据量一般均衡比较好。

C. 在数据并行的分布式计算中,各个计算节点的合并结果要与数据作为一个整体的计算结果一致。

D. 分布式的计算节点越多,计算速度越快。

58. 下列________在神经网络中引入了非线性。

A. 反向传播　　B. 随机梯度下降

C. 修正线性单元(ReLU)　　D. 以上都不正确

59. 下面关于深度学习网络结构的描述,正确的说法是________。

A. 网络的层次越深,其训练时间越久,5 层的网络要比 4 层的训练时间更长。

B. 深层网络结构中,学习到的特征一般与神经元的参数量有关,也与样本的特征多寡相关。

C. 网络结构的层次越深,其学习的特征越多,10 层的结构要优于 5 层的。

D. 在不同的网络结构中，层数与神经元数量正相关，层数越多，神经元数量一定越多。

60. 下面关于池化的描述中，错误的是________。

A. 池化方法可以自定义。

B. 池化在CNN中可以减少较多的计算量，加快模型训练时间。

C. 在人脸识别中采用较多池化的原因是为了获得人脸部的高层特征。

D. 池化的常用方法包括最大化池化、最小化池化、平均化池化、全局池化。

61. 下面关于CNN的描述中，正确的是________。

A. SAME填充(padding)是向图像边缘添加0值。

B. 卷积是指对图像的窗口数据和滤波矩阵做内积的操作，在训练过程中滤波矩阵的大小和值不变。

C. 局部感知使网络可以提取数据的局部特征，而权值共享大大降低了网络的训练难度。

D. 卷积核一般是有厚度的，即通道(channel)，通道数量越多，获得的特征图(Feature map)就越多。

62. 关于训练样本的描述中，正确的说法是________。

A. 如果模型性能不佳，可增加样本多样性进行优化。

B. 增加数据可以减少模型方差。

C. 样本越多，模型训练越快，性能越好。

D. 样本越少，模型的方差越大。

63. 关于模型参数(权重值)的描述，正确的说法是________。

A. 每一次Epoch都会对之前的参数进行调整，迭代次数越多，参数一定越准。

B. 神经网络的模型存储于神经元之间的权重中，即以权重的形式保存模型。

C. 在训练神经网络过程中，参数不断调整，其调整是基于损失函数的结果。

D. 模型参数量需要与特征数相匹配，但没有固定的对应规则。

二、判断题

1. 卷积深度学习算法在图像识别领域一定优于支持向量机等传统分类算法的性能。(　　)

2. 目前的机器学习算法只是对人的学习进行一定程度的模拟，并非人的真正学习机理。(　　)

3. 判断决策树剪枝的合理性主要看剪枝是否能减少训练的误差。(　　)

4. K折交叉校验增加了分类算法的抗噪能力，也增加了样本的覆盖度，因此可以提高分类的准确度。(　　)

5. 不平衡的样本(各类样本的数量明显有差别)的训练结果往往倾向于类别少的样本，因此需要对不平衡的样本进行预处理，使得各类样本的数量尽量差不多。(　　)

6. ReLU是线性激活函数。(　　)

7. 减少神经网络过拟合可以通过增加网络的神经元个数或层数解决。(　　)

8. L2正则化会使网络的权重较小。(　　)

9. 对于 Kmeans 而言,不同的初始聚类中心选择可能导致不同的聚类结果。(　　)

10. 在 Kmeans 的训练过程中,可以选择不同的 K 值,比较使绝对误差标准较小的 K 值,结合聚类业务的可解释性,从而选择合适的 K 值。(　　)

11. 使用 Kmeans、基于密度的聚类和 Kohonen 等多种聚类算法对同一数据集进行聚类时,可能会得到不同的分组数(类数),分组数较多的聚类算法一般是比较好的。(　　)

12. 对于决策树分类算法,可视化技术可以选择连续属性的合适分割点。(　　)

13. 可视化技术能提高机器学习过程的易解释性以及改善机器学习系统的使用方便性和效果。(　　)

14. 可视化分析可能会暴露用户的隐私。(　　)

15. 关联规则中前向和后项存在因果关系才能投入使用。(　　)

16. 描述关联规则中不在一起出现的项目关系,例如 A－＞～B(～表示否),这个关联规则的支持度等于 1 减去 A－＞B 的支持度。(　　)

17. 对于同样的样本集,Apriori 算法的速度要比 FP 增长算法慢一些,但前者获得的关联规则比后者全面。(　　)

18. Logistic 回归方程中自变量的系数为负数表示该变量对因变量起到负相关的影响。(　　)

19. 对于某个相关回归问题,多项式回归模型一定好于线性回归模型。(　　)

20. 非线性回归一般可以转化为线性回归问题。(　　)

21. 使用基于统计的方法进行特征选择、分词等分析都对语料库的要求比较高。(　　)

22. 反向最大匹配法分词的准确率高于正向最大匹配法。(　　)

23. 通过语义角色标注的语义分析与通过知识图谱的语义分析是相同的。(　　)

24. 对于函数的优化问题,二进制编码的效率一般低于浮点数编码。(　　)

25. 遗传算法初始的种群可以采用随机化以及扩大样本的个数来增加得到最优解的可能。(　　)

26. 并行化的 K 均值算法的数据分块数与 K 是一样的。(　　)

27. 基于内容的推荐会遇到用户数据稀疏问题和新用户问题。(　　)

28. 基于协同的推荐质量取决于历史数据集。(　　)

29. 基于内容的推荐和基于协同的推荐都不需要领域知识。(　　)

30. 用户的隐式偏好可以通过分析其对物品的评论数据或者行为数据(例如对物品的在线浏览次数和时间)等方法获得。(　　)

31. 循环神经网络的时间跨度越大,越容易产生梯度消失,导致网络的一些神经网络权值难以修正。(　　)

32. 卷积神经网络不能处理文本数据,从而获得其特征(主题)。(　　)

三、简答题

1. 机器学习的算法除了监督学习算法外,还包括哪些类型的算法?

2. 贝叶斯网络属于监督学习、无监督学习和加强学习的哪一种?

3. 根据患者的视网膜图像等相关医疗信息,使用机器学习算法进行建模,预测患者患糖尿病的可能性。这个任务需要使用监督学习、无监督学习中的哪一种方法?

4. 监督学习包括分类等,还有哪些机器学习方法属于监督学习? 至少再列出1个。

5. 请从左到右列出深度学习、人工智能、机器学习、神经网络等概念的包含关系(不同概念用空格隔开)。

6. 度量决策树属性重要性的指标除了信息增益、信息增益率,还有哪些指标? 请至少再列1种。

7. 疾病诊断时,精确率和召回率哪个评价指标需要优先考虑?

8. AdaBoost算法是一种代表性的提升法,其中样本的权重调整考虑了每一轮模型的错误率,还考虑了多轮训练分类模型的什么操作?

9. 假设一个BP神经网络的输入层、隐层和输出层分别有3、6和4个神经元,请问这个网络一共有多少个权重需要训练?

10. 减少过拟合除了正则化外,请再列出1种减少过拟合的方法。

11. 在神经网络的训练过程中,随着训练次数的增加,训练样本的检验误差逐渐减少;但当训练到一定次数后,检验样本的检验误差却增大。这种现象叫作什么?

12. 在判断某些样本是否适合作为聚类中心时,如何看相应的绝对误差标准是否是最大还是最小?

13. k均值算法在训练过程中采用了什么策略,这种策略导致Kmeans多次迭代效率低?

14. Kohonon聚类算法属于基于层次的聚类算法吗?

15. Python语言最基础的可视化库是什么?

16. 标签云是哪种数据常用的可视化方法? 文本、图像还是音频数据?

17. 平行坐标图可用于表达哪种类型数据的可视化、从而找出不同变量或不同样本集合的差异?

18. 关联规则是有方向的,A－＞B与B－＞A的支持度相同,它们的置信度是什么关系?

19. 对于多层关联规则(项目的概念层次不同,例如酸奶与牛奶的关系),当项目的概念层次增加,例如关联规则光明酸奶－＞黑面包与酸奶－＞黑面包,支持如何变化?

20. 请简单介绍一下回归分析的基本原理和常见应用领域。

21. 回归分析也可能出现过拟合的问题,可以通过正则化减少还是增加自变量的个数?

22. 一元线性回归的参数可以使用什么方法求得?

23. LASSO回归采用L1还是L2正则化优化代价函数?

24. 在语义分析中,语义角色标注指对谓词的论元以及谓词与论元的关系进行标记,这里的论元意思是句子中何种词汇或短语?

25. N-gram可用于分词、特征获取还是语义消歧?

26. 最大正向匹配法可以用于文本分类、文本特征获取还是分词?

27. MapReduce和Spark哪个计算框架更适合做快速的计算?

28. 叙述遗传算法的主要步骤。

29. 100100和1100112两个二进制数在左起第3位交叉,得到的两个二进制数较大的数对应的十进制数是多少?

参 考 文 献

[1] 赵卫东. 商务智能[M]. 4 版. 北京：清华大学出版社，2016.
[2] 赵卫东，董亮. 机器学习[M]. 北京：人民邮电出版社，2018.
[3] Ramesh Sharda, Dursun Delen, Efraim Turban. 商务智能：数据分析的管理视角[M]. 3 版. 赵卫东，译. 北京：机械工业出版社，2014.
[4] Marc Vollenweider. 人机共生：洞察与规避数据分析中的机遇与误区[M]. 赵卫东，译. 北京：机械工业出版社，2018.
[5] 赵卫东，董亮. 数据挖掘实用案例分析[M]. 北京：清华大学习出版社，2018.
[6] LeCun Yann, Bengio Yoshua, Hinton Geoffrey. Deep learning[J]. Nature, 2015, 521 (7553): 436-444.
[7] S. Kotsiantis. Supervised Machine Learning: A review of classification techniques[J], Informatica Journal, 2007, 31: 249-268.
[8] Dipanjan Sarkar. Text analytics with Python: a practical real-world approach to gaining actionable insights from your data[J]. New York: Apress, 2016.
[9] Peter Harrington. 机器学习实战[M]. 李锐，李鹏，曲亚东等，译. 北京：人民邮电出版社，2013.
[10] 周志华. 机器学习[M]. 北京：清华大学出版社，2016.
[11] Simon Haykin. 神经网络与机器学习[M]. 申富饶等，译. 北京：机械工业出版社，2011.
[12] 李航. 统计学习方法[M]. 北京：清华大学出版社，2012.
[13] Blitzstein, Joe; Hwang, Jessica. Introduction to Probability[M]. CRC Press, 2014.
[14] Quinlan J. R. Induction of decision trees. Machine Learning[J], 1986, 1(1): 81-106.
[15] Fabian P, Alexandre G, et al. Scikit-learn: Machine Learning in Python[J], JMLR 12, 2011: 2825-2830.
[16] Miroslav Kubat, 机器学习导论[M]. 王勇，仲国强，孙鑫，译. 北京：机械工业出版社，2016.
[17] Daniel Jurafsky & James H. Martin. Speech and Language Processing: An introduction to natural language processing, computational linguistics, and speech recognition[M]. Prentice Hall, 2007.
[18] 刘峤，李杨，段宏等. 知识图谱构建技术综述[J]. 计算机研究与发展，2016，(03)：582-600.
[19] 吴岸城. 神经网络与深度学习[M]. 北京：电子工业出版社，2016.
[20] Ethem Alpaydin. 机器学习导论(第 3 版)[M]. 范明，译. 北京：机械工业出版社，2016.
[21] 朱明敏. 贝叶斯网络结构学习与推理研究[D]. 西安电子科技大学，2013.
[22] 厉海涛，金光，周经伦等. 贝叶斯网络推理算法综述[J]. 系统工程与电子技术，2008(05)：935-939.
[23] Cameron Davidson-Pilon . 贝叶斯方法：概率编程与贝叶斯推断[M]. 辛愿，钟黎，欧阳婷，译. 北京：人民邮电出版社，2017.
[24] Ma Y, Guo G. Support Vector Machines Applications[M]. Springer International Publishing, 2014.
[25] Carrell, J. B. Groups, Matrices, and Vector Spaces[M]. Springer New York, 2017.
[26] Yoshua Bengio. 人工智能中的深度结构学习[M]. 俞凯，吴科，译. 北京：机械工业出版社，2017.
[27] TYAGI V. Content-Based Image Retrieval[M]. Springer Singapore, 2017.
[28] 叶韵. 深度学习与计算机视觉：算法原理、框架应用与代码实现[M]. 北京：机械工业出版社，2017.
[29] Shapira B. Recommender systems handbook[M]. Springer, 2011.
[30] 项亮. 推荐系统实践[M]. 北京：人民邮电出版社，2012.
[31] Dietmar Jannach, Markus Zanker, Alexander Felfering, Gerhard Friedrich. 推荐系统[M]. 蒋凡，译. 北京：人民邮电出版社，2013.
[32] Yifan Wang, Yuliang Chuang, Meihua Hsu, et al. A personalized recommender system for the cosmetic business[J]. Expert Systems with Application, 2004, 26(3): 427-434.

图 书 资 源 支 持

感谢您一直以来对清华版图书的支持和爱护。为了配合本书的使用，本书提供配套的资源，有需求的读者请扫描下方的“书圈”微信公众号二维码，在图书专区下载，也可以拨打电话或发送电子邮件咨询。

如果您在使用本书的过程中遇到了什么问题，或者有相关图书出版计划，也请您发邮件告诉我们，以便我们更好地为您服务。

我们的联系方式：

地　　址：北京市海淀区双清路学研大厦 A 座 701

邮　　编：100084

电　　话：010-83470236　010-83470237

资源下载：http://www.tup.com.cn

客服邮箱：tupjsj@vip.163.com

QQ：2301891038（请写明您的单位和姓名）

资源下载、样书申请

书圈

扫一扫，获取最新目录

课 程 直 播

用微信扫一扫右边的二维码，即可关注清华大学出版社公众号“书圈”。